指文图书®

U0694995

潜艇100年
SUBMARINES
1914–PRESENT

【英】大卫·罗斯 著　　刘 杨 译

人民日报出版社

本书中文简体字版由英国伦敦安珀图书有限公司授权出版
版权所有 侵权必究
版贸核渝字（2013）第 221 号

图书在版编目（ＣＩＰ）数据

潜艇100年 / (英) 罗斯著 ; 刘杨译. -- 北京 : 人
民日报出版社, 2013.12
ISBN 978-7-5115-2339-6

Ⅰ. ①潜… Ⅱ. ①罗… ②刘… Ⅲ. ①潜艇－世界－
普及读物 Ⅳ. ①E925.66-49

中国版本图书馆CIP数据核字(2013)第315805号

书　　名：潜艇 100 年
作　　者：【英】大卫·罗斯 著　刘 杨 译

出 版 人：董　伟
责任编辑：周海燕
封面设计：龚瑶涵

出版发行：人民日报 出版社
社　　址：北京金台西路 2 号
邮政编码：100733
发行热线：（010）65369527　65369846　65369509　65369510
邮购热线：（010）65369530　65363527
编辑热线：（010）65369518
网　　址：www.peopledailypress.com
经　　销：新华书店
印　　刷：重庆市蜀之星包装彩印有限责任公司
开　　本：787mm×1092mm　　16 开
字　　数：200 千字
印　　张：12
印　　次：2019 年 1 月第 2 版　　2019 年 1 月第 1 次印刷

书　　号：ISBN 978-7-5115-2339-6
定　　价：79.80 元

目　　录

前 言

从1914年8月起，潜艇作为一种主要战略性武器装备，便以出人意料的方式迅速显现出它独特的威力。在取得一系列早期的巨大成功后，潜艇更是迫使各交战国开始重新审视海上战争的作战方式。

可以说就在第一次世界大战爆发后还不到一个月的时间里，海上战争的基础便永远改变了。1914年9月5日，英国皇家海军轻巡洋舰"探路者"号（HMS Pathfinder）被德国海军U-21号潜艇击沉，从而成为德国潜艇运动战中鱼雷攻击的首个牺牲品。不久后的9月22日，从哈维奇港基地启航的3艘英国皇家海军万吨级装甲巡洋舰——"阿布基尔"号（HMS Aboukir）、"克雷西"号（HMS Cressy）和"霍格"号（HMS Hogue）在一个多小时的时间里，相继被1910年才下水的一艘德国海军潜艇——U-9号击沉。

这两个典型战例充分暴露出了英国人巨大而潜在的战略防御漏洞。显然在英国海军部眼里，潜艇的威胁被大大低估了。而几乎在一瞬间，水面作战舰艇的弱点却暴露无遗。自诞生的几十年来，经过漫长的试验探索和无数次被各国海军高层忽略和轻视后，潜艇的时代终于来临了。

不过，1914至1918年期间出现的潜艇还不能在水下长时间航行和作战，潜深也不能过大。从本质上而言，那个时期的潜艇只不过是一种在必要时能短时间内快速下潜的水面舰艇而已。但至少它还拥有一个独特而关键的特性，那就是潜艇具备悄无声息的水下隐蔽接近目标和发起攻击的能力，从而对比自身大得多的大型水面目标几乎毫无防护的水下部分造成直接打击。这种难得的隐蔽性和潜在的巨大毁灭性从一开始便赋予潜艇一种"神秘"的色彩，因此在很多海军军官看来，潜艇更像是一种"鬼鬼祟祟"的不道德武器。无论人们态度如何，只要他人手中拥有潜艇，那它的存在和作用便不容忽视。

关于潜艇作战人员

潜艇内部的居住环境可以说是极度的令人不适，特别是在潜艇潜航过程中尤为突出。除了潜艇的主要结构——发动机舱、压载水舱和鱼雷发射管等部分以外，指挥官和艇员的生活和起居空间几乎是见缝插针般的置于其中。狭窄、潮湿、空气闭塞以及"脾气"变化无常的艇上的各种机械设备，共同造就了潜艇上这种艰苦异常的生存空间。

无论是在哪个国家的海军部队里，潜艇部队都可以算得上是不折不扣的异类。潜艇作战人员长期生活在相对狭小的空间里，而且不管在何种作战条件下，团队精神、协作意识和相互信任都发挥着至关重要的作用。在水面舰艇上的那些复杂繁琐的礼节到了潜艇上也显得不那么重要，但为了让潜艇充分发挥有效的战斗力，纪律和决断力不可或缺，而这一切在很大程度上都是艇长赋予的。长久以来，各国海军的潜艇作战人员都在冒着比水面舰艇作战人员更大的风险去训练和战斗。以第二次世界大战期间的德国海军潜艇部队为例，在所有服役参战的40000名潜艇官兵中，到大战结束时仅有不到8000人幸存。

▲ **弹道导弹潜艇**

一艘苏联海军"阿尔法"级弹道导弹核潜艇[1]正驶离苏联海域。

核潜艇时代

　　直到20世纪50年代以前，潜艇上的生活条件可以说并无太大改观。但核潜艇的横空出世却极大地改变了这一现状，主要原因有二：核潜艇具备更大的可用内部空间；同时，核潜艇拥有更长的水下停留时间和远航能力也意味着可以把更多的关注放在如何改善艇上官兵的体验上。不过潜艇依然是一个较为狭窄和极具冒险性的战斗平台，艇上官兵对于技术和装备的依赖性可能仅次于宇航员。当年苏联为了赶超美国在潜艇领域的差距迅速建造了第一代核动力潜艇，然而却忽视（或者说低估）了核反应堆所带来的巨大风险，苏联的第一代核潜艇官兵们因为核事故导致的火灾和核辐射付出了巨大而惨痛的代价。而在被誉为美国"核潜艇之父"的海曼·乔治·里科弗（Hyman G.Rickover）对核动力推进和核反应堆安全技术的极力推动下，美国核潜艇的安全记录一直保持在一个较高的水平。

军备限制

　　从1930年《伦敦海军协定》签署时起，各国海军对潜艇力量的发展都给予了空前的关注，也因此引发了国际间对于控制潜艇数量和潜艇部队规模的反复谈判。上世纪70年代签署的限制战略武器条约（SALT）便充分反映出当时的美苏两个超级大国对于限制彼此潜艇部队规模的共同意愿。1989至1990年的冷战结束，苏联解体，这一政治动荡也潜在地推动了潜艇作战使命的革新。进入21世纪后，战略核潜艇作为洲际弹道导弹运载平台的意义被削弱了，而作为水下攻击武器平台的作用却在不断提升。与此同时，非核推进技术的发展也极大地提升了常规潜艇的安静性，使其比以往更难被探测，而建造成本却在不断降低。这也使得常规动力潜艇在当今世界的热点地区体现着巨大的战术价值，甚至发挥了关键的作用。在很多场合下，潜艇作为一国武力"肌肉"的组成部分，成为了国家之间政治与外交角力中的重要后盾。

---

① 实为核动力攻击型潜艇，此处原文有误。

第一章

第一次世界大战:
1914—1918

在1914年里，多数潜艇的作战活动还多少显得有些
原始而又简单。
但从大战爆发一开始，
潜艇发动突然打击并摧毁水面目标的能力
就已经得到了清晰的显现。
然而即便是在北海、大西洋以及波罗的海海域英德双方潜艇
都积极地展开了作战行动，并且充分体现了潜艇的巨大战略
价值之后，当时的海军高层们的思维却依然被以战列舰为主
的水面大海战思想牢牢统治着。
很快地，德国潜艇发动的积极攻势几乎快要将大不列颠群岛
的海上补给线切断。
可此时的潜艇却仍然停留在一种可以短时间快速下潜的水面
作战舰艇的水平上，
而且人们把潜艇的甲板炮看得和鱼雷同等重要。
可以说潜艇在这一时期最大的成功意义，
主要集中体现在发现并摧毁目标的手段上。

◀ 甲板炮

英国皇家海军的一艘E级潜艇上安装的一门12磅甲板炮。

导言

到1914年时，潜艇（或者说"可潜艇"）已经走过了漫长的发展道路，其历史可以追溯至18世纪。

战时期潜艇的前身要追溯到1879年，当时鱼雷首次作为一种重要的主战武器开始装备到潜艇上。就在同一时期，蓄电池和电动机技术的进步也为潜艇提供了充足的水下推进动力。当时关于海军到底需要怎样的未来武器平台存在着两种截然不同的观点：其一是可以完全并长时间潜航的舰艇；其二主要是一种水面舰艇，只是具备短时间迅速下潜并潜航的能力。

在当时，第二种观点占据了上风。这主要是因为这种观点在技术上更易于实现，而且也更易于当时的海军战略家们理解。这种早期的思想直接催生了外观修长的艇壳设计，早期可潜艇常见的那种仿鱼体（或称球根状）艇体外观则逐渐淡出视野。这种潜艇的外形轮廓设计甚至一直沿用至上世纪50年代。

另一大重要影响则是海军火炮技术的进步，尤其是速射炮的快速发展使得在水面作战中一度十分活跃的鱼雷艇面临着空前的威胁。一般认为，法国研制了世界上第一艘实用型海军军用潜艇——1893年建造完成的以其设计者名字命名的"古斯塔夫·泽德"（Gustave Zédé）号。

到了19世纪90年代，美国海军率先展开了潜艇汽油机和电动机的推进试验，1900年约翰·霍兰（John Holland）设计建造的"霍兰"号潜艇便同时安装了汽油机和电动机作为推进系统，这可谓世界潜艇技术史上的一大进步。当年共有6个国家完成了10艘各型潜艇的设计建造，此外还有11艘投入了建造，然而此时英国皇家海军和德国海军却还迟迟未有进展。相比之下法国在建或建成的潜艇数量则高达14艘，美国和土耳其则各已拥有2艘（土耳其拥有的是19世纪80年代的旧艇）。除此之外，意大利、西班牙和葡萄牙各拥有1艘。

新世纪的到来

进入20世纪初，一系列潜艇技术的重

▲ **英国皇家海军E级和D级潜艇**
泊在英国海岸某港口的皇家海军E-1号和D-2号潜艇。E-1号潜艇主要部署在波罗的海海域，后来在德军推进至赫尔辛基附近时被迫自沉以免落入敌手。D-2号潜艇主要在北海海域活动，1914年11月沉没，全部艇员丧生。

▲ **美国海军"海豹"号（USS Seal）潜艇**
作为4艘G级潜艇中的一员，美国海军"海豹"号（USS Seal）潜艇于1912年10月28日服役。1916年6月直至1920年期间，该艇舷号一直为SS-19。第一次世界大战期间，"海豹"号几乎一直是作为训练艇使用。

要进步悄然而至。英国人终于领会到潜艇的必要性并且一口气订购了5艘"霍兰"潜艇，此后又陆续自主建造了B级、C级和D级潜艇，而且排水量呈逐级提升之势。

至于德国海军，尽管对潜艇运用的迟疑不定还未完全消除，却仍然在1906年投入了潜艇的设计建造。德国率先采用重油而非蒸汽和易燃的汽油作为潜艇水面推进系统的燃料。1907年，德国和英国都装备了可在北海海域作战的所谓"远洋型潜艇"。1908至1914年期间，德国海军共订购了42艘这种远洋潜艇，其中29艘一直服役到1914年8月，这些远洋潜艇的排水量都在500吨左右。而1906年英国人设计建造的D级潜艇也开始装备两台柴油机，并采用双轴双桨推进。

到大战爆发前，法国海军拥有世界上规模最大的潜艇舰队。法国海军的想法

是利用潜艇部队来弥补其大型主力水面舰艇的不足，而利用"古斯塔夫·泽德"级艇展开的一系列演习也让法国海军高层深信，潜艇绝对具备摧毁任何水面作战舰艇的能力。1906年，法国各个潜艇支队分别在敦刻尔克、瑟堡、土伦和罗什福尔这几个重要的海军港口组建成功，从这里出击，法军的潜艇可以针对任何来犯的水面舰队发动攻势行动，为此法国海军还在历史上首次向海外殖民地海军基地部署了潜艇部队。法国海军对于潜艇作用的理解和运用很快影响到了其他国家的海军，将潜艇作为一种进攻性武器加以发展很快成为一种共识。不久英国也在达文波特、朴次茅斯、哈维奇和敦提等地建立了潜艇支队及其相应的港口基地，这样英国皇家海军便可以更好地监视北海以及英吉利海峡的西部通道。

落后的美国

作为20世纪初欧洲军备竞赛的一部分，欧洲各国在潜艇技术方面的发展逐渐将

3

潜艇的发源地美国甩在了身后。这个时候的美国潜艇不仅排水量较小，而且仅限于在海岸线一带执行有限的巡逻任务。当欧洲各国海军打造的潜艇部队正在为未来的大战做准备时，美国人却几乎毫无动静。即便如此，当时没有任何一个国家能认识到潜艇作为一种海上远洋贸易破袭武器的价值，所以直到1914年大战爆发前都没有一型潜艇是专为这一战术设想而设计的。

1910年的几次海军演习充分证明，潜艇完全可以悄无声息地接近一艘战列舰，并迅速发射鱼雷展开攻击。各国海军高层敏锐地注意到了潜艇体现出的这一巨大的进攻威力，相应的海上战略也应运而生，只是对潜艇战潜力深层次的认识还有待进一步实践，有待战火去洗礼。

1914年的潜艇力量

一战爆发时，共有16个国家的海军装备了潜艇，总数约为400艘。但这些潜艇绝大多数吨位较小，只适合执行近海巡逻任务，而非远洋作战任务。

在当时的欧洲，尽管远没有准备好进行大规模潜艇作战，但几乎每个海军大国都打造了自己的潜艇部队，这也就形成了后来对海上战争产生决定性影响的基础。

丹麦和瑞典

潜艇的设计建造专业性非常强，如在当时的意大利拉斯佩齐亚（La Spezia）港的菲亚特–桑·乔吉奥船厂，意大利就为多国建造了多艘潜艇，最典型的要数丹麦海军为了执行近海和内河巡逻任务而于1909年向意大利订购的"迪克伦"（Dykkeren）号潜艇。由于一战期间的丹麦是中立国，一支规模不大的近海巡逻力量就足以防范交战国舰艇闯入丹麦领海。但是在1916年，"迪克伦"号潜艇不慎与一艘挪威船只相撞沉没，打捞出水后于1918年被拆解。一战前的潜艇已广泛装备了采用自主动力的鱼雷武器用于攻击敌水面舰船，但"迪克伦"号却并未装备甲板

▲ **"迪克伦"号潜艇**
丹麦海军，近岸潜艇，1909年
事实证明"迪克伦"号存在不少机械与结构问题，而丹麦海军也并未向意大利菲亚特- 桑·乔吉奥船厂订购其他潜艇，而是购买了在丹麦境内授权生产"白头鱼雷"的许可，以便装备到后来装备有新型的柴油机的"水手"（Havmanden）级和"海神"（Aegir）级上。

技术参数			
动力：2台汽油机，1台电动机		艇员：35人	
尺度：艇长34.7米，		水面排水量：107公吨（105吨）	
宽3.3米，吃水2米		水下排水量：134公吨（132吨）	
水面最大航程：185公里		最大航速：水面12节，	
（100海里）/12节		水下7.5节	
武备：2部457毫米口径鱼雷发射管		服役时间：1909年6月	

▲ "鲨鱼"号
瑞典海军，近岸潜艇，20世纪初

"鲨鱼"号潜艇基本采用的还是"霍兰"号潜艇的设计，其设计者卡尔·瑞奇森（Carl Richson）曾在美国进修过潜艇设计建造，该艇可携带两枚鱼雷并可进行重装填。1909年还建造了两艘采用相同设计的潜艇。1916年，"鲨鱼"号安装了柴油发动机并加装了甲板平台以抬高有限的舰桥高度。1922年"鲨鱼"号退役，后作为博物馆展品展出。

技术参数

艇员：15人
水面排水量：108公吨（107吨）
动力：1台煤油机，电动机
水下排水量：130公吨（127吨）
最大航速：水面9.5节，水下7节
尺度：艇长19.8米，宽3.6米，
　　　吃水3米
水面最大航程：不详
服役时间：1904年7月
武备：1部457毫米口径鱼雷发射管

▲ "霜月"（Frimaire）号潜艇
法国海军，巡逻潜艇，一战期间

该艇采用了独特的浅龙骨设计，虽然避免了"雾月"级潜艇易翻滚的毛病，但在海况欠佳的条件下却不易操控。该艇在大战期间的表现并不成功，但同级艇"伯努利"（Bernouilli）号曾成功潜入卡塔罗湾海军基地内，并发射鱼雷击中了一艘奥匈海军驱逐舰。

技术参数

动力：2台柴油机，电动机
最大航速：水面13节，水下8节
水面最大航程：3150公里
　　　（1700海里）/10节
武备：6部450毫米口径鱼
　　　雷发射管

艇员：29人
水面排水量：403公吨（397吨）
水下排水量：560公吨（551吨）
尺度：艇长52.1米，
　　　宽5.14米，吃水3.1米
服役时间：1911年8月

▲ "古斯塔夫·泽德"号潜艇
法国海军，巡逻潜艇，1914年

"古斯塔夫·泽德"号装备有8部鱼雷发射管，在1914年那个年代属于装备十分精良的艇型。大战期间该艇还加装了甲板炮，两台往复式蒸汽机可提供1640马力的推进力。由于采用了燃油燃料，该艇下潜速度也较快。而在上浮时，储存在两部锅炉中的蒸汽还可供水面航行时重新点火启动。

技术参数

艇员：32人
动力：2台往复式蒸汽机，电动机
最大航速：水面9.2节，水下6.5节
水面最大航程：2660公里
　　　（1433海里）/10节

水面排水量：862公吨（849吨）
水下排水量：1115公吨（1098吨）
尺度：艇长74米，宽6米，吃水3.7米
服役时间：1913年5月
武备：8部450毫米口径鱼雷发射管

炮，因此很难算得上是一艘为大战而设计建造的战前艇型。

大战爆发后，各交战国投入作战的潜艇几乎都装备了甲板炮。这样潜艇完全可以以水面航行的方式接近目标商船，迫使对方接受登船搜查（一种早期的战争法则），后来甲板炮也用于在不必浪费宝贵的鱼雷武器的情况下击沉一些小型或无武装的船只。直到1914年时，多数潜艇上仅仅装备了2到4枚鱼雷，而大战期间设计建造的潜艇则最少装有1或2门75毫米口径或100毫米口径的甲板炮，甚至其口径还一度有越来越大的发展趋势，后期的部分德国海军潜艇甚至装备有150毫米（5.9英寸）口径的甲板炮。

尽管两次大战期间瑞典都宣称中立，却依然保持了一支强有力的海上防御型作战力量。早在1902年，瑞典就开始采购第一艘潜艇"鲨鱼"（Hajen）号，并在1916年进行了改造。尽管如此，瑞典海军拥有的这艘采用煤油机作为动力的"鲨鱼"号潜艇还是性能有限，它只装备了1部457毫米（18英寸）口径的鱼雷发射管，而且多数情况下只能在水面执行任务。

法国

我们知道，法国曾一度引领了世界潜艇设计的潮流，并且到大战爆发时已经拥有超过60艘各型作战潜艇，其中就包括16艘当时性能十分先进的"雾月"（Brumaire）级潜艇。其首艇为1911年下水的"霜月"号，大战期间一直在地中海海域活动，1923年退役。该级潜艇最大的特征就是几乎没有指挥塔围壳，这样潜艇在水面航行时露出水面的轮廓极小，因此可视度非常低。基本上该级艇也可以看作是能短时间下潜的鱼雷艇。

到了1914年，尽管柴油已取代易燃的汽油作为潜艇的标准燃料，但对蒸汽机的改进尝试与试验却仍在继续。这一方面是出于对潜艇航速的更高要求，一方面也是因为早期的柴油机性能还不太稳定，不仅推进效率较低，而且可靠性较差。1914年，第二艘"古斯塔夫·泽德"级潜艇建成，该艇可以实现10节的水面航速。1921至1922年期间，该艇将艇上的往复式蒸汽机换成了德国海军U-165号潜艇上拆下来的柴油机。此后法国各型潜艇的基本设计均采用了指挥塔围壳加75毫米口径前甲板炮的标准方案。

德国与奥匈帝国

一战爆发时的德意志帝国海军总共拥有30艘潜艇。德国人的第一艘潜艇U-1号于1906年服役，该艇采用双壳体结构设计，双轴双桨推进，可谓20世纪德国潜艇的典型范例。U-1号只设计有一部鱼雷发射管，因此仅作为训练和试验艇在大战期间服役。1908年德国潜艇开始装备使用柴油机，与此同时还有部分潜艇仍在使用汽油机。

与其他国家海军一样，德意志帝国海军从一开始同样把潜艇视作一种主要以北海海域为主战场的近海作战舰艇。早期德国潜艇的级别编号不超过4。1913年U-31级潜艇出现后，级别编号才首次超过10。这也意味着德国人开始对潜艇的设计建造和部署展开远大规划。1914年设计建造的UB级潜艇则专用于近岸巡逻任务，主要部署在北海、地中海、亚得里亚海和黑海海域。而UC级潜艇则主要用于布雷。

作为德国海军战略的一部分，战时德国

潜艇将分为12个分舰队进行部署,每支分舰队负责96.6公里(60英里)宽的正面海域作战巡逻。德国潜艇部队以基尔港为主要活动基地,其中一支分舰队沿黑尔戈兰湾巡逻,另一支则作为后备力量。进出基尔港的海上通道则由一支潜艇分舰队把守,埃姆登地区则驻有另一支负责远洋巡逻的潜艇分舰队。第5支潜艇分舰队作为基尔大本营的预备队使用。不过到了1914年8月德国人还根本未组建起计划中那么大规模的潜艇部队。

1914年时的奥匈帝国海军仅拥有6艘潜艇,即1909至1911年期间德国建造的U-1至U-6号,全部驻扎在亚德里亚海,波拉港为其母港。这些奥匈海军的潜艇全部投入到了大战期间亚得里亚海海域的作战行动。值得一提的是,奥地利拥有世界上第一个鱼雷制造工厂,这就是位于阜姆的举世闻名的"白头鱼雷"。其实早在1914年以前,白头公司就曾在英国和法国设有车间。

英国

第一次世界大战爆发时,皇家海军拥有87艘各型潜艇在役,可谓手握举世无双的潜艇大舰队。其中历史最早的要数1902

技术参数

艇员:14人	水面排水量:129公吨(127吨)
动力:1台柴油机,电动机	水下排水量:144公吨(142吨)
最大航速:水面6.5节,水下5.5节	尺度:艇长28米,
水面最大航程:2778公里	宽2.9米,吃水3米
(1599海里)/5节	服役时间:1915年4月
武备:2部457毫米口径鱼雷发射管	

▲ **UB-4级潜艇**

德意志帝国海军,近岸潜艇,北海及亚得里亚海,1914年

该级艇采用分段式建造方式,分拆后由铁路运输至海军基地母港,再组装起来投入使用。该级艇主要部署在北海海域,从德国控制的安特卫普和亚得里亚海的波拉港出击执行任务。8艘UB-4级潜艇中有4艘在大战中被击沉。

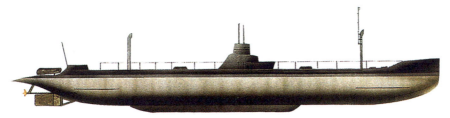

技术参数

艇员:22人	水面排水量:241公吨(238吨)
动力:2台重油机,电动机	水下排水量:287公吨(283吨)
最大航速:水面10.8节,水下8.7节	尺度:艇长42.4米,
水面最大航程:2850公里	宽3.8米,吃水3.2米
(1536海里)/10节	服役时间:1906年8月
武备:1部450毫米口径鱼雷发射管	

▲ **U-1号潜艇**

德意志帝国海军,近岸潜艇,北海,1915年

该艇由克虏伯公司设计,是在1904年售予沙俄海军的"鲤鱼"(Karp)号和"鳟鱼"(Forelle)号潜艇的基础上改进而来的。该艇采用修长的主水柜设计,艇上安装了科廷式汽油机(其缺点是无反转功能)作为动力。从外形轮廓上看,该艇上还能依稀可见其鼻祖鱼雷艇的身影。

年设计建造的A级潜艇以及1904年起相继开建的11艘B级潜艇。这些潜艇都装备有2部457毫米口径鱼雷发射管。1906至1910年期间，英国人又设计建造了19艘C级潜艇。直到1913年，英国人才彻底摈弃汽油机动力。据说所有采用汽油机作为动力的英国潜艇上，都有一只装着小白鼠的笼子。一旦小白鼠发出吱吱的尖叫，就意味着对艇上烟雾泄露过重发出了警报。

1908至1912年期间建造的D级潜艇具有独特的意义。该级潜艇采用了柴油机作为推进动力，航程可达4630公里（2880海里），无线电收发机也作为标准装备首次出现在了英国潜艇上，为此指挥塔围壳上还装有可收放的无线电天线桅杆。

1913年，一战期间最为成功的潜艇——E级潜艇投入建造。该艇在D级艇基础上改进设计，采用柴油机推进，排水量不仅更大(水面排水量677公吨/667吨，水下排水量820公吨/807吨)，综合性能也较它的前身更为成熟。艇上安装5部457毫米口径的鱼雷发射管以及一门12磅甲板炮。E-1至E-7号艇以及后来为澳大利亚皇家海军建

造的AE-1和AE-2号潜艇均只安装有4部鱼雷发射管，而且安装甲板炮。E级潜艇总共建造了55艘，分别在12个不同的造船厂建造完成，其中6艘后来专门用于布雷作战。1916年6月，E-56号潜艇进行了一系列大改装，其中包括换装功率更大的电动机，潜航速度因此也由9.5节增至10节。

1914年里，英国皇家海军共部署了8支潜艇分舰队：其中第一潜艇分舰队共有2艘潜艇，驻扎在达文波特港；拥有4艘潜艇的第2潜艇分舰队驻扎在朴茨茅斯；第3和第4潜艇分舰队都以多佛为基地，分别拥有6艘和8艘潜艇；以诺尔为基地的第5潜艇分舰队共有6艘潜艇；第7潜艇分舰队驻扎在亨伯，同样部署有6艘潜艇；第7潜艇分舰队则分别在泰恩河和利斯各部署有3艘潜艇；驻扎在哈维奇的第8潜艇分舰队拥有皇家海军最新和排水量最大的潜艇，共拥有19艘之多。

随着大战进程的不断推进，又有5支潜艇分舰队相继成立，并被部署到更多的海军基地。显然这种大规模的部署方式清晰地展现了英国皇家海军将潜艇作战提升到

▲ **B-1号潜艇**

英国皇家海军，近岸潜艇，
波罗的海和达达尼尔海峡，1914至1915年

B级潜艇从服役一开始就驻守在多佛附近负责英吉利海峡的防御作战，同时在波罗的海也有部署。到了1914年，B级潜艇的性能已经显得严重过时，但仍在达达尼尔海峡附近展开频繁的活动。注意其指挥塔围壳侧面的水平舵。

技术参数

艇员：16人	水面排水量：284公吨（280吨）
动力：1台汽油机，电动机	水下排水量：319公吨（314吨）
最大航速：水面13节，水下7节	尺度：艇长41米，宽4.1米，
水面最大航程：2779公里	吃水3米
（1550海里）/8节	服役时间：1904年10月
武备：2部457毫米口径鱼雷发射管	

相当高的优先级，并且寄厚望于此来应对德国海军通过北海攻击英国海岸目标的威胁。和法国一样，英国皇家海军也在海外殖民地的海军基地部署了潜艇。1906年，6艘B级潜艇就被派往直布罗陀和马耳他，1910年又有6艘C级潜艇奉命前往中国香港驻扎。直到1914年8月，还有3艘英国潜艇作为皇家海军中国潜艇支队驻守在此。

意大利

1900年时意大利海军还只有1艘潜艇。在法国的帮助下，意大利也于1904年前后开始了潜艇的自主建造。这批潜艇采用意大利的设计方案，排水量较小，主要用于意大利海岸附近和亚得里亚海入口水域的防御。1905年，意大利海军首批潜艇首艇——"格劳科"（Glauco）号下水，1905至1909年期间又相继建造了5艘。1910至1912年期间，意大利海军首批采用柴电动力的潜艇——8艘"美杜莎"（Medusa）级艇（包括"费萨里亚"号）正式开工建造。

到1914年时，意大利海军的序列中已经拥有了20艘各型潜艇，其中就包括1892年建成的"始祖艇"——"戴尔菲诺"

技术参数

艇员：16人	水面排水量：295公吨（290吨）
动力：1台汽油机，1台电动机	水下排水量：325公吨（320吨）
最大航速：水面12节，水下7.5节	尺度：艇长43米，
水面最大航程：2414公里	宽4米，吃水3.5米
（1431海里）/8节	服役时间：1909年
武备：2部457毫米口径鱼雷发射管	

▲ **C-25号潜艇**

英国皇家海军，巡逻潜艇，北海，1918年

C级潜艇是英国皇家海军第一种大批量潜艇级别，到1910年时共有37艘在役，主要部署在北海和英吉利海峡海域，其作战使命是拦截前往大西洋海域的德国潜艇以及布雷。1918年4月23日，C-3号潜艇在执行封锁泽布吕赫港的德国潜艇的任务途中发生爆炸事故沉没。

技术参数

艇员：25人	水面排水量：490公吨（483吨）
动力：2台汽油机，电动机	水下排水量：604公吨（595吨）
最大航速：水面14节，水下9节	尺度：艇长50米，
水面最大航程：2038公里	宽6米，吃水3米
（1100海里）/10节	服役时间：1908年8月
武备：3部457毫米口径鱼雷发射管，	
1门12磅甲板炮	

▲ **D-1号潜艇**

英国皇家海军，巡逻潜艇，北海，1916年

D级潜艇配备有无线电收发装置，其主压载水舱设计得更大，因此具备了更大的储备浮力。由于蓄电池容量也更大，昼间潜航时间也大为延长。在1910年展开的一次海军演习中，D-1号潜艇成功模拟了针对两艘巡洋舰的鱼雷攻击，这更让皇家海军高层深信潜艇作为一支进攻型力量的巨大威力。

（Delfino）号。值得一提的是这其中还包括2艘1913年建造的带有试验性质的"阿尔法"（Alfa）级微型潜艇。尽管这两艘潜艇服役时间不长，但至少引起了意大利海军的浓厚兴趣，因此从1915年开始又专门建造了更多的微型潜艇。大战期间，意大利海军潜艇的主要对手是位于亚得里亚海的奥匈海军编队。一战期间的意大利海军潜艇受限于近岸浅水海域防御作战为主的战术使命，因此排水量一般较小。可以说到1914年大战爆发时性能最先进的意大利潜艇，是"海仙女"（Nereide）号和"鹦鹉螺"（Nautilus）号。其中"海仙女"号于1915年8月在亚得里亚海海域被奥匈海军U-5号潜艇击沉。

日本和沙俄

　　1904至1905年期间，日俄之间爆发了一场海上大战。尽管潜艇在其中并未发挥重要作用，但至少激发了双方对于运用潜艇执行反舰攻击和海岸防御任务的兴趣。为了适应近岸作战的需要，日本帝国海军组建的第一支潜艇部队拥有6艘小型潜艇，均为美国"霍兰"艇型的日本改型。1914年时，

技术参数

艇员：30人
水面排水量：677公吨（667吨）
动力：2台柴油机，2台电动机
水下排水量：820公吨（807吨）
尺度：艇长55.17米，宽6.91米，吃水3.81米
水面最大航程：6035公里（3579海里）/10节
武备：5部457毫米口径鱼雷发射器，1门12磅甲板炮
服役时间：1913年

▲ **E-11号潜艇**

英国皇家海军，巡逻潜艇，波罗的海，达达尼尔海峡，1915年

1914年10月，E-11号潜艇试图渗透到瑞典和丹麦之间的卡特加特海峡未果。1915年8月，在经过为期29天的艰苦巡航后，E-11号成功通过达达尼尔海峡并抵达马尔马拉海域，在那里取得了击沉土耳其海军"巴巴罗萨·哈尔丁"（Barbarousse Haireddine）号战列舰、1艘炮艇、7艘运输船以及23艘小型船只的巨大战果。其中一些吨位较小的船只都是利用甲板炮击沉的。

▲ **"费萨里亚"（Fisalia）号潜艇**

意大利海军，巡逻潜艇，亚得里亚海，第一次世界大战

"费萨里亚"号是首批8艘意大利柴油机潜艇中的第一艘。事实证明，该艇海上试航性良好，操控性强。一战期间，"费萨里亚"号主要部署在亚得里亚海。

技术参数

艇员：40人
动力：2台柴油机，电动机
最大航速：水面12节，水下8节
水面最大航程：不详
武备：2部450毫米口径鱼雷发射器
水面排水量：256公吨（252吨）
水下排水量：310公吨（305吨）
尺度：艇长45米，宽4.2米，吃水3米
服役时间：1912年2月

1914至1918年期间的英国皇家海军潜艇艇型（战前建造）			
级别	数量	下水时间	备注
A	10	1903至1905年	
B	10	1904至1906年	
C	41	1906至1910年	
D	8	1908至1911年	首批柴电动力的英国潜艇
E	11	1911至1914年	
V	1	1914年	

1914至1918年期间的英国皇家海军潜艇艇型（大战期间建造）			
级别	数量	下水时间	备注
E	40	1914至1918年	
S	3	1914至1915年	1915年10月转交意大利
V	2	1915年	
W	4	1914至1915年	1916年8月转交意大利
F	3	1915至1916年	
G	14	1916至1917年	
J	7	1915至1917年	转交澳大利亚；1艘沉没
K	17	1916至1917年	
M	3	1917至1918年	
H	43	1915至1919年	
L	32	1917至1918年	
R	10	1918年	首批"猎潜艇"

日本海军的潜艇数量已增至12艘，其中排水量最大的是5艘1909至1911年期间建造的C-1级和C-2级潜艇。这批潜艇的水上排水量在295至325公吨（290至320吨）之间，艇上安装有2部457毫米口径鱼雷发射管，其它各艇吨位则较小。日本海军潜艇部队以本州岛西南的吴海军基地为母港。

早在19世纪末，沙俄政府就对潜艇产生了浓厚的兴趣，而这些兴趣主要是源于对沙俄各海军港口防御作战的需要。1914年，沙俄海军已经拥有30至40艘在役潜艇，其最大航程仅局限在241公里（150英里）范围之内，只能在波罗的海和黑海港口附近海域活动。这些潜艇主要从美国、英国、法国和德国通过采购而来，少数在沙俄境内的船厂建造完成。

1914年大战爆发时，沙俄海军在波罗的海基地共驻有11艘潜艇，隶属3支潜艇分舰队。其中两支潜艇分舰队各拥有4艘潜艇，另一支主要用于训练。而所有这些潜艇中只有1908年建成的"鲨鱼"（Akula）号具备远洋作战能力。

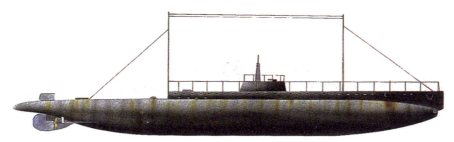

▲ "海仙女"号潜艇

意大利海军，巡逻潜艇，亚得里亚海，1915年

"海仙女"号潜艇是由对意大利潜艇史影响颇深的库里奥·伯纳迪斯（Curio Bernardis）完成设计的。起初设计方案中设计有安装在甲板上的第三部鱼雷发射管，但建造时放弃了这一设计。尽管人们对于"海仙女"号的性能评价还算不错，而且大战爆发后的经历一直平淡无奇——直到它遭遇奥匈海军的U-5号。

技术参数

水面排水量：228公吨（225吨）
动力：2台柴油机，电动机
最大航速：水面13.2节，水下8节
水面最大航程：7412公里（4000海里）/10节
武备：2部450毫米口径鱼雷发射管

艇员：35人
水下排水量：325公吨（320吨）
尺度：艇长40米，宽4.3米，吃水2.8米
服役时间：1913年7月

美国

早在20世纪初，约翰·霍兰的潜艇设计就是美国立于世界潜艇发展史的潮头。但到了1917年，几个主要海军大国的潜艇设计建造水平已经极大地促进了潜艇性能和续航力的提升，此时美国潜艇的势头已经被掩盖。1917年4月，当美国对德国宣战后，美国海军潜艇部队共拥有12种不同级别的潜艇，总数共计42艘之多。其中"河鳟"（Grayling）号属于1909至1910年期间建造的3艘D级潜艇之一，该级艇采用了汽油机动力，艇上装有4部457毫米口径鱼雷发射管。

美国海军拥有的首艘柴电动力潜艇是E-1号，1912年2月在格罗顿服役。不过大战期间美国海军对于潜艇部队的运用规模甚小，其活动范围也就极其有限，这也与美国人认为大战的海上战火绝不会燃烧至美国海岸海域的观点有关。"河鳟"号艇也一直服役至1922年。

1911至1912年期间建造的E级和F级潜艇采用柴电动力，艇上配有4部鱼雷发射管，1915年进行了大幅度改装。1915年3月，F-4号艇在珍珠港海域沉没，在一次深海救援行动中，该艇残骸被从91米（299英尺）深的海底成功打捞出水。

局限性

1914年时的上述这些潜艇不可避免的存在诸多缺陷，首当其冲的可能就是攻击力的不足。尽管457毫米鱼雷确实能击沉装甲巡洋舰和早期的无畏舰，但对于无畏型主力战列舰上更厚的装甲板却几乎无计可施。当时各种艇型的鱼雷储量也极其不足，通常只装有1至2部艇首鱼雷发射管，无法实施真正意义上的鱼雷齐射攻击。当时潜艇的水面航速过低，水下航速更是如此。这样一来潜艇很难对水面船只（无论敌友）展开跟踪追击。不过这一时期的潜艇一般水线轮廓较为低矮，水面航行状态下不易被发现，但也带来了良好海况下操控和导航困难的问题，这就很容易理解这一时期的潜艇极易与水面船只发生撞击事故的原因了。此外，这些潜艇的指挥塔设计较为原始，艇内存储物资的空间很小，水下航行性能非常有限。然而这一时期潜

▲ **"河鳟"号潜艇**
美国海军，巡逻潜艇，大西洋，1917至1918年

"河鳟"号潜艇是1910年美国海军大西洋舰队第3潜艇分舰队的旗舰，与其它两艘同级D级潜艇一同承担了美国东海岸的近海巡逻任务。大战末期德国潜艇接近美国海岸期间，该级艇没取得任何战果。1917年9月14日，"河鳟"号在港内因事故沉没，后被打捞出水并一直服役至1922年。

技术参数

艇员：15人	水面排水量：292公吨（288吨）
动力：2台汽油机，2台电动机	水下排水量：342公吨（337吨）
最大航速：水面12节，水下9.5节	尺度：艇长41米，
水面最大航程：2356公里	宽4.2米，吃水3.6米
（1270海里）/10节	服役时间：1909年6月
武备：4部457毫米口径鱼雷发射管	

艇的隐身性能却是无与伦比的，可以说在1914年，几乎没有任何手段能探测到一艘潜航的潜艇。从这点意义上来说，潜艇的出现是世界海战棋盘上落下的一枚重量级棋子，它完全打破了以往的战争旧规则。

1899至1907年期间欧洲国家举行的一系列国际会议确立了一批新的海上交战规则，其中规定战舰在遭遇敌商船时可以将其捕获作为"战利品"，只有在不得已时才能将其击沉，而船上人员可扣押为战俘。如果怀疑中立国船只载有战争物资，也可以将其截停，并以同样的方式搜查或予以捕获。这一法案几乎和风帆时代的海上交战规则并无二致，可以说根本没有考虑到潜艇的存在意义。

从水下攻击阵地发动攻击无疑是潜艇作战行动的关键。显然要上浮并进行观察和判断很容易导致目标船只（尤其是武装商船）的火力报复，对方也很有可能发挥速度优势以Z字形航迹摆脱潜艇追击。而且

▲ **皇家海军E级潜艇**

只要情况允许，潜艇都会尽可能地在水面上连续航行。因此多年以来，潜艇的水上航行性能一直是设计建造时优先考虑的因素。

潜艇也没有足够的艇上空间去容纳多余的战俘。基于上述考量，很多海军将领都忽略了潜艇作为商船破袭者的作用，而只是将其部署用于防范敌主力作战舰艇的作战行动上。

▲ **F-4号潜艇**

美国海军，F级近岸潜艇，太平洋舰队，1914年

F-4号潜艇原名"鲹鱼"（Skate）号，1912年1月下水。1914年8月起，该艇隶属美国海军太平洋舰队第一潜艇群。1915年的沉没事故据信是紧急下潜过程中海水灌进了蓄电池舱造成毒气泄漏，导致潜艇失去动力造成的。

技术参数		
艇员：35人	水面排水量：335公吨（330吨）	
动力：2台柴油机，电动机	水下排水量：406公吨（400吨）	
最大航速：水面13.5节，水下5节	尺度：艇长43.5米，	
水面最大航程：4260公里	宽4.7米，吃水3.7米	
（2300海里）/11节	服役时间：1912年1月	
武备：4部鱼雷发射管		

欧洲海域的作战行动：1914—1918

一战期间海上战场的潜艇作战主要围绕欧洲大陆海域展开，尤其是波罗的海、北海和地中海海域。

在波罗的海海域，潜艇一度发挥了极为关键的战略作用。在达达尼尔海峡，潜艇甚至直接参与到了大规模的联合军事作战行动中。

波罗的海

1913年时但泽（今格但斯克）是德国的一个重要港市，4艘U-19级潜艇就在那里建造完工。其中U-21号潜艇后来成为首艘采用自航式鱼雷击沉目标的潜艇，即前文提到的1914年9月5日被击沉的英国皇家海军"探路者"号巡洋舰。不久后，潜艇还被作为一种新的武器平台用于在海上航路或敌海军港口附近海域实施布雷。

德国海军设计建造了多个级别的安装有艇壳垂直布雷管的专用布雷潜艇，1917年10月下水的UC-74号潜艇就是6艘同级艇中的1艘。1918年，该艇转交给奥匈帝国海军用于亚得里亚海针对意大利海军的作战，不过该艇仍然由德国艇员操控。其

1914至1918年期间的德国海军潜艇艇型（战前建造）			
级别	数量	下水时间	备注
U-1	1	1906年	汽油机推进
U-2	1	1908年	汽油机推进
U-3	2	1909年	汽油机推进
U-5	4	1910年	汽油机推进
U-9	4	1910至1911年	汽油机推进
U-13	3	1910至1911年	汽油机推进
U-16	1	1911年	汽油机推进
U-17	2	1912年	汽油机推进
U-19	4	1912至1913年	柴油机推进；远洋型
U-23	4	1913年	柴油机推进；远洋型
U-27	4	1913年	柴油机推进；远洋型
U-31	11	1913年	柴油机推进；远洋型

它同级艇则主要部署在北海和波罗的海海域，到大战结束时仅剩2艘。这种布雷潜艇可携带18枚水雷，另外还装有3部508毫米（20英寸）口径鱼雷发射管和1门86毫米（3.4英寸）口径甲板炮。

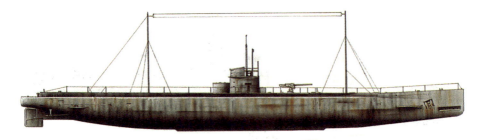

技术参数

艇员：35人
动力：2台柴油机，电动机
最大航速：水面15.4节，水下9.5节
水面最大航程：9265公里
（5500海里）/10节
武备：4部508毫米口径鱼雷发射管，
1门86毫米甲板炮

水面排水量：660公吨（650吨）
水下排水量：850公吨（837吨）
尺度：艇长64.2米，
宽6.1米，吃水3.5米
服役时间：1913年2月

▲ **U-21号潜艇**
德意志帝国海军，巡逻潜艇，地中海，1916年

该艇是一战期间战绩最为突出和成功的潜艇，其指挥官——奥托·赫尔辛（Otto Hersing）在大战期间一直担任该艇艇长。1917该艇从地中海返回基尔加入公海舰队。1919年2月22日在拖曳前往英国转交途中在北海海域沉没。

随着大战进程的逐步推进，英国皇家海军开始建造新型潜艇用于执行远海作战任务。同时仍于1913至1915年期间建造了一批小型近岸潜艇用于海岸巡逻，如F级。其中F-1号艇服役时间极短，1920年即被拆解。到了1914年，计划建造的第二批近岸潜艇被搁置，转而建造航程更远的E级潜艇。

1914年10月，3艘英国皇家海军E级潜艇被派往波罗的海，其中2艘奉命支援沙俄海军执行对抗德国海军波罗的海编队的作战任务。8至9月期间，英国人再次加派了4艘同级艇（途中1艘沉没），另有4艘C级潜艇采用拖曳方式抵达阿尔汉格尔斯克，然后经由运河运往波罗的海战区。这批英国潜艇起初用于阻滞德军登陆部队，后来也奉命袭扰从瑞典出发前往德国本土的铁矿运输船队。E级潜艇安装有5部457毫米口径鱼雷发射管和1门12磅甲板炮。该级艇水面航速快，但艇上无线电设备作用距离有限，结果一些远距离巡逻任务途中的海上联络任务不得已只能用信鸽代劳。和它们的对手——德国潜艇相比，E级潜艇的可靠性也落了下风。

英国皇家海军的波罗的海基地位于日瓦尔（今爱沙尼亚塔林），英国潜艇的出现迫使德国人迅速组建护航船队以保护其海上航运线。德意志帝国的宣传机器迅速启动，将在波罗的海遭遇的英国潜艇形容

技术参数

动力：2台柴油机，电动机	艇员：26人
最大航速：水面11.8节，水下7.3节	水面排水量：416公吨（410吨）
水面最大航程：18520公里	水下排水量：500公吨（492吨）
（10000海里）/10节	尺度：艇长50.6米，
武备：3部508毫米口径鱼雷发射管，	宽5.1米，吃水3.6米
1门86毫米甲板炮，18枚水雷	服役时间：1916年10月

▲ **UC-74号潜艇**

德意志帝国海军，布雷潜艇，亚得里亚海，第一次世界大战

该艇的布雷管位于艇体前方甲板下方。转交奥匈海军后，该艇主要用于支援该国海军水面编队作战，此时德国和意大利还未参战。大战结束时，UC-74号被转交法国，1921年被拆解。

▲ **F-1号潜艇**

英国皇家海军，F级近岸潜艇，1915年

3艘F级潜艇采用双壳体设计，潜深达30米。该级艇未安装甲板炮，可能是受排水量过小和艇员少限制。同时该艇续航力较差，攻击力有限，只能用于近岸巡逻，因此战时没有战绩记录。该级艇均于1922年被拆解。

技术参数

艇员：20人	水面排水量：368公吨（363吨）
动力：2台柴油机，电动机	水下排水量：533公吨（525吨）
最大航速：水面14节，水下8.7节	尺度：艇长46米，
水面最大航程：5556公里	宽4.9米，吃水3.2米
（3000海里）/9节	服役时间：1915年3月
武备：3部457毫米口径鱼雷发射管	

为"英国海盗潜艇"。而英国报纸则以其人之道还治其人之身，同样给德国潜艇在北海的作为冠以恶名。不过直到1915年，在波罗的海海域被击沉的德国船只绝大多数还是触雷所致。

到了1915年夏，E级潜艇的威力开始显现出来。8月19日，E-1号潜艇发射鱼雷击伤德国海军"毛奇"（Moltke）号巡洋舰，使得德军放弃了攻占里加湾的企图。到了9月，在波罗的海海域作战的英国潜艇数量已达5艘。

10月里，E-8号潜艇终于击沉了德国海军巡洋舰"阿尔布雷希特亲王"（Prinz Adelbert）号。该舰在7月里就曾被E-9号击伤。11月，E-19号潜艇则一举击沉德国海军"水女神"（Undine）号轻巡洋舰。由于卡特加特海峡布防严密，英国潜艇在这一带倒是没能有所作为。1918年德国和沙俄签订停战协定后，4艘E级潜艇和3艘C级潜艇被迫在赫尔辛基附近由艇员自沉。

达达尼尔海峡，1915年5月至1916年1月

发生在达达尼尔海峡中部的加里波利

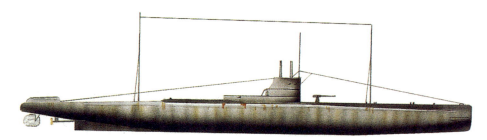

▲ **G-1号潜艇**
英国皇家海军，巡逻潜艇，北海，1915至1918年
1915年秋，隶属皇家海军大舰队的G级和E级潜艇支队相继在布莱斯和诺森伯兰组建。不过G级潜艇航速较慢，因此难堪重任。G-7号潜艇是英国在大战期间损失的最后一艘潜艇，该艇于1918年11月1日在北海巡逻时被击沉。

技术参数

艇员：31人	水面排水量：704公吨（693吨）
动力：2台柴油机，电动机	水下排水量：850公吨（836吨）
最大航速：水面14.25节，水下9节	水面最大航程：4445公里
	（2400海里）/9节
武备：4部457毫米口径鱼雷发射管，	尺度：艇长57米，
1部533毫米（21英寸）口径	宽6.9米，吃水4.1米
鱼雷发射管，1门76毫米	服役时间：1915年8月
（3英寸）甲板炮	

技术参数

艇员：44人	水面排水量：1223公吨（1204吨）
动力：3台柴油机，电动机	水下排水量：1849公吨（1820吨）
最大航速：水面17节，水下9.5节	尺度：艇长84米，
水面最大航程：9500公里	宽7米，吃水4.3米
（5120海里）/12.5节	服役时间：1915年11月
武备：6部457毫米口径鱼雷发射管，	
1门76毫米甲板炮	

▲ **J-1号潜艇**
英国皇家海军，快速潜艇，1918年
该艇安装有3台12缸柴油机，推进功率达3600马力（2685千瓦），是英国皇家海军当时动力最强的潜艇。但其航速还不足以跟上当时的主力舰队。J级潜艇的续航力比之前的各级英国潜艇都强，战后剩余的6艘J级艇都被转交给了澳大利亚皇家海军。

战役，是潜艇发挥主动支援作用的首次大规模海上战役。此役由法国、英国和澳大利亚海军共同对抗德国海军潜艇和水面编队。首批参战的英军潜艇是5艘B级艇，这款潜艇排水量太小，而且在达达尼尔海峡附近海域的强劲洋流中动力多少显得有些不足。尽管如此，B-11号潜艇仍然抓住战机，于1915年12月成功击沉了土耳其海军的"麦苏德"（Messoudieb）号战列舰。此后抵达战区的是5艘E级潜艇和澳大利亚军的AE-2号潜艇，同期抵达的还有4艘法国潜艇。1916年1月，这场悲剧性的战役以英军被迫撤军宣告终结。

无论如何，协约国潜艇的活动在这段令人沮丧的历史中仍然存在不少亮点。虽然"加里波利战役"中共有4艘法国潜艇和4艘英国潜艇遭受损失，但它们也击沉了7艘土耳其海军舰艇、16艘运输和支援船只，此外还包括230艘各类小型船只。

对手方面，德国海军U-21号潜艇则于1915年5月在澳新湾海域击沉了英国皇家海军"凯旋"号（HMS Triumph）战列舰，两天之后再次击沉了"威严"号（HMS Majestic）战列舰。在这两次作战行动中，U-21号潜艇从基尔港启程出发，

在未经中途加油的情况下一路顺利抵达里加湾参战，这着实令人印象深刻。1915年7月，U-21号在位于亚得里亚海的卡塔罗（今科托尔）加入德国海军驻扎在那里的潜艇分舰队。1916年2月8日，该艇在叙利亚海岸附近海域还击沉了一艘法国海军装甲巡洋舰。

U-21号潜艇一直服役至大战结束，该艇总共击沉了约40艘同盟国舰船。而转交给奥匈海军的UB-14号潜艇全部由德国潜艇操纵，与其它UB和UC级潜艇一样，采用分段方式运输到波拉后再组装起来参战。该艇在大战中同样击沉了大量的协约国商船。1915年11月6日，该艇出其不意地上浮至英国皇家海军E-20号潜艇附近，在500米的距离迅速发射一枚鱼雷将其击沉，从而成为大战最初几年里少有的潜艇之间对抗的胜者。

北海

在大战爆发的最初几个月，可以说最成功的潜艇战例就发生在北海海域。为了将德国公海舰队牢牢地困在港内，英国海军部决心动用一支由巡洋舰和轻型水面舰艇组成的编队在北海海域发动一场攻势行

▲ **U-9号潜艇**

德意志帝国海军，巡逻潜艇，1914年

U-9号潜艇安装有4台科廷式汽油机，这种动力系统极易产生浓烟，而且必须为潜艇设计外置的烟囱。该艇还是首艘可以在潜航时重新装填鱼雷的潜艇。1914年9月22日，该艇仅用6枚鱼雷创造了击沉3艘英国巡洋舰的经典战例，很好地诠释了大战初期这种新型潜艇的巨大成功。

动。由"阿布基尔"号、"克雷西"号和"霍格"号组成的C巡洋舰群尽管平均舰龄超过10年，而且以1914年的标准来看性能严重老化过时，却仍然奉命前往作战海域展开巡逻。

1914年9月22日，北海洋面上的这支英国老巡洋舰编队被德国海军U-9号潜艇发现。相比之下U-9号在当时的各国潜艇中可谓相当先进，航速指标也是最顶尖的。而海面上行动缓慢的英国巡洋舰编队就成为了德国潜艇可以轻易攻击的标靶。结果就在一个多小时的时间里，这3艘巡洋舰依次被U-9号潜艇用鱼雷击沉。而这一经典战例也很好地反映出当时的新型潜艇在对抗航速较慢的巡洋舰时所拥有的明显优势。

虽然在早期的作战中取得了成功，徘徊在北海海域的德国潜艇却愈发感受到作战的困难。1914年9月中旬，英国皇家海军潜艇E-9号相继击沉了德国海军"赫拉"（Hela）号轻巡洋舰和S-116号驱逐舰。尽管德国公海舰队曾一度试图用自己手握的潜艇部队对英国皇家海军大舰队发起攻击，但在1916年5月发生在日德兰海域的那场大战期间最大规模的海上战役中，英德双方的潜艇却并未发挥出人们意想之中的作用。

到了大战的最后一年，围绕在大不列颠群岛和斯堪的纳维亚群岛之间的海上商船队、德国海军驱逐舰和英国皇家海军潜艇之间在北海海域爆发了针锋相对的斗争。在此期间英国L级潜艇大规模参战，其中L-10号于1918年10月3日击沉了S-33号驱逐舰，但不久后也被德军舰艇击沉。

▲ **K级潜艇**

英国皇家海军，舰队潜艇，1919年

英国海军部需要一种能伴随战列巡洋舰作战的快速潜艇，于是设计建造了K级潜艇。然而K级潜艇除了航速较快之外却几乎一无是处。从1917年起，K级潜艇开始同时在两支皇家海军水面舰队中部署，计划用于攻击敌水面编队或港口。而事实却是该级艇在大战中几乎毫无作为。

<table>
<tr><td colspan="2">技术参数</td></tr>
<tr><td>艇员：40人</td><td>水面排水量：2174公吨（2140吨）</td></tr>
<tr><td>动力：2台蒸汽机，电动机</td><td>水下排水量：2814公吨（2770吨）</td></tr>
<tr><td>水面最大航程：5556公里
（3000海里）/13.5节</td><td>最大航速：水面23节，水下9节</td></tr>
<tr><td>武备：10部533毫米口径
鱼雷发射管，3门102毫米
（4英寸）口径甲板炮</td><td>尺度：艇长100.6米，
宽8.1米，吃水5.2米
服役时间：1916年</td></tr>
</table>

<table>
<tr><td colspan="2">技术参数</td></tr>
<tr><td>艇员：36人</td><td>水面排水量：904公吨（890吨）</td></tr>
<tr><td>动力：2台柴油机，电动机</td><td>水下排水量：1097公吨（1080吨）</td></tr>
<tr><td>最大航速：水面17.5节，水下10.5节</td><td>尺度：艇长72.7米，</td></tr>
<tr><td>水面最大航程：7038公里
（3800海里）/10节</td><td>宽7.2米，吃水3.4米
服役时间：1918年</td></tr>
<tr><td colspan="2">武备：4部533毫米口径鱼雷发射管，
1门102毫米口径甲板炮</td></tr>
</table>

▲ **L级潜艇**

英国皇家海军，巡逻潜艇，1918年

L级潜艇首艇装有457毫米口径鱼雷发射管，后期艇则换装了533毫米口径鱼雷发射管。L级潜艇是当时皇家海军中排水量最大的巡逻潜艇，20世纪20年代里曾大量服役，其中3艘幸存到战后，甚至作为训练艇一直服役到1946年。

地中海

根据战前与英国达成的协议，法国海军舰队得以在地中海海域频繁活动，而在此期间法军潜艇却没能觅得作战良机。不过，意大利海军潜艇倒是在亚得里亚海海域取得了一些有限的战果，而他们的对手——德国与奥匈海军潜艇同样有所斩获。

意大利为德国建造的"巴里拉"（Ballila）号（曾计划命名为U−42号）潜艇于1915年在意大利海军服役，却在1916年7月14日在亚得里亚海海域被奥匈海军鱼雷艇击沉。值得一提的是，正是在意大利和奥匈海军潜艇之间的对决期间，人们对潜航状态的潜艇实施空中侦查进行了首次尝试。战争期间最为成功的意大利潜艇艇型无疑是1916年的F级，该级艇装备精良，拥有两部潜望镜和费森登（Fessenden）式信号天线（英国皇家海军K级潜艇也有类似装备），后者可以在水面以下发送莫尔斯电码。F级潜艇排水量较小，艇上仅配备2部450毫米口径鱼雷发射管和1门76毫米口径甲板炮，其中一些F级艇一直服役至20世纪30年代。

▲ **"巴里拉"号潜艇**

意大利海军，巡逻潜艇，亚得里亚海，第一次世界大战

潜艇设计师塞萨尔·劳伦蒂（Cesare Laurenti）扬名于他所设计的"巴里拉"号潜艇。在3艘同级艇中，"巴里拉"号的前甲板明显上扬，和其余两艘的平直前甲板明显不同，后者甚至加装了艇首鱼雷发射管。后来，该级艇的设计方案被日本海军买去，成为了1919至1921年期间日本海军F-1级和F-2级潜艇的设计基础。

技术参数

水面最大航程：7041公里	艇员：38人
（3800海里）/10节	动力：2台柴油机，电动机
武备：4部450毫米口径	尺度：艇长65米，
（17.7英寸）鱼雷发射管，	宽6米，吃水4米
2门76毫米口径甲板炮	服役时间：1913年8月
水面排水量：740公吨（728吨）	最大航速：水面14节，水下9节
水下排水量：890公吨（876吨）	

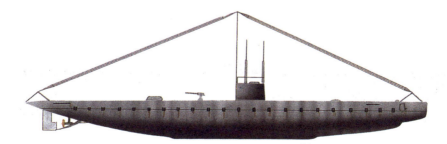

▲ **F−1号潜艇**

意大利海军，巡逻潜艇，海岸部队，第一次世界大战

该级艇采用塞萨尔·劳伦蒂的设计方案，是"美杜莎"级潜艇的改进型，共21艘，全部在拉斯佩齐亚港的菲亚特-桑·乔吉奥船厂建造完成。塞萨尔·劳伦蒂与菲亚特的联营公司还为多国海军设计建造过潜艇。注意76毫米口径甲板炮安装在了艇尾位置。大战期间所有F级潜艇都部署在意大利海岸海域。

技术参数

艇员：54人	水面排水量：262公吨（258吨）
动力：2台柴油机，电动机	水下排水量：324公吨（319吨）
最大航速：水面12.5节，水下8.2节	尺度：艇长45.6米，
水面最大航程：2963公里	宽4.2米，吃水3米
（1600海里）/8.5节	服役时间：1916年4月
武备：2部450毫米口径鱼雷发射管，	
1门76毫米口径甲板炮	

大西洋作战行动：1915—1917

第一次世界大战期间最为残酷的潜艇作战发生在大西洋海域。在那里，英国和协约国商船队要面对的是如狼似虎的德国潜艇。

1914年时的德军最高司令部也许不会想到，大西洋战役到了1917年会取得如此空前的成功。因为1914至1915年期间，德国远洋潜艇的数量可以说是严重不足，在任意时刻最多保持5艘潜艇处于作战海区。而且这些潜艇航速较慢，作为主战武器的甲板炮口径也较小，因此并不适合在公海海域执行商船破袭战任务。它们唯一赖以取胜的攻击手段——以鱼雷发动突然攻击，却是被国际公约所禁止的。

1915年2月4日，为了更有效地打击协约国的商船，同时报复英国对德国港口的封锁行动，德国宣布在英国和爱尔兰周围水域执行无限制潜艇战。尽管到当年底即废除，德国人却在1916年春重新定义了无限制潜艇战的内涵，因此从1917年2月1日起到当年底，在环绕大不列颠群岛周边海域的所谓"战区"里发动了一系列真正的无限制潜艇战役。

到1917年2月，德国海军的阵营里已经拥有110艘各型潜艇。其中部署在大西洋的46艘潜艇仅在2至4月间就击沉了总吨位共计1889847公吨（1860000吨）的协约国商船，而自身仅损失了9艘。在如此沉重的损失下，英国小麦供应量骤降至只够维持6个月所需。而到了5至6月间，又有总吨位共计1320860公吨（1300000吨）的协约国商船被击沉。这种令人绝望的局面令英国人想尽了一切办法对付德国潜艇，却又收效甚微。而这一切直到1917年5月护航体制建立后方才有所改观。

到1917年秋，德国海军平均每月损失6至10艘潜艇，而当年全年英国、其它协约国和中立国有总吨位共计6235878公吨（6335944吨）的商船被德军潜艇击沉，这几乎占到了这些国家全年海上航运总量的一半！而在4月美国对德宣战后，德国潜艇在1918年全年里击沉协约国商船的战绩仅为总

▲ 德意志级潜艇（U-155号）

德意志帝国海军，远洋贸易潜艇，大西洋，1916年
该级艇的整体轮廓清晰地体现出了其无武装的商船面貌。根据这一基本设计，共建造了3艘贸易型潜艇，而4艘在建造过程中被改装为作战艇型。加装两门148毫米口径（5.9英寸）甲板炮后，该级艇的外观也变得大为不同。以图中U-155号为例，该艇共击沉了43艘各型船只，总吨位共计120434吨。

技术参数

艇员：56人	水面排水量：1536公吨（1512吨）
动力：2台柴油机，电动机	水下排水量：1905公吨（1875吨）
最大航速：水面12.4节，水下5.2节	服役时间：1916年3月
尺度：艇长65米，	
宽8.9米，吃水5.3米	
水面最大航程：20909公里	
（11284海里）	
武备：无	

1914至1918年期间的德国潜艇艇型 （战时建造）			
级别	数量	下水时间	备注
U-43	8	1914至1915年	柴电远洋潜艇
UB-I	17	1915年	海岸巡逻潜艇
UC-I	15	1915年	海岸布雷潜艇
UB-II	30	1915至1916年	海岸巡逻潜艇
U-51	6	1915至1917年	柴电远洋潜艇
UC-II	64	1915至1917年	海岸布雷潜艇
U-57	12	1916年	柴电远洋潜艇
U-63	3	1916年	柴电远洋潜艇
U-135	4	1916至1918年	柴电远洋潜艇
U-181	6	1916年	柴电远洋潜艇
UE-I	10	1916年	远洋布雷潜艇
U-87	6	1916至1917年	柴电远洋潜艇
U-151	7	1916至1917年	货运巡洋潜艇
U-139	3	1916至1918年	货运巡洋潜艇
U-93	22	1916至1918年	柴电远洋潜艇
UC-III	16	1916至1918年	海岸布雷潜艇
UE-II	9	1916至1918年	远洋布雷潜艇
UB-III	96	1916至1919年	海岸巡逻潜艇
U-142	1	1918年	货运巡洋潜艇

▼ "德意志"级（U-155号）潜艇

"德意志"级潜艇的指挥塔围壳较小，与其庞大的艇壳形成了相当强烈的反差，而水线轮廓也因此较小。在英国皇家海军发动针对德国的海上封锁作战期间，这点优势不容忽视。

吨位共计2709738公吨（2666942吨）。用饥饿手段迫使英国屈服的企图可以说早在1917年5月以后就宣告破产了。

远洋潜艇

德国潜艇在大西洋海域的成功，更加鼓舞了德国海军加快部署装备先进鱼雷和甲板炮的大型远洋潜艇的步伐。为了打破皇家海军在水面上的霸权，德国专门设计建造了"德意志"（Deutschland）级远洋贸易潜艇。该级艇全长96米，设计有两个大型货舱，可以装载约700公吨（690吨）物资以12至13节的水面航速航行，潜航时也能达到7节的航速。1916年6月，"德意志"号潜艇满载镍、锡以及橡胶等物资从德国出发，抵达了当时还未参战的美国港口。

在安装了鱼雷发射管和甲板炮后，原来的远洋货运潜艇摇身一变成为U-155号作战潜艇，同级艇最终建造了7艘之多。在大战的最后阶段，这批潜艇全部参加了海上作战，其中几艘甚至曾远航至亚述尔群岛和非洲海岸海域。这些大型远洋潜艇虽然不必承担攻击协约国海上贸易线的任务，

但危险依然存在——1918年5月，U-154号潜艇在葡萄牙海岸附近海域被英国皇家海军E-35号潜艇发射鱼雷击沉。

大战后期，德军最高指挥部决心将战火点燃至北美大陆，这就需要超远航程的远洋潜艇实施支援。当时的"德意志"级潜艇就十分适合执行这样的任务。除此之外，德国人还专门设计了远程"巡洋潜艇"。这种潜艇装备有6部鱼雷发射管，艇上备有22枚鱼雷，此外还安装有至少2门150毫米口径（5.9英寸）甲板炮。

"巡洋潜艇"最为出名的远航莫过于1918年4月14日的那一次。当天U-151号潜艇从基尔港出发，前去美国大西洋沿岸伏击美国的海上航运线，并伺机在美国沿岸的各主要入海口实施布雷。美国人决然没有想到会在自己的家门口遭遇这么大的麻烦，因此根本没有采取任何防范措施。U-151号潜艇几乎不费吹灰之力就截获并击沉了3艘双桅纵帆船，同时还在特拉华湾顺利完成了布雷任务。

在纽约附近的外海，U-151号在海底潜行了3天，用艇首的剪线齿破坏了两条海底电报电话线缆。6月2日，U-151号潜艇

▲ **U-139级潜艇**
德意志帝国海军，"商船破袭者"，大西洋，1917年
U-139级潜艇是专为"巡洋猎手"的概念建造的，装备有6部鱼雷发射管，比两部U-155级的大为增加，艇上还备有18枚鱼雷。甲板炮采用独特的炮塔设计，指挥塔围壳上的指挥台设计有装甲板防护。显然这是为潜艇在水面与敌武装商船炮战的目的专门设计的。

技术参数

艇员：62人	水面排水量：1961公吨（1930吨）
动力：双轴推进，柴电	水下排水量：2523公吨（2483吨）
水面最大航程：23390公里（12630海里）/8节	最大航速：水面15.8节，水下7.6节
	尺度：艇长94.8米，宽9米，吃水5.2米
武备：6部508毫米口径（20英寸）鱼雷发射管，2门150毫米口径甲板炮	服役时间：1917年12月

▲ **R级潜艇**
英国皇家海军，巡逻潜艇，北海及西部通道海域，1918年
该级艇采用了球根状艇首设计，并且安装了当时十分新颖的艇首水平舵。以最大航速潜航时，艇上的两台电动机单台推进功率达1200马力（895千瓦），而艇上安装的8缸柴油机推力仅为210马力（157千瓦）。1918年11月，两艘R级潜艇部署到布莱斯，4艘同级艇则驻扎在爱尔兰西北沿岸的基利贝格斯港。

技术参数

艇员：36人	尺度：艇长49.9米，宽4.6米，吃水3.5米
动力：单轴推进，柴电，2台1200马力电动机	水面最大航程：3800公里（2048海里）/8节
最大航速：水面15节，水下9.5节	服役时间：1918年4月
水面排水量：416公吨（410吨）	武备：6部457毫米口径鱼雷发射管
水下排水量：511公吨（503吨）	

击沉了从波多黎各出发前往纽约靠岸的邮轮"卡罗莱纳"（Carolina）号。这一系列破坏行动在美国东海岸引起了极大恐慌，而U-151号艇却得以全身而退，于1918年7月20日成功返回基尔港。U-151号的此次远洋作战行动行程共计17570公里（10915英里），总共击沉27艘各型船只（其中包括4艘未触雷沉没的）。

受这次成功作战的鼓舞，U-140、U-156和U-117号潜艇也相继被派往美国海岸海域作战。但这次美国人已经有所警觉，德国潜艇在那里想要有所斩获已经不像以往那般容易了。1918年9月25日，U-156号潜艇在返航途中，在挪威卑尔根附近海域触雷后沉没，艇员全部丧生。而当U-155、U-152和U-139号潜艇陆续被派往美国海岸后，还未完成横跨大西洋的航程大战就已经宣告结束了。

关于这些远洋潜艇的真正作用和意义，海战史学者们一直存在着广泛的讨论。有些观点认为，如果德国海军多建造一些类似U-81级和U-87级这样可装备16枚鱼雷、航程达18000公里（11220英里）的中型潜艇，那么协约国海上航运的损失将会大得多。而实际上在1915至1918年期间，德国人仅建造了46艘这两级的潜艇。相比之下，被德国潜艇击沉的协约国巡洋舰只占击沉总吨位数不到2%。

反潜措施

面对德国潜艇在海上的肆虐，英国皇家海军在制订反潜措施上下了很大功夫。起

1914至1918年期间的美国潜艇艇型			
级别	数量	下水时间	备注
A	7	1901至1903年	驻菲律宾
B	3	1906至1907年	驻菲律宾
C	5	1906至1909年	
D	3	1909至1910年	
E	2	1911年	
F	4	1911至1912年	
G	4	1911至1913年	
H	9	1913至1916年	H-4至H-7号及H-8、H-9号原为为沙俄建造
K	8	1913至1914年	
L	11	1915至1917年	7艘驻扎在爱尔兰，1918年更名为AL级
M	1	1915年	
N	7	1916至1917年	
O	16	1917至1918年	
R	27	1917至1918年	其中6艘于1918年11月下水

▲ **O级潜艇**
美国海军，巡逻潜艇，1918年

O级潜艇的建造速度很快，只是航程有限，而且该级潜艇只装备457毫米鱼雷发射管，最大潜深为61米；种种因素限制了O级潜艇的战斗力。到了1918年，美国潜艇的设计建造水平已经有了很大提高，后来更名为"鹦鹉螺"号的O-12号潜艇还曾于1930年进行了一次远航北极的尝试。

技术参数

艇员：29人
动力：双轴推进，柴电
最大航速：水面14节，水下10.5节
水面最大航程：10191公里
（5500海里）/11.5节
武备：4部457毫米口径鱼雷发射管，
1门76毫米口径甲板炮

水面排水量：529公吨（521吨）
水下排水量：639公吨（629吨）
尺度：艇长52.5米，
宽5.5米，吃水4.4米
服役时间：1918年7月

▲　**英国皇家海军R-7号（HMS R-7）潜艇**

10艘R级潜艇是首批专门设计建造来攻击敌潜艇的艇型。每艘R级潜艇都在艇首位置安装了5部水下侦听器和方位仪设备。

初，采用拖网渔船展开的大面积反潜搜索并不奏效，直到1916年1月开始大量装备深弹武器后情况才略有改观。1916年3月22日，首艘被深弹击沉的德国海军U-68号潜艇就是一例。7月6日，被协约国水面舰艇的侦听器发现的德国海军UC-7号潜艇也随即被深弹击沉。至此，潜航时的潜艇再也无法高枕无忧地展开攻击了。

Q船，或称伪装商船，在击沉德国潜艇的战斗中发挥了巨大作用，取得了击沉9艘德国潜艇的战绩。此外大战期间得以迅速发展的反潜措施还有潜艇反潜。英国皇家海军潜艇本身就击沉了18艘德国潜艇，1917年至1918年期间就击沉了13艘。这其中绝大多数是在水面状态下取得的战果，当然这也得益于繁重而仔细的目视搜索。反过来，则也有两艘英国潜艇被德国潜艇击沉。

正是在这一背景下，R级潜艇诞生了。英国皇家海军寄希望于R级潜艇完成猎杀敌潜艇的任务。R级潜艇排水量不大，水面仅416.5公吨（410吨），艇长49.7米，采用单轴单桨推进（当时多数潜艇采用双轴双桨

推进）。艇上安装柴油发动机，水面最大航速9节。然而该级艇蓄电池容量极大，水下潜航时可以以15节的高航速持续潜航2小时（直到二战后各国潜艇潜航的平均航速仅8至10节）！

R级潜艇与后来的猎潜型潜艇一样配备有水下侦听器，艇首的6部鱼雷发射管极具攻击力。不过，由于服役的时间太晚，R级潜艇没能取得实际战绩。从这点意义上来看，1917年中期才引入的护航体制也成为了大战期间事实上最为成功而有效的反潜手段。

美国

一战爆发时，美国在潜艇技术发展上已经较欧洲国家大为落后。大战期间，美国海军相继设计建造了H级、K级、L级、N级、O级和R级潜艇，看似呈现出知耻而后勇的态势，而实际上还是未能追赶上欧洲国家海军潜艇发展的步伐。

1917年4月，美国正式对德宣战。从此时起，美国海军就计划部署潜艇参加海上作战。尽管当时的K级潜艇并不适合"蓝海"作战，美国海军还是将8艘K级潜艇（K-1至K-8号）部署到了地中海战场上。这一决定很快演变成一场悲剧——K-3、

▲ "海象"（Walrus）号（K-4）潜艇①
美国海军，巡逻潜艇，亚述尔群岛，1917年

K-4号潜艇曾计划命名为"海象"，但一直没有真正这样得名。与战前其他级别的美国潜艇相比，8艘K级潜艇的排水量相对较小，艇壳外观设计也沿袭了早期美国潜艇的样式。艇上安装的950马力（708千瓦）的NELSECO公司的柴油机故障率一直居高不下。K-4号潜艇服役之初被部署在夏威夷，后被派驻到佛罗里达西礁岛。

▶ K-4号潜艇历史照片

技术参数			
艇员：31人		水面排水量：398公吨（392吨）	
动力：双轴推进，柴电		水下排水量：530公吨（521吨）	
最大航速：水面14节，水下10.5节		尺度：艇长47米，	
水面最大航程：83341公里		宽5米，吃水4米	
（4500海里）/10节		服役时间：1914年10月	
武备：4部457毫米口径鱼雷发射管			

K-4、K-6和K-7号潜艇相继在风暴中沉没，其余各艇在亚述尔群岛一直驻守至战后。美国海军还曾派遣一批L级潜艇横跨大西洋前往欧洲作战，结果又是被海上的暴风雨天气打乱了步伐，最终不得不在爱尔兰歇脚，后以那里为基地，展开了一系列并不成功的海岸巡逻任务。到大战即将结束时，又有8艘新的O级潜艇穿越大西洋海域来到欧洲作战，但真正参战的只有1918年7月抵达的其中1艘。11月11日停战协议签署时，美国海军又建成了16艘新艇，这些潜艇中7艘进入美国海军序列服役至二战爆发，但主要用作训练用途。

大战末期的潜艇力量：1917—1918

除作战损失之外，大量潜艇也因为事故、搁浅、由自身艇员凿沉以及被俘后当场自沉等原因沉没。这在一定程度上体现出大战期间有效反潜武器的发展相对滞后的现状。

1914至1918年期间，德国总共建造了超过300艘潜艇，远超其他任何国家的潜艇建造数量，几乎占到了同时期全球潜艇保有量的一半。在所有参战的373艘德国潜艇中，德国人最终损失了178艘之多，但也换来了击沉5708艘各类舰船的战果，平均每艘潜艇击沉15艘。而协约国每被击沉32艘船只，才能换来击沉1艘德国潜艇的战果。

尽管德国潜艇部队最终输掉了战争，但舆论普遍认为它们是被限制而非被击败。尽管英国皇家海军在1917至1918年期

① 原书以上配图有误，非K-4号（正确的图片如文中所示）。

间倾尽全力试图将德国潜艇围困在港内，而后者却从未被完全驱逐出一战的海上战场。仅从人员兵力上来看，整支德国海军潜艇部队的规模还抵不上一支陆军整编军，但为潜艇建造所投入的人力和财力却耗费巨大，甚至在经济环境极为拮据时同样如此。显然，整个海上战略的基础都必须作出调整。

很显然除了维持一支有效的潜艇作战力量之外，一国海军还必须保有一支拥有充足反潜舰艇和反潜武器的力量，从而有效应对未来海上战争中来自敌方潜艇的威胁。于是大战结束后每个国家都在认真审视和衡量自己的战争资源，权衡自身未来的战略考量，因而也在战时标准的基础上逐步减少在役潜艇的数量。

法国

到大战结束时，法国海军潜艇部队的艇型可谓五花八门。大战中法军共损失了14艘潜艇，其中就包括首艘被空中攻击击沉的"雾月"级潜艇"福柯"（Foucault）号（该艇于1916年9月15日被两架飞机击沉），而战时服役的潜艇共19艘，使得大战结束时的潜艇部队规模较1914年开战时多出了5艘。

以蒸汽机为动力的"杜普伊·德·洛母"（Dupuy de Lôme）号潜艇于1915年9月下水，该艇于战后换装了从德国潜艇上拆下来的柴油机。其它的战时艇型还包括"安菲特律特女神"（Amphitrite）级（1914至1916年期间共建造了8艘，大战中损失了1艘）；"贝隆"（Bellone）级（1914至1917年期间建造了3艘）；"戴安"（Diane）级（1915至1917年期间共建2艘，大战中损失了1艘）；"阿尔米德"（Armide）级

1914和1918年的潜艇舰队规模比较			
国家	1914年	1918年	战争损失
奥匈帝国	6	19	8
法国	55	60	14
德国	24	134	173
英国	74	168	56
意大利	22	78	8
日本	12	15	0
瑞典	9	12	0
沙俄	29	44	17
美国	27	79	1

（1915至1916年期间建造了3艘）；"约塞尔·富尔顿"（Jossel Fulton）级（1917至1919年期间建成2艘）以及"拉格朗日"（Lagrange）级（1917至1924年期间建造了4艘，其中2艘幸存至战后）。

在相继设计建造了一系列中型潜艇后，法国人开始钟情于上述这些排水量更大的艇型。这些潜艇水面排水量均在920至1320公吨（905至1299吨）之间，武器装备强大，艇上装有8部457毫米口径鱼雷发射管和2门75毫米口径甲板炮。连被俘的德国海军原UB-18号潜艇也具备类似的特征，该艇于1917年加入法国海军服役，并更名为"罗兰·莫勒特"（Rolland Morillot）号，可以说包括该艇在内的一些作为战争赔偿而进入法国海军服役的德国潜艇，深深地影响着法国潜艇的设计潮流。另外值得一提的还有勉强服役至大战结束时的"欧拉"（Euler）号潜艇，该级艇1912年开始建造，同级艇共建成16艘，其最大特征是仅安装有1部鱼雷发射管，但却在艇内和外部鱼雷舱分别储存有4枚和2枚鱼雷，甲板炮则根本未考虑安装。

德国

1918年11月，所有幸存至大战结束时的德国潜艇要么投降，要么自沉。战时373

艘在役潜艇只有134艘幸存，另有176艘或是仍在大修，或是尚未服役。而所有这些潜艇全部成了协约国的战利品。1916年7月5日下水的U-60号艇即是其中一员，该艇在其服役生涯中总共击沉了超过40艘协约国舰船。U-60号于1918年11月21日不慎搁浅，后来退役拆解。

在大战结束前的最后几个月里，德国基尔港内仍在建造一种新型的快速潜艇，而首艇便是U-160号，计划建造的13艘里最终有8艘得以完工。该级艇设计有6部509毫米口径（20英寸）鱼雷发射管和2门104毫米口径（4.1英寸）甲板炮，水面最大航速达到了16.2节。从性能上来看这种潜艇非常适合执行海上破交作战，但它出现的时间实在太晚了，对大战的结局丝毫产生不了影响。

根据战后的《凡尔赛和约》，德国不得拥有潜艇。所有战后落入协约国之手的德国潜艇都不免拆解、自沉或成为靶船被击沉的命运。但条约的限制并不能阻止德国拥有那些别国无法企及的优秀潜艇设计建造的专家们。

英国

战时英国皇家海军的损失无疑是巨大的。到大战结束时，英国潜艇的损失数量已经高达56艘。这其中既有战斗损失，也有被友军误击和误撞沉没的。1917至1918年期间建造的M级潜艇是战时服役的英军潜艇艇型之一。该级艇采用柴电推进，在指挥塔前方安装有305毫米口径战列舰舰

技术参数

艇员：54人	水面排水量：846公吨（833吨）
动力：双轴推进，三缸往复式蒸汽机，电动机	水下排水量：1307公吨（1287吨）
最大航速：水面15节，水下8.5节	尺度：艇长75米，
水面最大航程：10469公里（5650海里）/10节	宽6.4米，吃水3.6米
武备：8部450毫米口径鱼雷发射管	服役时间：1915年9月

▲ **"杜普伊·德·洛母"号潜艇**
法国海军，巡逻潜艇，地中海，第一次世界大战

"杜普伊·德·洛母"号潜艇指挥塔围壳设计得极为矮小，蒸汽烟囱紧随其后安装在艇体中部，该艇于1916年7月服役，次年隶属于摩洛哥舰队并一直服役至战后。1917年，该艇曾用作炮击镇压当地的反叛力量，同年里还曾被一艘英国皇家潜艇误击。1935年该艇退役拆解。

▲ **"欧拉"号潜艇**
法国海军，巡逻潜艇，地中海/亚得里亚海，
第一次世界大战

作为"雾月"级中的一艘，该艇最终安装两台德国MAN公司授权生产的840马力（626千瓦）柴油机。"欧拉"号1916年加装了1门75毫米甲板炮。英国人依照同样的设计建造了4艘W级潜艇，然后于1915年卖给了意大利海军，后来一直部署在地中海和亚得里亚海海域。

技术参数

艇员：35人	动力：双轴推进，柴油机，电动机
最大航速：水面14节，水下7节	水面排水量：403公吨（397吨）
水面最大航程：3230公里（1741海里）/10节	水下排水量：560公吨（551吨）
武备：1部450毫米口径鱼雷发射管，艇内和外部鱼雷舱分别储存有4枚和2枚鱼雷	尺度：艇长52米，宽5.4米，吃水3米
	服役时间：1912年10月

炮。这种超群的火力赋予M级潜艇鱼雷所望尘莫及的射程和威力。这种大口径火炮可以在潜望镜深度下操纵开火，但必须在水面航行状态下进行重装填。M级潜艇仅建成了3艘，其中前两艘完工于大战结束前夕，因此没能参加海上战斗。从今天的视角来看，M级潜艇多少显得有些笨重和不切实际，但M级潜艇却曾用自己的305毫米口径火炮在1922年举行的一次海军演习中成功"炮击"过著名的"胡德"号（HMS Hood）战列巡洋舰，而后者被宣判"丧失作战能力"。

14艘G级潜艇的设计目的，主要是对抗德国海军远洋潜艇的威胁。为了抵达大西洋中部海域，德军舰艇不得不穿越英吉利海峡或绕行设得兰群岛，G级潜艇就将扮演截击者的角色打击德国潜艇和商船。该级潜艇安装有4部457毫米口径鱼雷发射管和1部用于穿甲攻击的533毫米口径鱼雷发射管。G级潜艇的水面航速较快，其最大航速可达14.25节。当时的情报显示，德国人已经造出了水面航速达22节的快速潜艇，于是不甘其后的英国人很快又于1915年设计建造了7艘J级潜艇，其最大航速可达17节。1916

年11月5日，J-1号潜艇曾经重创过德国海军"腓特烈大帝"（Grosser Kurfurst）号和"王储"（Kronprinz）号战列舰。

从1914年的情况来看，尽管当时还有不少在役潜艇依然才使用汽油机作为推进动力，但随着大战进程的逐步推进，越来越多的潜艇开始采用柴油机系统水面推进和电动机水下潜航的方式。在英国海军部极力追求高水面航速的驱使下，英国人还是在1915至1919年期间建造了大量的K级潜艇。这种具备伴随主力水面舰队参战的大型潜艇安装有蒸汽涡轮机，下潜时必须关闭主机和烟囱盖。该级艇的水面最大航速达到了23.5节，潜航时也具备10节的航速。艇上安装有10部533毫米口径鱼雷发射管和3门102毫米火炮，从武器装备指标上看可谓威力惊人，然而事实上K级潜艇在大战中却损失了5艘之多。对于为数17艘的这批K级潜艇，皇家海军的艇员们评价也不高。另一方面，K级艇试图攻击的大型水面舰艇目标都进行了良好的装甲防护以防鱼雷攻击，不少目标所在的锚地还设有防雷网，因此K级潜艇在一战中并没有较好的表现。到了1926年，最后一艘K级潜艇也宣告报废

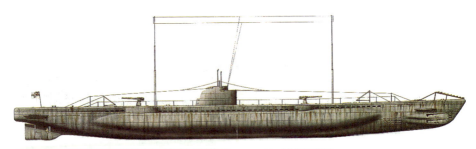

技术参数

动力：双轴推进，柴油机，电动机	艇员：39人
最大航速：水面16.2节，水下8.2节	水面排水量：834公吨（821吨）
水面最大航程：15372公里	水下排水量：1016公吨（1000吨）
（8300海里）/8节	尺度：71.8米，
武备：6部509毫米口径鱼雷发射管，	宽6.2米，吃水4.1米
2门104毫米口径甲板炮	服役时间：1918年2月

▲ **U-160号潜艇**

德意志帝国海军，商船破袭者，第一次世界大战

U-160号潜艇适航性良好，装备精良，主要用于在水面上发动任意攻击。该级潜艇在U-93级潜艇基础上设计建造，是德国人建造的居于小型潜艇和大型巡洋潜艇之间的46艘中型潜艇中的一员。

拆解。相比之下，可以说皇家海军在大战期间建造得最为成功的潜艇当属E级、H级和L级。

到大战结束时，英国皇家海军拥有的潜艇数量已达137艘，另有78艘在建。随着大战的落幕，皇家海军随即下令报废或终止剩余潜艇的建造，以将其潜艇部队规模迅速降至和平时期的保有水平，同时还持续保持其水下作战力量的基本优势。

意大利

1918年时的意大利海军潜艇部队中包含了几艘英国移交的潜艇，其中包括4艘W级艇。这批潜艇装备有2部内置457毫米口径鱼雷发射管和2部外置鱼雷储存舱，于1916年转交意大利方面，1919年报废拆解。而在较早前转交给意大利方面的3艘S级潜艇则采用了意大利本土的设计，从实际情况来看更适合地中海海域的作战环境。1916至1917年期间，英国人还向意大利海军转交了8艘H级潜艇。

与此同时，意大利也在不遗余力地建造自己的潜艇。战时设计建造的艇型包括1916年的"帕奇诺蒂"（Pacinotti）级（其中1艘于1917年沉没）和21艘F级（数量最多的一个级别）潜艇。后者吨位较小，水面排水量为262公吨（258吨），水下排水量为319公吨（314吨），装备有2部457毫

▲ W-2号潜艇

英国皇家海军，后转交意大利，近岸潜艇，亚得里亚海，1915至1918年

在皇家海军代表对法国土伦的施耐德码头进行官方访问后，停泊在那里的"雾月"级潜艇给英国人留下了深刻印象。于是英国人很快参考并购买了法国"雾月"级潜艇的基本设计方案，建造了这同样设计安装有6个"杰维茨基"（Drzewiecki）外置鱼雷储存舱的W级潜艇。然而事实证明W级潜艇并不适合英国的作战环境，于是英国人很快于1915年将其卖给了意大利海军，后者则将其部署到了亚得里亚海海域。

技术参数	
艇员：19人	水面排水量：336公吨（331吨）
动力：双轴推进，柴油机，电动机	水下排水量：507公吨（499吨）
最大航速：水面13节，水下8.5节	尺度：艇长52.4米，
水面最大航程：4630公里	宽4.7米，吃水2.7米
（2500海里）/9节	服役时间：1915年2月
武备：2部457毫米口径鱼雷发射管	

技术参数	
艇员：60人	水面排水量：1619公吨（1594吨）
动力：双轴推进，柴油机，电动机	水下排水量：1977公吨（1946吨）
最大航速：水面15节，水下9节	尺度：艇长90米，
水面最大航程：7112公里	宽7.4米，吃水4.9米
（3840海里）/10节	服役时间：1915年2月
武备：4部533毫米口径鱼雷发射管，	
1门305毫米口径（12英寸）火炮	

▲ M-1号潜艇

英国皇家海军，重炮潜艇，1917年

M级潜艇采用了当时尚在建造过程中的K级潜艇的艇壳，艇上安装的305毫米大口径火炮则是来自"可畏"（Formidable）级战列舰，备弹50发。M-1号和M-2号艇装有457毫米鱼雷发射管，M-3号则配备533毫米鱼雷发射管。1925年11月，M-1号潜艇与一艘瑞典货船相撞后沉没。

米鱼雷发射管。F级潜艇由拉斯佩齐亚港的菲亚特–桑·乔吉奥船厂建造，1913年开工，原本计划为出口艇型。后来有3艘分别出口到了巴西、葡萄牙和西班牙。在随后的1917至1918年期间，意大利又建造了6艘N级潜艇，此外还包括1917年建造的2艘X–2级海岸布雷潜艇。1917至1919年期间，6艘"皮亚托·米卡"（Pietro Micca）级潜艇建造完工（其中3艘到了战后才建成），同时期建成的还有4艘"普罗瓦纳"级艇。

除此之外，意大利还在1915至1916年期间设计建造了6艘A级袖珍潜艇。到了大战结束时，意大利海军潜艇部队的规模与实力已经大为增强，而相比之下其对手奥匈海军则就此沉沦。

中立国

在那些大战期间保持中立的国家，潜艇的设计和建造同样不曾止步。很显然，为了防范交战国的海上力量进犯自己的领海水域，维系一支具备一定作战实力的潜艇部队是很有必要的。

一战期间，西班牙是保持中立的国家之一。到了1918年，西班牙海军的潜艇部

技术参数

动力：双轴推进，柴油机、电动机	艇员：31人
	水面排水量：270公吨（265吨）
最大航速：水面13节，水下8.5节	水下排水量：330公吨（324吨）
最大水面航程：2963公里	尺度：艇长45米，
（1600海里）/8.5节	宽4.4米，
武备：2部457毫米口径鱼雷发射管，	吃水3.2米
1门12磅炮	服役时间：1914年

▲ **S–1号潜艇**
英国皇家海军，后转交意大利，近岸潜艇，亚得里亚海，1915至1918年

与W级潜艇相似，S级潜艇同样借鉴了欧洲潜艇的主流设计，甚至可以找到意大利"劳伦蒂"级潜艇的身影。该级艇采用双艇壳设计，设计有10个水密隔舱，显然比同时期的英国潜艇设计更为先进大胆。S级潜艇仅仅建造了3艘，在雅茅斯港短暂停留后就于1915年转交给了意大利海军。

技术参数

艇员：35人	水面排水量：774公吨（762吨）
动力：双轴推进，柴油机、电动机	水下排水量：938公吨（923吨）
最大航速：水面16节，水下9.8节	尺度：艇长67米，
最大水面航程：3218公里	宽6米，吃水3.8米
（1734海里）/11节	服役时间：1917年11月
武备：6部450毫米鱼雷发射管，	
2门76毫米口径甲板炮	

▲ **"阿格斯蒂诺·巴尔巴里戈"（Agostino Barbarigo）号**
意大利海军，近岸潜艇，1918年

该艇是"普罗瓦纳"（Provana）级潜艇之一，但建造完工时已经太晚了。该级艇最为独特的设计在于采用了4个水密隔舱来分别安装蓄电池组，这样也就更显安全。艇上在前后位置分别安装有1门76毫米甲板炮。该艇为近岸巡逻而设计，最大潜深仅为50米，在实际作战中局限很大。

队也初具规模，其中就包括1916年7月下水的美国建造的"霍兰"型艇"艾萨克·佩尔"（Isaac Peral）号和1917年完工的3艘A级潜艇。

到1918年时的瑞典海军已经拥有13艘潜艇，其中12艘是在大战期间建成服役的。除了1909年从意大利菲亚特–桑·乔吉奥船厂购买的"霍瓦伦"号以外，所有这些潜艇全部由瑞典自主设计建造。"霍瓦伦"号还完成了一次早期的远洋航行——从拉斯佩齐亚港至瑞典。1919年，该艇退役报废，1924年作为靶船被击沉。

日本

日本对于一战协约国胜利所作出的贡献相对较小，且日本海军潜艇部队也没能有所作为。大战期间，日本仅建造了3艘潜艇。不过，由于日本国土的东面有着广袤的太平洋海域，再加上大战期间海上战争的启示，日本海军的决策者们也开始对远洋潜艇的发展予以更大重视。大战结束时，日本已经从德国的战争赔偿中获得了9艘潜艇，在此基础上，日本人对潜艇技术进行了极为深入的研究。

俄国

一战期间，沙俄总共建造了32艘潜艇。其中24艘为1914至1917年期间设计建造的"雪豹"（Bars）级，这种潜艇也可以看做是战前设计建造的"海象"（Morzh）

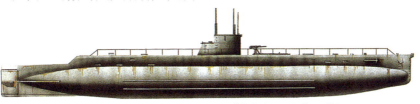

技术参数

艇员：35人	水面排水量：499公吨（491吨）
动力：双轴推进，柴油机，电动机	水下排水量：762公吨（750吨）
最大航速：水面15节，水下8节	尺度：艇长60米，
水面最大航程：5386公里	宽5.8米，吃水3.4米
（2903海里）/11节	服役时间：1916年7月
武备：4部457毫米口径鱼雷发射管， 1门76毫米炮	

▲ **"艾萨克·佩尔"号潜艇**
西班牙海军，巡逻潜艇，1916年

由霍河公司设计建造的"艾萨克·佩尔"号潜艇是西班牙首艘实战型潜艇，并且多年以来一直在西班牙海军中服役。该艇装备有76毫米口径可收放式甲板炮，主要部署在喀他赫纳港。20世纪30年代该艇即宣告报废拆解，因而没能参加西班牙内战。

技术参数

艇员：30人	水面排水量：189公吨（186吨）
动力：单轴推进，柴油机，电动机	水下排水量：233公吨（230吨）
最大航速：水面14.8节，水下6.3节	尺度：艇长42.4米，
水面最大航程：8338公里	宽4.3米，吃水2.1米
（4500海里）/10节	服役时间：1909年
武备：2部457毫米鱼雷发射管	

▲ **"霍瓦伦"（Hvalen）号潜艇**
瑞典海军，试验艇，波罗的海，1915年

"霍瓦伦"号潜艇是一种吨位较小的试验型潜艇。该艇采用单轴单桨推进，安装有2部鱼雷发射管。瑞典海军采购这艘潜艇的目的，是想在此基础上探索发展自主设计建造潜艇的道路。在1915年底的一次巡逻航行途中，"霍瓦伦"号在瑞典水域被德国炮艇"流星"（Meteor）号发现并炮击，这次事件也引起了一定程度的外交纠纷。

级潜艇的放大版。"雪豹"级潜艇采用单壳体结构，艇上装有4部457毫米口径鱼雷发射管，艇外鱼雷储存仓内还备有8枚鱼雷。该级艇多数装备有1门37毫米口径防空炮。不过，该级艇最大的缺陷就是没有采用内部隔舱设计，再者航程也太短，仅740公里（460英里）。"雪豹"级潜艇主要隶属于俄波罗的海和黑海舰队（6艘隶属前者），15艘一直服役至战后，9艘因各种原因沉没。1918至1921年期间，俄国一直受到革命和内战的影响，在此期间又有7艘潜艇沉没，这主要是为了以自沉方式避免潜艇落入德国人或布尔什维克主义者手中。

至于"鲤鱼"级潜艇，其中2艘于1919年4月26日在塞瓦斯托波尔自沉。性能比"雪豹"级更为优良的3艘"独角鲸"级（"霍兰"31A型）潜艇设计有水密隔舱和紧急下潜水舱；绝无仅有的"海蟹"号是沙俄海军设计建造的第一艘专用布雷潜艇，该艇于1908年订购，但直到1915年方才服役。此时已经较德国海军的同类艇型——UC级大为落后。不过俄国人的布雷艇采用的是艇尾发射管水平布放鱼雷的方式。

1915年，沙俄海军从美国电船公司订购了17艘H级（"霍兰"602型）潜艇。到

1914至1918年期间的沙俄潜艇艇型（战前建造）			
级别	数量	下水时间	备注
"海豚"（Delfin）	1	1903年	1904年沉没，后被打捞出水
"小家伙"（Kasatka）	6	1904至1905年	隶属波罗的海和黑海舰队
"鲶鱼"（Som）	7	1904至1907年	隶属波罗的海和黑海舰队
"鲤鱼"（Karp）	3	1907年	隶属黑海舰队
"鲨鱼"（Akula）	1	1908年	柴油机潜艇，隶属波罗的海舰队
"鳗鱼"（Mnoga）	1	1908年	柴油机潜艇，隶属黑海和里海舰队
"中洲鳄"（Kaiman）	4	1910至1911年	隶属波罗的海舰队
"海象"（Morzh）/"海豹"（Nerpa）	3	1911至1913年	隶属波罗的海舰队
"独角鲸"（Narval）	3	1914年	隶属波罗的海舰队

了1917年，11艘组装完成的潜艇从海上船运至符拉迪沃斯托克，再由跨西伯利亚铁路运输。来自沙俄海军的订单取消后，H-4号潜艇重新部署到美国海军服役，1920年更名为SS-147号并一直服役到1930年。

"霍兰"602型潜艇曾畅销给多个国家的海军。美国和英国海军已经按照相同设计建造了H级潜艇，尽管排水量不大，

▲ **H-4号潜艇**
沙俄海军，近岸潜艇，1917年

沙俄海军的"霍兰"型艇（AG级美国"霍兰"艇）分3批采购，最初两批于1916年6月至1917年初交付，但只有前5艘服役。"十月革命"爆发后，第二批AG级艇尚未装配，第三批则根本未交付，后转交美国海军服役（H-4至H-9号）。

技术参数

艇员：27人
动力：双轴推进，柴油机，电动机
最大航速：水面12.5节，水下8.5节
水面最大航程：3240公里
　　　　　　（1750海里）/7节
武器：4部450毫米鱼雷发射管

水面排水量：370公吨（365吨）
水下排水量：481公吨（474吨）
尺度：艇长45.8米，
　　　宽4.6米，吃水3.7米
服役时间：1916年10月

1914至1918年期间的沙俄潜艇艇型（战前建造）			
级别	数量	下水时间	备注
"雪豹"（Bars）	24	1915至1917年	隶属波罗的海舰队
"海蟹"（Krab）	1	1915年	布雷潜艇，隶属黑海舰队
"圣·乔治奥"（Sviatoi Georgi）	1	1916年	意大利建造
AG"霍兰"	6	1916至1917年	1918年战后建造的7艘之一，美国翻修了6艘

但事实证明性能良好。该艇水上排水量398公吨（392吨），水下排水量529公吨（521吨），航程达3800公里（2361英里）。隶属波罗的海舰队的该级艇于1918年自沉，黑海舰队的该级艇后来在苏联海军服役。

美国

到1918年时，美国海军已经拥有79艘潜艇，大战中没有1艘再因战斗沉没。F-4号和H-1号潜艇在墨西哥湾因事故沉没。驻扎在爱尔兰比尔哈文的L级潜艇与驻亚述尔群岛的K级潜艇一样，战后返回了美国本土。4艘L级和O级潜艇抵达欧洲时，大战已经结束。为了避免与英国皇家海军的L级潜艇发生混淆，美国的L级潜艇后来更名为AL级。该级艇也是首艘装备了甲板炮的美国潜艇，其甲板炮可以半收回甲板舱内。

N级潜艇吨位较小，可以看作是L级潜艇的动力缩减版。尽管N级潜艇并未安装甲板炮，但鱼雷发射管数量与L级相同，安装有4部457毫米鱼雷发射管。和L级有所不同的是，N级潜艇主要用于海岸防御巡逻。到1918年底，R-15至R-20号潜艇都部署在夏威夷，在那里的珍珠港新海军基地组建了第一支潜艇支队。虽说美国潜艇在一战的海上战场上没有取得什么战绩，但潜艇部队的官兵们却从中得到了不少潜艇战战术的实践机会和经验。以驻爱尔兰比尔哈文的L级潜艇为例，就曾多次遭受协约国舰艇和飞机的攻击，平均每艘遭袭两次以上。大战结束时，美国共建造了59艘新艇，与此同时一些老旧潜艇或因性能落后，或因保养不善已显过时，更新换代在所难免。

1918年时的潜艇

除了那些刚交付不久的潜艇之外，1918年时的潜艇大多承担了繁重的作战任务，状况多为不佳。从总体设计上看，也大多是根据1914年大战之前的方案改进而来的，只是加装了一些当时较新的装备。

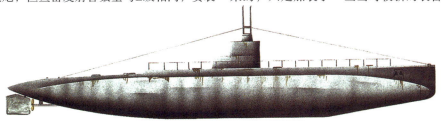

▲ N-1号潜艇
美国海军，巡逻潜艇，第一次世界大战
N级潜艇共建造了7艘，是首次采用金属板防护指挥塔舰桥的潜艇，这与早期以帆布防护舰桥的美国潜艇相比有了很大进步。不过，N级潜艇的柴油机仅300马力（224千瓦），但可靠性与后来的各艇型相比并不差。N-2号潜艇曾用于不依赖空气式推进系统的试验，但该系统后来并未得到应用。

技术参数
艇员：35人
动力：双轴推进，柴油机，电动机
最大航速：水面13节，水下11节
水面最大航程：6485公里
　　　　　（3500海里）/5节
武备：4部457毫米鱼雷发射管

水面排水量：353公吨（348吨）
水下排水量：420公吨（414吨）
尺度：艇长45米
　　　宽4.8米，吃水3.8米
服役时间：1916年12月

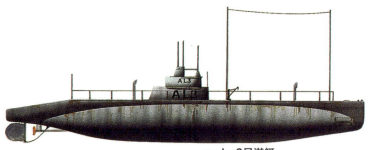

技术参数

艇员：35人	水面排水量：457公吨（450吨）
动力：双轴推进，柴油机，电动机	水下排水量：556公吨（548吨）
最大航速：水面14节，水下8节	尺度：艇长51米，
水面最大航程：6270公里	宽5.3米，吃水4米
（3380海里）/11节	服役时间：1915年2月
武备：4部457毫米鱼雷发射管，	
1门76毫米火炮	

▲ **L-3号潜艇**
美国海军，巡逻潜艇，大西洋，1917至1918年

L级潜艇共建造了11艘，是美国海军的第一种"远洋潜艇"，但实际上却更多地用于近海防御。L级潜艇被美国海军潜艇官兵们戏称为"猪艇"，这大概是因为其艇体外观而得，另一方面也与艇上生活环境恶劣有关。大战期间，L级潜艇共21次发现德国潜艇，其中发动了4次攻击，但没有取得战果。

受艇内空间狭小所限，加装更多更大先进装备的余地也不大。这一时期的潜艇航速和下潜速度都较慢，为了进行无线电通信还必须临时架设天线桅杆。大战期间潜艇发动机技术的发展进步缓慢，与当时还显稚嫩的反潜技术（ASW）相比已经开始危机浮现，尤其是在英国皇家海军采取大规模反潜措施后。随着大战的落幕，在一些主要参战国的海军序列里，战时的潜艇至多服役数年后就宣告退役了。

尽管潜艇在未来海战中的作用已是毋庸置疑的了，关于潜艇未来发展的疑问却依然存在。最基本的问题已经不是"我们确实需要潜艇吗"，而是"潜艇还能做什么"。那些把潜艇简单地用于海岸防御和反舰作战的观念已经得不到多少支持了。与其在较远的战区进行近岸防御作战，如果把潜艇部署到"阻塞关键点"上（如英吉利海峡出入口或意大利与阿尔巴尼亚间的奥特朗托海峡）作战显然更为有效。潜艇带给各国海军高层的最大激励，在于更有效的海上贸易线破袭战、隐蔽接敌和突然攻击。

与技术相关的话题

在潜艇技术发展方面，有太多的问题急需解答。潜艇可以采用单壳体和双壳体设计，单壳体潜艇也可以设计外部鞍状水舱。但问题是，哪种设计方案更优？此外，潜艇的水面、水下航行性能也需要尽可能地平衡。大战的经验表明，快速下潜的能力对于潜艇来说至关重要，而水面航速指标也不容忽视。针对前者指标而设计的潜艇，往往后者略逊一筹。而其中最为关键的是潜艇储备浮力，当压载水舱注水后潜艇可立即下潜，而排空后潜艇即可上浮。这对于潜艇的水面性能而言非常关键。

单壳体结构的潜艇，其压载水舱全部位于耐压壳体内部，因此留给其余艇上设备的空间极为有限。但采用这种结构设计的潜艇不仅建造方便快捷，而且成本较低。然而和双壳体结构潜艇相比，其结构强度却大为逊色，而且水下潜航性能也居于劣势。双壳体结构的潜艇艇壳面积更大，水面航行时干舷较高，容易实现更高的水面航速。两个壳体之间的空间不仅可以用来排注水，还可以用于储存燃料，甚至可在耐压壳体中储存鱼雷武器。为此，耐压壳体中还可以利用更多空间，只是这同样也是导致紧急下潜时间较长的不利因素。

英国皇家海军曾计划在潜艇的单壳体外部设计外部水舱，并将原有的鞍型水舱改成立方形（1906年的D级潜艇即采用了这种设计），试验的结果十分令人鼓舞。德意志帝国海军设计建造的潜艇则十分青睐双壳体结构，这主要是因为德国人更在意潜艇水面航行时的适航性。当然，德国潜艇中也有吨位较小的UB级近岸潜艇和UC级布雷潜艇也采用了单壳体设计。在美国，从一战时期就采用了双壳体结构设计，而且一直沿用至核时代。

对于作战潜艇而言，为其配备甲板炮早已成为共识，而且一直延续了数十年。然而问题同样产生了——大战期间，甲板炮可以在鱼雷紧缺时提供必要的补充，主要用于攻击目标而非自卫。然而随着反潜手段和战术的不断进步，护航舰艇和飞机大量出现，甲板炮渐渐地开始用作潜艇自卫用途。那么，潜艇到底需要怎样的火炮武器呢？对于这类问题，其实并没有简单的答案。此外，连潜望镜的安装位置都成为了广泛讨论的话题。

此外，尽管控制室位于艇体内部，多数潜艇还是设计了舰桥，并且在指挥塔上设计有指挥和导航阵位。这也从一个侧面反映出那个时代的潜艇更多的处于水面航行和水面作战状态的事实。指挥塔上还安装有潜望镜和望远镜，从而极大地延展了控制室内人员的观察视野。在发动机舱内，尽管动力系统的改进余地并不大，但柴油机的性能还是有所提升的。对潜艇推进方式而言也存在选择：柴油机直接驱动或通过驱动电动机间接驱动。在后者情况下，柴油机将脱离转动轴并为蓄电池组充电。总的说来，对潜艇相关技术的挑战将越来越大。

▲　投降的德国潜艇

在一个地点不详的英国码头，3艘投降了的德国潜艇并排系泊，艇员们在甲板上依次排开。照片摄于1918年11月，不久后，大多数投降的德国潜艇将迎来拆解或作为靶船被击沉的命运。

第二章

大战期间的岁月：
1919—1938

在世界潜艇的发展历程中，

可以看到一条多少有些奇怪的发展路线。

海上战略家和潜艇设计师们因潜艇的作战使用等话题争论不

休，也因此设计建造了门类不同的潜艇以遂行自己的主张。

一些重大的技术挑战也在其中起到了关键作用，

这主要表现在发动机效率的改进和降低潜艇水下可探测性的

努力上。

到了1930年，潜艇发展的路线已经逐渐清晰，

在其后的十年里，一大批新型潜艇相继涌现。

虽然其中大多数依然是用于近海作战，

但远洋巡洋潜艇的概念得到了极大发扬，在日本海军眼里，

这一点显得尤为重要。

此外，几乎所有国家都一致同意不再发动海上贸易破袭战。

但到了20世纪30年代末，德国海军作为一支浴火重生而强

大的海上力量再度崛起。

到了这一十年的最后时光，

战火终于爆发，而潜艇的建造也骤然加速。

◀ O级潜艇

英国皇家海军的9艘O级潜艇主要设计用来执行远洋作战任务。
1926年首艇下水后，O级潜艇的足迹遍及从朴次茅斯到远东香港
的广袤海域。

导言

20世纪20年代对潜艇设计师们和各建造船厂而言是以种种试验探索为主的十年。与各国海军部队一道，人们继续挖掘着潜艇的作战潜能。

随着焊接建造工艺的推广，潜艇技术的发展也在继续向前推进。采用焊接技术的潜艇艇壳强度更高，比铆接工艺建造的艇壳更不易产生渗漏。同时，在建造的过程中越来越多的采用了高强度钢材，从而潜艇的最大下潜深度得以进一步提高。通过艇首水平舵的作用，结合艇内操纵人员对压载水舱的调节，潜艇可以在不同的水下环境中（海水盐分和温度的不同）作出适当的航行姿态调整。

德国的MAN、英国的维克斯、美国的内尔森公司在20世纪20和30年代里，都为各型作战潜艇设计制造了大量发动机。在严苛的国际市场竞争环境中，一批外形紧凑轻便、功率强大的柴油发动机为潜艇赋予了更快的航速。一批美国的新公司——Winton、Fairbanks-Mores也开始为潜艇制造柴油

机，并且开发出了一批新的驱动系统，部分柴油机具备反转功能，潜艇也因此具备了更强的水下机动性。在为蓄电池充电、推进和海上机动的过程中，电动机也为柴油机提供了很好的补充和最大限度的灵活性，因此潜艇指挥官们有时也必须依赖电池驱动电动机的有效工作。

除了上述技术发展以外，关于水下探测和通信的研究也取得了一系列重要成果。一战期间的水下侦听装置逐渐演变为体积更大、功能更复杂的潜艇专用探测装备。简单的水下侦听器实际上就是一种被动探测模式，但从大战末期起，基于交流电通过石英晶体时产生的压电效应原理，法国人率先开发出了主动探测系统和传感器，这种装置产生的震荡电磁波遇到水下物体时会被反射回来并被接收到。从20世纪20年代末时起，

▲ **巡洋潜艇**
英国皇家海军X-1号潜艇配备有4门132毫米（5.2英寸）口径甲板炮，这艘独一无二的潜艇是英国人将潜艇隐蔽性和巡洋舰的作战能力结合起来的一次大胆尝试。

▲ **克虏伯工厂**
1939年的基尔港，德国海军II型和VII型潜艇正在克虏伯公司的日耳曼尼亚船厂码头进行海试。克虏伯是纳粹德国最大的钢铁公司，也参与建造了大批德国海军潜艇。

大多数法国和英国新型潜艇都开始装备这种声呐阵列的雏形。然而人们很快发现，这种主动式声呐装置更适合搜索水面状态下的潜艇，反过来则效果不佳。至于潜艇与岸上基地之间的无线电通信，通过在全球各地建立无线电收发站网络，其效果得到了一定程度的提升。不过这时潜艇必须上浮到水面，而且要升起高频无线电天线桅杆才能进行。低频无线电（VLF）系统的出现，使得水下潜航的潜艇在一定范围内也能收发无线电信号。这种有限的进步已经足够——位于地中海和北大西洋的英国潜艇之间完全可以藉由这一手段保持相互之间的通信联系。潜艇在侦查作战中的价值得以更大程度的体现。

新的舰队

到了20世纪30年代，大多数国家的海军都接受了一个观点，那就是潜艇在战争中的重要价值在于自身作战能力的独立发挥，要么就得依靠一支战术艇群实施巡逻和侦查，而通信和水下探测手段的进步在其中起到了非常重要的作用。30年代初的经济大萧条对于各国潜艇的设计建造冲击甚大，一大批建造计划被削减，而潜艇技术的进步却仍在向前推进。

意大利和法国的潜艇设计建造步伐相对较快，二者不断开发出一系列新的艇型，但各级别潜艇建造数量一般不多。苏俄方面也在积极打造新的潜艇舰队。在太平洋的另一端，美日两国也都在制定未来战场的大战略。在希特勒掌权的纳粹德国，德国海军一开始还在秘密重建自己的水下作战力量，后来则干脆公开设计建造新一代潜艇，从而迅速重返潜艇强国行列。到了20世纪30年代末的西班牙内战期间，意大利和德国潜艇都加入了弗朗哥一派的阵营参加了战斗。

大战的遗产：1919—1929

1918年大战结束后，世界各国海军都面临着一连串的问题——削减潜艇部队规模的问题，潜艇作战力量的作用问题，甚至要不要取消潜艇部队的问题。

1921年10月，首次限制海军军备国际会议在美国华盛顿召开。会上英国极力主张禁止使用潜艇，原因很简单——尽管皇家海军本身就拥有规模可观的潜艇部队，但同样拥有世界上最大规模的商船队。1921年会上达成的《华盛顿条约》中确实对各国海军水面主力舰艇的吨位和规模都做出了严格的限制，但潜艇却没有实质性的限制。因此潜艇就有了继续存在的理由。

我们知道，大战期间极少数的一批德国潜艇给协约国船只造成了极其惨痛的损失，结果到了20年代里各国海军都不约而同的耻于大力发展潜艇力量。作为战败国，德国被禁止拥有潜艇，然而没过多久这一协定就成了一纸空文。在英国和法国海军中，潜艇仍然是作为水面编队的支援力量使用，而潜艇设计的发展也集中在了具备更高的水面航速以及排水量更大的潜艇上。

第一次世界大战中带来的最大启示之一在于，潜艇是比岸防部队更为有效的近岸防御力量，这也因此成为战后潜艇力量保持增长的主要原因之一。1919年法国接收了10艘原德国潜艇，通过对其进行仔细研究分析，法国人于1923至1926年期间陆续建造了9艘"鲨鱼"（Requin）级潜艇。该级艇水面排水量达990公吨（974吨），水下排水量1464公吨（1441吨），艇上安装有10部550毫米口径（21.7英寸）鱼雷发射管以及1门76毫米甲板炮，艇上还有固定式无线电通信设备，其主要使命是海外殖民地的沿海以及内河水域的防御。经过1935至1937年期间的现代化改造后，法国"鲨鱼"级潜艇又参加了第二次世界大战。同级艇"箭鱼"（Espadon）号则专门提高了最大下潜深度；1923至1927年间建造的3艘"加拉蒂亚"（Galathée）级潜艇排水量和航程适

1920至1938年期间的法国潜艇艇型			
级别	数量	下水时间	备注
"奥拜恩"（O'byrne）	3	1919至1921年	1935年退役
"乔塞尔"（Joessel）	2	1920年	1935年退役
"莫里斯·加洛特"（Maurice Callot）	1	1921年	1936年退役
"皮埃尔·夏伊"（Pierre Chailley）	1	1921年	1936年退役
"鲨鱼"（Requin）	9	1924至1927年	最后1艘于1946年拆解
"美人鱼"（Sirène）	4	1925至1926年	最后1艘于1944年沉没
"阿丽亚娜"（Ariane）	4	1925至1927年	最后1艘于1942年沉没
"女巫"（Circe）	4	1925至1927年	最后1艘于1943年沉没
"可畏"（Redoutable）	31	1928至1937年	最后4艘于1952年拆解
"蓝宝石"（Saphir）	6	1928至1935年	最后1艘于1949年退役
"舡鱼"（Argonaute）	4	1929至1932年	全部于1946年退役
"戴安"（Diane）	9	1930至1932年	最后3艘于1946年拆解
"猎户座"（Orion）	2	1931年	1943年拆解
"速科夫"（Surcouf）	1	1934年	1942年沉没
"智慧女神"（Minerve）	6	1934至1938年	最后1艘于1954年拆解

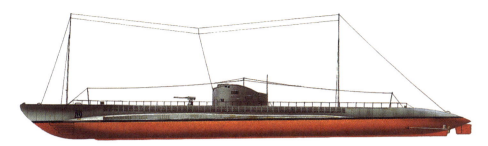

▲ "鲨鱼"号潜艇

法国海军，巡逻潜艇，地中海，*1942年*

"鲨鱼"号潜艇于1942年2月在比塞大被德军俘获。随后转交给了意大利海军并更名为FR- 113号，1943年9月9日被凿沉。另一艘同级艇"索弗勒"号（Souffleur）号于1941年6月29日在被英国潜艇"帕提亚人"号（HMS Parthian）击沉。"鼠海豚"（Marsouin）号和"纳瓦尔"（Naval）号则在土伦被德军俘获，后者于1940年12月前往马耳他途中触雷沉没。

技术参数

艇员：54人	水面排水量：990公吨（974吨）
动力：双轴推进，柴油机，电动机	水下排水量：1464公吨（1441吨）
最大航速：水面15节，水下9节	尺度：艇长78.25米，
水面最大航程：10469公里	宽6.84米，吃水5.1米
（5650海里）/10节	服役时间：1924年7月
武备：10部550毫米鱼雷发射管，	
1门76毫米火炮	

技术参数

艇员：41人	水面排水量：619公吨（609吨）
动力：双轴推进，柴油机，电动机	水下排水量：769公吨（757吨）
最大航速：水面13.5节，水下7.5节	尺度：艇长64米，
水面最大航程：6485公里	宽5.2米，吃水4.3米
（3500海里）/7.5节	服役时间：1925年12月
武备：7部550毫米鱼雷发射管，	
1门76毫米火炮	

▲ "加拉蒂亚"（Galathée）号潜艇

法国海军，巡逻潜艇，*1940年*

自1940年6月起，该艇就是驻土伦的维希法国海军潜艇部队的主力之一，但几乎没参加什么作战行动。1942年11月27日德军攻占土伦后，"加拉蒂亚"号被迫自沉，后于1945年被打捞出水，但没有再次入役，1955年艇壳报废并最终被变卖。

▲ "箭鱼"（Espadon）号潜艇

法国海军，后转交意大利用作运输潜艇，
地中海，*1943年*

该艇与"鲨鱼"号和"海豹"（Phoque）号潜艇一同在比塞大被俘获。后转交给意大利服役，并更名为FR- 114号。在斯塔比亚海堡(Castellamare di Stabia)经过改装后，"箭鱼"号被用于执行运输任务。1943年9月意大利投降后，该艇也被凿沉。尽管后来被德军打捞出水，但未能重新服役。

技术参数

艇员：54人	水面排水量：1168公吨（1150吨）
动力：双轴推进，柴油机，电动机	水下排水量：1464公吨（1441吨）
最大航速：水面15节，水下9节	尺度：艇长78.2米，
水面最大航程：10469公里	宽6.8米，吃水5米
（5650海里）/10节	服役时间：1926年5月
武备：10部533毫米鱼雷发射管，	
1门100毫米火炮	

中，装备有7部533毫米鱼雷发射管。1925年起，法国人又设计建造了31艘"可畏"（Redoutable）级潜艇，建造工作一直持续到1930年。其中3艘经改进后进一步提高了推进功率和航速。该级艇水面排水量1595公吨（1570吨），水下排水量2117公吨（2084吨）。武器装备包括9部551毫米口径鱼雷发射管、2部399毫米鱼雷发射管、1门100毫米口径甲板炮和2挺13.2毫米口径高射机枪。

条约限制

德国曾被禁止建造潜艇，然而像U–112级这样的大型潜艇设计却被保留了下来。该级艇装备有8部533毫米鱼雷发射管、4门127毫米火炮和2门20毫米防空炮，甚至还能配

备1架侦察机。虽说该级艇连龙骨都未完成铺设，但这种巡洋潜艇的概念却对后来德国潜艇（也包括日本潜艇）的发展影响颇深。到了1922年，德国人已经通过在荷兰设立潜艇设计局的变通方式，事实上突破了条约对德国设计建造潜艇的限制。起初看起来这只是造船行业的一个商业动作，但却包含了极大的政治前景：通过这一系列举措，大批德国厂商逐步获得了潜艇的设计建造经验，最终德国海军方面也参与其中。此外通过与爱沙尼亚、芬兰、土耳其等国的秘密商议，德国人如愿获得了战后潜艇的首批建造订单。甚至在新型潜艇的设计上，德国还和苏俄展开了携手合作。

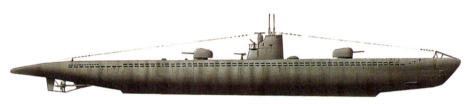

▲ **德国巡洋潜艇**

德意志帝国海军，巡洋潜艇设计方案

该级艇是德国海军潜艇部队真正需要的艇型。从设计方案上来看，该级艇安装有两座甲板炮炮塔和一部防空用重机枪，设计水面航速达23节，主要用于在水面航行状态下攻击敌船，而艇上的鱼雷则主要用于攻击大型水面目标。这种潜艇的不少设计思想后来在二战期间的XI级潜艇上得以实现。

技术参数

动力：双轴推进，柴油机，电动机	艇员：110人
最大航速：水面23节，水下7节	水面排水量：3190公吨（3140吨）
水面最大航程：25266公里（13635海里）/12节	水下排水量：3688公吨（3630吨）
武备：8部533毫米鱼雷发射管， 4门127毫米火炮， 2门30毫米炮， 2门20毫米防空炮	尺度：艇长115米， 宽9.5米，吃水6米 服役时间：1926年5月

技术参数

艇员：75人	水面排水量：3098公吨（3050吨）
动力：双轴推进，柴油机，电动机	水下排水量：3657公吨（3600吨）
最大航速：水面19.5节	尺度：艇长110.8米， 宽9米，吃水4.8米
水面最大航程：23000公里（12400海里）	服役时间：1925年12月
武备：6部533毫米鱼雷发射管， 4门132毫米（5.2英寸）火炮	

▲ **X–1号潜艇**

英国皇家海军，试验潜艇

该艇是英国人将潜艇的水面和水下性能良好结合的最后一次尝试。X-1号试验潜艇采用双壳体结构，配备有ASDIC探测器和定向设备，战斗中火控平台可升高0.6米。试验中该艇操控良好，机械设备的缺陷也逐步得到了解决，但最终未能服役。

英国的发展

一战结束后，英国退役报废了90艘潜艇，另外还终止了31艘在建潜艇的建造工作，24艘潜艇得以完工。1925年，英国皇家海军M—1号潜艇与一艘水面船只发生碰撞后沉没。英国海军部随即将该级艇剩余的2艘用于试验。M—2号潜艇在原来的主炮位置上设计了一个用于容纳水上飞机的水密机库舱以及用于飞机弹射起飞的滑道。该艇于1932年在波特兰外海沉没，经勘查发现潜艇残骸的机库舱门大开，显然是舱门未关闭造成进水导致潜艇沉没的。M—3号潜艇被改装为一艘布雷潜艇并幸存到战后，1932年被变卖。

1925年，皇家海军唯一的一艘X—1级潜艇下水。该艇装备4门132毫米口径炮，以双联装炮塔配置在指挥塔前后位置。艇上安装6部533毫米鱼雷发射管，动力系统为2台海军型柴油机、2台原德国MAN柴油机（用于蓄电池充电）以及2台电动机。该艇的理论最大功率输出为8000马力（6000千瓦），理论最大水面航速达20节，可在不加油的情况下完成半途的环球航行，因此计划用于远洋巡逻任务。不过，由于发动机可靠性较差，该艇后于1936年报废。

意大利海军

1927年，意大利海军接收了首批大型潜艇——4艘"先锋队"（Balilla）级。

技术参数

动力：双轴推进，2台柴油机	艇员：76人
2台电动机，1台辅助电机	水面排水量：1585公吨（1560吨）
最大航速：水面17.5节，水下8.9节	水下排水量：2275公吨（2240吨）
水面最大航程：7401公里	尺度：艇长97米，
（3800海里）/10节	宽8.5米，吃水4米
武备：6部533毫米鱼雷发射管，	服役时间：1927年9月
1门102毫米口径（4英寸）火炮	

▲ **"多米尼戈·米勒立埃"号潜艇**
意大利海军，"先锋队"级潜艇，1941年
为了突破战时反潜网的阻碍以执行近岸和内河水域的攻击行动，或者从严密布防的狭窄水道实施渗透，该艇从艇首到艇尾固定安装了一对强度很高的线缆，这样水下的反潜网就会被这道线缆架高，令潜艇安然通过。

▲ **"乔万尼·鲍桑"**
（Giovanni Bausan）号潜艇
意大利海军，"皮萨尼"（Pisani）级巡逻潜艇
"皮萨尼"级潜艇存在航行稳定性差的问题，后来通过在艇首加装凸起的整流罩加以解决。不过作为二战期间服役的作战潜艇，这种设计几乎毫无用处。同级艇"德·根尼斯"（Des Genys）号后来被用作码头充电站；"马卡提尼奥·卡罗那"（MarcantonioColonna）号于1943年被拆解。只有"维托尔·皮萨尼"（Vettor Pisani）号幸存到了大战以后。

技术参数

艇员：48人	水面排水量：894公吨（880吨）
动力：双轴推进，2台柴油机，电动机	水下排水量：1075公吨（1058吨）
最大航速：水面15节，水下8.2节	尺度：艇长68.2米，
水面最大航程：9260公里	宽6米，吃水4.9米
（5000海里）/8节	服役时间：1928年3月
武备：6部533毫米鱼雷发射管，	
1门102毫米口径火炮	

其中"多米尼戈·米勒立埃"（Domenico Millelire）号由安萨尔多-桑·乔吉奥（Ansaldo-San Giorgio）建造。该艇安装有2台柴油机、2台电动机和1台应急辅助电动机。20世纪30年代，这批潜艇大多执行过远洋巡逻任务，这主要是为了彰显墨索里尼的法西斯政权的威望，而后来这批潜艇作为支持弗朗哥叛军一方也参与了西班牙内战。20世纪20年代里的意大利艇型还包括"匹萨诺"（Pisano）级，这种中大型潜艇水面排水量894公吨（880吨），水下排水量1075公吨（1058吨），但航程指标较为不足，8节航速下航程仅为9260公里（5754英里）。

"乔万尼·鲍桑"号潜艇为同级艇中的一艘，1928年3月下水。1940至1942年期间作为训练艇服役，后改装为油船。1929年4月，"埃托尔·费拉莫斯卡"（Ettore Fieramosca）号潜艇下水，独此一艘的该型潜艇在指挥塔的延伸结构上设计了水上飞机机库，不过却从来没装备过水上飞机。1941年6月该艇退役报废。相比之下更为实用的艇型是1929年建成的"弗拉特利·班迪拉"（Fratelli Bandiera）级，该级艇主要用于训练和运输任务，4艘该级艇幸存到了二战后，1948年报废拆解。

日本

随着一战之后日本海军新战略的制定，日本新型远洋潜艇也于1919年起开始投入设计建造，首艇伊-21号潜艇就是在意大

▲ "弗拉特利·班迪拉"号潜艇
意大利海军，巡逻潜艇，后改为运输潜艇
与"皮萨尼"级潜艇一样，4艘"班迪拉"级潜艇在恶劣海况下也存在稳定性差的缺陷，而且航速也会大受影响。二战期间该级艇主要用于训练和运输，其中"桑托尔·桑塔洛萨"（Santorre Santarosa）号于1943年1月被鱼雷击沉，其余各艇于1948年退役报废。

技术参数

动力：双轴推进，	艇员：52人
2台柴油机，2台电动机	水面排水量：880公吨（866吨）
最大航速：水面15.1节，水下8.2节	水下排水量：1114公吨（1096吨）
水面最大航程：8797公里	尺度：艇长69.8米，
（4750海里）/8.5节	宽7.2米，吃水5.2米
武备：8部533毫米鱼雷发射管	服役时间：1929年8月

▲ 伊-21号潜艇
日本帝国海军，巡逻潜艇，1930年
该艇是日本海军远洋潜艇的首次尝试，20世纪20年代在神户川崎码头建造完成。伊-21号潜艇排水量较大，后来更名为"吕-2"号。该艇的服役生涯十分短暂，早在1930年就宣告报废。然而到那时，日本的潜艇设计建造水平已经大为提高。

技术参数

艇员：45人	水面排水量：728公吨（717吨）
动力：双轴推进，2台柴油机，电动机	水下排水量：1063公吨（1047吨）
最大航速：水面13节，水下8节	尺度：艇长65.6米，
水面最大航程：19456公里	宽6米，吃水4.2米
（10500海里）/8节	服役时间：1919年11月
武备：5部457毫米鱼雷发射管	

利菲亚特-劳伦蒂F-1型的基础上改进设计而来的。1924年，该艇更名为吕-2号，同时日本又以一战后获得的德国海军UB-125号潜艇的设计方案为基础，再建了一艘新的伊-21号艇。原伊-21号于1930年退役。

以当时的情况衡量，日本的潜艇技术已经走出了一条独特的发展道路。日本的潜艇设计师致力于设计建造水面高航速的潜艇，使之能够伴随水面主力作战编队和快速巡洋舰编队作战。而在1920年吴海军军港成立的新潜艇学校里，巡洋潜艇的概念也在不断灌输给这些未来日本海军的潜艇官兵们。

在日本潜艇设计建造的过程中，也曾先后得到过数百名德国技术专家和前海军军官的协助。1924年完工的"海大"KD-1号潜艇据说是在英国人的L级的基础上改进而来的，只是前者采用了双壳体结构，水面排水量为1525公吨（1500吨），水下排水量为2469公吨（2430吨）。KD-1的航程可达37000公里（23000英里），不过实战反应艇上发动机的可靠性较差。相比之下，1925年建成的KD-2号潜艇则更为成功。该艇是在德国U-139级潜艇基础上设计，航程约为KD-1的一半。KD-2号潜艇装备有8部533毫米口径鱼雷发射管，储备鱼雷16枚，此外还配备了1门120毫米（4.8英寸）口径甲板炮。从1924年起，日本帝国海军将旗下所有潜艇重新划分为一等潜艇、吕型（中型或近岸潜艇）和波（HA）型（小型或袖珍潜艇）。

美国海军

1919年，美国海军也获得了6艘德国潜艇作为战胜国的战利品，其中就包括U-140号。美国人经研究后很快发现，德国人的潜艇几乎在各个方面都要比自己的先进许多。这一结论和认识来得多少有些晚，对

1920至1938年期间的日本潜艇艇型			
级别	数量	下水时间	备注
L-4	10	1922至1926年	巡逻/训练潜艇，英国L级基础上设计建造
KD-1	1	1924年	舰队潜艇
KD-2	1	1925年	训练潜艇
J-1	4	1926至1929年	远程巡洋潜艇
KR-5	4	1927至1928年	布雷潜艇
KD-3	9	1927至1930年	训练潜艇
KD-4	3	1929至1930年	巡逻潜艇
KD-5	3	1932年	巡逻潜艇
KD-6	8	1934至1938年	巡逻潜艇
J-1（改）	1	1932年	载机潜艇
J-2	1	1935年	载机潜艇
J-3	2	1937至1938年	载机潜艇/指挥潜艇

于船台上正在建造的S级潜艇而言于事无补。1919至1925年期间，S级潜艇共建造了不下51艘。S级潜艇是一种水面排水量为813公吨（800吨）的巡逻潜艇，原型艇共建造了3艘，其中S-1号在电船公司建成，S-3号由美国海军建造与维修局在朴次茅斯海军码头建造完成。S-1号采用单艇壳设计，后来有25艘S级艇采用这种结构。其他各艇则采用了双壳体设计，指挥塔位于艇体中部靠后的位置。

S-1号是最早采用可收放式艇首水平舵的潜艇之一。S级潜艇装备有4部艇首533毫米口径鱼雷发射管，少数还装备有艇尾鱼雷发射管。随着S级潜艇不断建成服役，艇上的甲板炮武器配置也常有变化。1923年，S-1号潜艇经过试验改装，在艇上设计了一个圆柱形机库用于容纳可折叠的马丁MS-1型水上飞机。尽管到1941年12月时，事实证明S级潜艇还存在这样那样的不足，但仍有42艘在役，隶属大西洋和太平洋舰队。1942年，6艘S级潜艇转交给了英国皇家海军，作为P级艇服役（后有1艘由波兰

海军接收，后因误击沉没），其中7艘因事故或战损沉没。二战期间，太平洋战场上的美国海军S级潜艇总共击沉了14艘日本舰船。到了1943年中期，S级艇主要转作训练用途。大战期间的改装涉及指挥塔（用于安装防空炮），此外还包括增设用于安装潜望镜桅杆的平台。

美国海军对大型巡洋潜艇的设计和建造并不热衷，到20世纪20年代中期仅仅是将小到中型的巡逻潜艇加以不同目的的改进，使之更适应近岸水域和远洋攻击作战。此时美国人的潜艇设计水平已经将荷兰和苏俄等国抛在了身后。1926年4月，

苏德秘密签署了《互不侵犯条约》，与此同时德国U-105、UB-48、U-122（布雷潜艇）以及U-139号（巡洋潜艇）的设计基础也在加以改善，德国人还为此制定了为期6年的12艘潜艇的发展计划。到1928年，这一计划更是扩大到18艘大型潜艇和5艘小型潜艇的规模。苏联成立后，潜艇的设计建造也随之复苏，很快形成了最初两个级别："十二月党人"（Dekabrist）级和"列宁主义者"（Leninests）级。1930年，沉没海底的英国皇家海军L-55号潜艇被重新打捞出水，后来成为了同样具有悠久潜艇传统的苏联的试验平台。

技术参数

艇员：42人	水面排水量：864公吨（850吨）
动力：双轴推进，2台柴油机	水下排水量：1107公吨（1090吨）
最大航速：水面14.5节，水下11节	尺度：艇长64.3米，
水面最大航程：6333公里	宽6.25米，吃水4.6米
（3420海里）/6.5节	服役时间：1922年9月
武备：4部533毫米鱼雷发射管，	
1门102毫米火炮	

▲ **S-28号潜艇**

美国海军，巡逻潜艇

在两次大战的岁月里，S级潜艇绝对是美国海军潜艇部队的中坚力量，与一战时的潜艇相比其性能也有极大的进步。S级潜艇是首批装备533毫米口径鱼雷发射管的美国海军潜艇，不过实战经验证明二战前夕其配备的Mk14型鱼雷效果不佳，因此他们常使用较老旧但却更可靠的Mk10型鱼雷。

潜艇技术的发展：20世纪20年代至30年代

这一时期最初的潜艇技术进步主要表现在潜艇外部安装简易的水下侦听器，随后人们更着重于改善潜艇的水下攻击能力，以及潜航时与陆地通信的能力。

早在1914年时，人们就已经展开了利用声波脉冲来探测水下目标距离和方位的试验，水下侦听器的原理也早已为人们所知。早期的水下侦听器几乎可以看做是探入水中的麦克风，这样就可以接收来自水中类似螺旋桨噪声这样的声音信号。不久又演变成安装在可旋转装置上的一对定向"麦克风"。

到了1920年，英国皇家海军首次展开了ASDIC系统的海上试验。美国海军也进行了JP型潜艇水下侦听器的试验。ASDIC系统与水下侦听器配合可发送一种声波信号，该信号在水下遇到障碍物时会反射回来，根据

回声传播的时间便可以计算出目标的距离。第一艘装备了实用型ASDIC系统的潜艇是1922年英国皇家海军的H—32号潜艇（1919年4月服役），此后部分L级潜艇也配备了这种新型探测装置。

该装置通常安装在艇体甲板上。到了1926年，仅有7艘潜艇配备了ASDIC系统。作为专用的反潜探测手段，早期的ASDIC系统多少显得有些原始，只能探测一些低速和近距离目标，而且对目标的识别十分困难。直到1944年夏测深装置出现后，其性能才有相应的提高。

尽管英国皇家海军的决策者们对ASDIC系统抱以厚望，但早期该系统可靠性并不高。1937年8月31日，意大利海军

"彩虹"（Iride）号潜艇在西班牙附近海域巡逻时发现了英国皇家海军"哈沃克"号（HMS Havock）驱逐舰。虽然装备ASDIC系统的英国驱逐舰也捕捉到了意大利潜艇的ASDIC信号，但却未能准确锁定目标的距离和方位。所幸的是，意大利人发射的鱼雷也错失了目标。

1938年，专用于潜艇水下攻击的129型ASDIC系统研制成功，该系统后来也成为了二战期间英国皇家海军的标准反潜装备。该装置首次采用了流线型整流罩，安装在潜艇主压载水舱的龙骨前缘，主要具备回声定位、水声侦听和水下通信等功能。

和雷达系统一样，长期以来有一种说法认为只有英国人装备了实用型的潜艇水

▲ **"魟鱼"号潜艇**

法国海军，近岸潜艇，地中海地区

该艇采用施耐德·劳勃夫（Schneider Laubeuf）设计的"二等潜艇"（或称小型潜艇，非远洋型）设计极为成功，技术参数现极为出众。其操控性良好，紧急下潜速度也很快，与较早前设计建造的法国潜艇相比艇内居住条件也大为改善。同级艇于1932年相继建成，后被部署在了地中海海域。

技术参数		
动力：双轴推进，2台柴油机，电动机		艇员：89人
最大航速：水面15节，水下8节		水面排水量：2753公吨（2710吨）
水面最大航程：10747公里		水下排水量：4145公吨（4080吨）
	（5800海里）/10节	尺度：艇长116米，
武备：4部533毫米鱼雷发射管，		宽10.4米，吃水4.6米
2门152毫米火炮，60枚水雷		服役时间：1927年11月

▲ **"速科夫"号潜艇**

法国海军，巨炮潜艇，大西洋，1942年

该艇是按"海盗潜艇"的概念设计建造的，主要用于海上贸易破袭。该艇配备了1架"贝松"（Besson）MB411型水上飞机和1部4.5米长的小艇，此外还设有一个能容纳40名俘虏的人员舱。该艇海上最大支持力长达90天。不过，设计者似乎完全没有考虑防空的问题，该艇紧急下潜时间需要花费2分钟之多。

技术参数		
动力：双轴推进，2台柴油机，电动机		艇员：118人
最大航速：水面18节，水下8.5节		水面排水量：3302公吨（3250吨）
水面最大航程：18530公里		水下排水量：4373公吨（4304吨）
	（10000海里）/10节	尺度：艇长110米，
武备：8部551毫米鱼雷发射管，		宽9.1米，吃水9.07米
4部400毫米鱼雷发射管，		服役时间：1929年10月
2门203毫米（8英寸）火炮		

1920至1938年期间的英国潜艇艇型			
级别	数量	下水时间	备注
X-1	1	1925年	海上贸易破袭艇，装备4门130毫米炮
O	9	1926至1929年	首个装备ASDIC系统的艇型，1929年为智利海军承建3艘
P	6	1929年	驻远东，1946年退役拆解
R	4	1930年	驻远东，1946年退役拆解
S	12	1930至1937年	
"江河"（River）	3	1932至1935年	最后的舰队型潜艇
"海豚"（Porpoise）	6	1932至1938年	布雷潜艇，1946年退役拆解
T	15	1935至1938年	1940至1942年期间继续建造
U	3	1938年	1939至1940年期间继续建造

下探测系统。但实际上在20世纪30年代，德国人也在水下侦听设备的研制上下了很大功夫，而且确实取得了一系列成果。其中之一就是TAG（Torpedoalarmgerät）系统，该系统主要用于探测水下来袭的鱼雷。此外还包括名为NHG（L）的反潜系统，该系统可以令反潜舰艇确定水下潜艇的大概方位。德国人还研制了多接收器的GHG（Gruppehörgeröt）系统，例如在II型

潜艇车艇体侧面安装了24部接收机，而在VIIC型艇上则安装了48部之多。至于美国海军，也对水下回波测距系统展开了研究和试验，只是早期的成果还并不成熟。到了1933年，只有5艘潜艇安装了试验性的新型水下探测系统。

这一时期潜艇设计师的主要任务还包括研制改进结构更为紧凑、性能更可靠、功率更强大的柴油发动机。与20世纪20年代以前的那些潜艇相比，这些柴油机的改进将能进一步提升潜艇以10节以上航速航行时的性能。此外关于潜艇技术性能的战术需求还包括通信系统、驱动系统以及水下航行操控性的改进。

对于大型潜艇而言，下潜速度也相对较慢。然而就是这一关键而致命的缺陷很容易被空中反潜飞机所利用，从而对潜艇和潜艇官兵的生死存亡带来重大影响。另一方面，除了日本海军以外，各国海军对于潜艇武器装备的关注都不大，特别是鱼雷武器的技术水平，与一战时期相比改进不大。

法国潜艇的发展

在法国，"富尔顿"号潜艇于1913年开工建造，该艇计划安装4000马力（2983千瓦）涡轮机，后来又换装了柴油机，

▲ "富尔顿"号潜艇
法国海军，快速潜艇
该艇与"乔赛尔"号是姊妹艇，使用蒸汽涡轮机，水面航速可达20节。安装柴油机后，水面航速为16.5节，但仍然高于当时世界平均水平。艇上安装2部艇首鱼雷发射管、2部壳体鱼雷发射管和2个外部储存舱。20世纪20年代，该艇改造了指挥塔。两首艇均于1935年退役报废。

技术参数
动力：双轴推进，
　　　2台柴油机，2台电动机
最大航速：水面16.5节
水面最大航程：7964公里
　　　　　　　（4300海里）/10节
武备：8部450毫米鱼雷发射管，
　　　2门75毫米火炮

艇员：45人
水面排水量：884公吨（870吨）
水下排水量：1267公吨（1247吨）
尺度：艇长74米，
　　　宽6.4米，吃水3.6米
服役时间：1919年4月

1929至1932年期间，4艘"舡鱼"级潜艇陆续建成，后隶属于地中海舰队。该级艇装备有6部550毫米鱼雷发射管和1门75毫米火炮。首艇"舡鱼"号在破坏盟军1942年的"火炬行动"期间，与姊妹艇"艾龙"（Actéon）号一同被英国皇家海军"老朋友"（Achates）号和"威斯科特"（Westcott）号驱逐舰击沉。与此同时，一批新的中型潜艇也相继投入建造。而1929年10月18日下水的"速科夫"号潜艇则代表了那一时期对潜艇排水量追求的极致成果。直到日本海军伊-400级潜艇出现前，"速科夫"号都是世界上吨位最大的潜艇，该艇水面排水量3302公吨（3250吨），水下排水量4373公吨（4304吨），配备有2门203毫米火炮和1架水上飞机（带机库）。艇上还安装有12部鱼雷发射管，其中8部为550毫米口径鱼雷发射管，4部400毫米（15.75英寸）鱼雷发射管。后来的事实证明，这种潜艇极为笨重和难于控制，因此它的服役史也充满了无奈与悲壮。1940年6月，该艇逃离布雷斯特后，在朴茨茅斯港被英国皇家海军接手，后来转交给了自由法国军团。1942年2月18日，"速科夫"号在与"墨西哥湾"（Gulf of Mexico）号货轮不慎相撞后沉没。

英国皇家海军

1926年，9艘O级潜艇之一的英国皇家海军"奥比龙"号（HMS Oberon）潜艇顺利下水。该艇水面排水量1513公吨（1490吨），水下排水量1922公吨（1892吨）。艇上配备有8部533毫米鱼雷发射管和1门102毫米火炮，其最大航程可达15550公里（9660英里），主要用于远洋巡逻。当时的英国仍极力维系一支全球型舰队，而O级潜艇完全可以在朴茨茅斯至远东香港之间的广袤海域部署。"奥特韦"（Otway）号和"奥克斯利"（Oxley）号潜艇起初被转交给澳大利亚皇家海军，后于1931年返回英国。

O级潜艇沿用了一战时期各型英国潜艇的传统配置和吨位水平，但也采取了一些改进措施。例如，将潜望镜桅杆加高，使得潜艇在潜望镜深度巡航时不易被水面舰艇撞击。而最大潜深也达到了152米（500英尺）。

"奥比龙"级潜艇与其它艇型相比较容易区分。其指挥塔围壳较长，火炮安装位置也较高。该级潜艇也是英国皇家海军首批装备了甚低频（VLF）无线电设备的潜艇。凭借这种装备，潜艇可在潜望镜深度下实施通信。艇上还配备有116型ASDIC探测装置，该装置安装至穿过耐压壳体的一个大型垂直圆柱体内。不久，潜艇又换装了其改进型——118/119型ASDIC系统，其安装位置也更接近艇体外壁。排水量更大的"帕提亚人"级潜艇于1930至1931年期间陆续建成，最初主要隶属于远东中国潜艇支队。第二次世界大战期间，该级艇配备了18枚M2型水雷，这种水雷可以从鱼雷发射管中布放。此后，该级艇被派往地中海驻扎。1943年8月11日，"帕提亚人"号潜艇在亚得里亚海海域沉没。该级艇最终只有1艘幸存到了大战结束后。

6艘"海豚"级潜艇的吨位与O级潜艇的相仿，但装备了6部533毫米口径鱼雷发射管和1门102毫米口径火炮，1932至1938年期间相继服役。我们知道大战期间英国人将6艘E级和6艘L级潜艇改装成了布雷潜艇，但专门设计用于布雷的艇型，只有"海豚"级。该级艇有时也被称为"虎鲸"（Grampus）级。

在1927年经改装的M-3号潜艇的经验

基础上，"海豚"级潜艇的能力更进一步，可在耐压壳体和浸水甲板舱之间的滑架上固定携带50枚水雷。潜艇处于水面航行状态时可进行布雷作业。"海豚"级潜艇的航程可达16400公里（10190海里），显然比"奥比龙"和"帕提亚人"级潜艇要略胜一筹。

意大利潜艇艇型

20世纪30年代的意大利相继设计了多个潜艇艇型，而布雷潜艇是其中较为重要

的代表，甚至很多作战艇型也改装成了布雷用途。1930年下水的"费力伯·科里多尼"（Filippo Corridoni）号就是专用布雷潜艇，该艇可携带24枚水雷，同时配备有4部533毫米口径鱼雷发射管和1门102毫米火炮。不过该艇的航速指标却平淡无奇：水面航速仅11.5节，水下仅7节。

其姊妹艇"布拉加丁"（Bragadin）号幸存到了战后，直到1948年意大利潜艇部队解散。1933年设计建造的"美人鱼"

▲ "奥比龙"号（HMS Oberon）潜艇
英国皇家海军，巡逻潜艇，远东中国潜艇支队

"奥比龙"号潜艇于1927年完工，是那一时期较为先进的艇型设计，而且艇上装备了全新的设备。不过，该级艇最大的缺陷是采用了铆接的鞍状水舱，而且在其中设计了附加燃油舱，但事实证明这种结构容易引起渗漏。1937至1939年期间，该级艇暂时封存，到了二战爆发后又重新服役，主要用于训练。1944年7月全部退役。

技术参数	
艇员：54人	水面排水量：1513公吨（1490吨）
动力：双轴推进，2台柴油机，电动机	水下排水量：1922公吨（1892吨）
最大航速：水面13.7节，水下7.5节	尺度：艇长83.4米，
水面最大航程：9500公里	宽8.3米，吃水4.6米
（5633海里）/10节	服役时间：1927年
武备：8部533毫米鱼雷发射管	

▲ "帕提亚人"号（HMS Parthian）潜艇
英国皇家海军，巡逻/布雷潜艇，地中海，1940至1941年

"帕提亚人"级潜艇的蓄电池容量更大，使得该级潜艇水下续航力大为提高。在不携带水雷的情况下，该级艇可携带14枚英国海军标准的Mk VII型鱼雷。1940年6月20日，"帕提亚人"号潜艇击沉了意大利海军"迪亚曼蒂"（Diamante）号潜艇，1941年6月25日再次击沉维希法国海军的"索弗勒"（Souffleur）号潜艇。此外该艇还击沉了多艘轴心国船只。

技术参数	
艇员：53人	水面排水量：1788公吨（1760吨）
动力：双轴推进，2台柴油机，电动机	水下排水量：2072公吨（2040吨）
最大航速：水面17.5节，水下8.6节	尺度：艇长88.14米，
水面最大航程：9500公里	宽9.12米，吃水4.85米
（5633海里）/10节	服役时间：1929年6月
武备：8部533毫米鱼雷发射管，	
1门102毫米火炮	

（Sirena）级属于近岸艇，潜深约为100米（330英尺）。二战期间，在原有1门100毫米甲板炮的基础上，又加装了2挺13毫米防空机枪。"加拉提"（Galatea）号是同级潜艇中唯一幸存到大战后的一艘。"卡尔维"（Calvi）级潜艇是一种远洋巡洋潜艇，同级艇中的"恩里克·塔佐利"（Enrico Tazzoli）号艇于1935年10月下水。与其它意大利潜艇一样，该艇同样半秘密地参与了西班牙内战。1942年，"恩里克·塔佐利"号被改装成了运输潜艇，1943年5月前往日本途中在比斯开湾海域被盟军反潜飞机击沉，当时结伴同行的还有"巴尔巴里戈"（Barbarigo）号运输潜艇。

值得一提的还有另外一种大型潜艇——"皮亚托·米卡"（Pietro Micca）级，1935年3月首艇在塔兰托港下水，但没有投入后续艇的建造。事实证明，"皮亚托·米卡"号潜艇性能十分可靠耐用，该艇可在垂直储存舱内携带20枚水雷，同时还配备有6部533毫米鱼雷发射管以及2门120毫米口径火炮。1940年底，该艇经改装后用于运输弹药和燃料。1943年7月29日，英国皇家海军潜艇"骑兵"号（HMS Trooper）在奥特朗托海峡海域被击沉。

日本潜艇

日本海军在大型巡洋潜艇、载机潜艇以及舰队护航潜艇上的建树显然比其它国家海军要显著和成功得多。这一发展思路并非得于偶然，而是日本海军深思熟虑的结果，日本人显然慎重考虑了跨太平洋作战的可能性，特别是美国海军参战的可能性形式。1935年7月下水的伊-7号和伊-8号潜艇在16节航速下的航程都达到了26600公里（16530英里），而最大航速则达到了23节，潜深99米（325英尺），海上自持力60天。

日军偷袭珍珠港后，美国随机对日宣战。伊-7号和伊-8号在此后的战斗中共击沉了7艘商船。不过伊-7号也被美军报了一箭之仇——于1943年6月22日被美国海军"莫纳汉"号（USS Monaghan）驱逐舰击沉。后来，伊-8号潜艇的载机被取消，日军在其机库内安装了4枚"回天"（Kaiten）鱼雷。1945年3月30日，该艇在冲绳登陆战中被击沉。1939年，排水量稍大的伊-15号潜艇开工投入建造，该级艇为配备侦察机的远洋侦察型潜艇，共建造了20艘。其中伊-19号艇于1942年9月15日击沉了美国海军的"黄蜂"号（USS Wasp）航母。后来该级艇也有两艘（包括伊-8号）

技术参数

艇员：61人	水面排水量：1524公吨（1500吨）
动力：双轴推进，2台柴油机，电动机	水下排水量：2086公吨（2053吨）
最大航速：水面15节，水下8.75节	尺度：艇长81.5米，
水面最大航程：10191公里	宽9米，吃水3.75米
（5500海里）/10节	服役时间：1932年8月
武备：6部533毫米鱼雷发射管，	
1门102毫米火炮	

▲ "海豚"号潜艇
英国皇家海军，"虎鲸"级布雷潜艇，马拉加海峡，1945年1月
"海豚"级潜艇通过其外观很容易与其它艇型区分开，该级艇设计有一个延展至距艇首18米（60英尺）处的外部燃油舱。该级艇多次被部署到西印度群岛、地中海和远东中国沿海海域。二战期间共损失了5艘，其中就包括1945年1月19日在马拉加海峡被日军飞机击沉的"海豚"号。

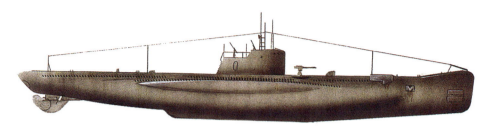

▲ "费力伯·科里多尼"号潜艇

意大利海军，布雷潜艇，地中海，1942年

该级艇的水雷安装在2部发射管中。意大利人共装备了17种型号之多的水雷，此外还包括其纳粹盟友德国人提供的水雷。大战期间，意大利海军总共布放了54457枚水雷，其中大多数是锚雷。这些水雷击沉了共计32艘各类舰船，其中包括11艘潜艇。"费力伯·科里多尼"号后来也被用于在意大利和北非之间执行运输任务，1948年退役报废。

技术参数

艇员：55人

动力：双轴推进，2台柴油机，电动机

最大航速：水面11.5节，水下7节

水面最大航程：16668公里（9000海里）/8节

武备：4部533毫米鱼雷发射管，1门102毫米火炮，24枚水雷

水面排水量：996公吨（981吨）

水下排水量：1185公吨（1167吨）

尺度：艇长71.5米，宽6米，吃水4.8米

服役时间：1950年3月

▲ "加拉提"号潜艇

意大利海军，近岸潜艇，地中海，1941年

根据国际协定，近岸潜艇排水量被限定为不得超过610公吨（600吨）。而意大利和法国则不约而同地发展了多个600吨级的潜艇艇型，甚至不少改型还一度悄然突破了这一限制。"美人鱼"级潜艇大多参加了1940至1943年期间地中海海域的作战行动。除了"加拉提"号幸存到战后于1948年退役报废外，其余都毁于大战的战火之中。

技术参数

动力：双轴推进，2台柴油机，电动机

最大航速：水面14节，水下7.7节

水面最大航程：9260公里（5000海里）/8节

武备：6部533毫米鱼雷发射管，1门100毫米（3.9英寸）火炮

艇员：45人

水面排水量：690公吨（679吨）

水下排水量：775公吨（701吨）

尺度：艇长60.2米，宽6.5米，吃水4.6米

服役时间：1933年10月

▲ "恩里克·塔佐利"号潜艇

意大利海军，攻击型潜艇（后改为运输型），1943年

与"先锋队"级艇一样，"卡尔维"级潜艇也是由意大利的安萨尔多团队完成方案设计的。该级艇采用双壳体结构，居住环境有较大改善，适用于执行远洋任务。在改装为运输艇前，"恩里克·塔佐利"号已经在地中海和大西洋海域击沉了总吨位共计96533吨的盟军舰船。

技术参数

动力：双轴推进，2台柴油机，电动机

最大航速：水面17.5节，水下9节

水面最大航程：7041公里（3800海里）/10节

武备：6部533毫米鱼雷发射管，1门120毫米（4.7英寸）火炮

艇员：76人

水面排水量：1473公吨（1450吨）

水下排水量：1934公吨（1904吨）

尺度：艇长87.7米，宽7.8米，吃水4.7米

服役时间：1928年4月

进行了"回天"人操鱼雷的相关改装。

不过，日本海军的一等潜艇也并非全部都是吨位巨大的潜艇。在对德国人的U–139级潜艇的研究基础上，日本也设计建造了33艘"海大"（Kaidai）级潜艇，其中最著名的当属1939年设计完成的KD–7型。该级艇水面排水量1656公吨（1630吨），水下排水量2644公吨（2602吨），航程可达15000公里（9320英里）。艇上装备6部533毫米鱼雷发射管，可携带12枚95式鱼雷。

伊–176号潜艇是该级艇中唯一取得击沉美国潜艇战果的一艘——该艇于1943年11月击沉了美国海军的"石首鱼"号（USS Corvina）潜艇。1942年10月，伊–176号潜艇还曾重创美国海军"切斯特"号（USS Chester）巡洋舰。后来，该艇被改装用于运输任务，1944年5月被美国海军驱逐舰投掷的深弹击伤后报废。

美国海军V级潜艇

对于美国海军来说，大型巡洋潜艇也有相当的吸引力，当年德国人的U–151号等潜艇在美国沿岸的肆虐给美国人留下了深刻的印象。在德国U艇的设计基础上，美国人也于1919至1934年期间建造了9艘V级潜艇。而实际上，这些潜艇又可以分为5个彼此独立的批次。1931年得名的为V型加数字后缀的第一批，主要是根据舰队潜艇的概念设计的。V–1至V–3号后来分别更名为"梭子鱼"号（USS Barracuda）、"鲈鱼"号（USS Bass）和"鲣鱼"号（USS Bonita），不过由于性能不太可靠（尤其是动力不足），特别是水面和水下航速指标未能达到设计中21节和9节，因而未能在后来的战斗中取得突出的战绩。

到了1937年，3艘潜艇全部退役，后于1942至1943年期间重新服役并进行改装大

1920至1938年期间的意大利潜艇艇型			
级别	数量	下水时间	备注
"马梅利"（Mameli）	4	1926至1928年	远洋潜艇，最后1艘于1948年报废
"皮萨尼"	4	1927至1928年	远洋潜艇，最后1艘于1947年报废
"先锋队"	4	1927至1928年	远洋潜艇，全部于1943年退役
"班迪拉"（Bandiera）	4	1929年	远洋潜艇，最后1艘于1948年报废
"埃托尔·费拉莫斯克"（Ettore Fieramosco）	1	1930	计划用于载机潜艇
"布拉加丁"	2	1929至1930年	布雷潜艇，1948年报废
"塞特姆布里尼"（Settembrini）	2	1930至1931年	远洋潜艇，最后1艘于1947年报废
"斯夸罗"（Squalo）	4	1930年	远洋潜艇，最后1艘于1948年报废
"鹦鹉螺"（Argonauta）	7	1931至1932年	近岸潜艇，最后1艘于1947年报废
"美人鱼"	12	1933年	近岸潜艇，最后1艘于1947年报废
"阿基米德"（Achimede）	4	1933至1934年	2艘于1937年转交西班牙
"灰绿"（Glauco）	2	1935年	计划为葡萄牙建造，1948年报废
"卡尔维"	3	1935年	无一艘幸存至大战结束
"米卡"（Micca）	1	1935年	布雷潜艇，1943年沉没
"天舟座"（Argo）	2	1936年	计划为葡萄牙建造，二战期间沉没
"贝拉"（Perla）	10	1936年	近岸潜艇，2艘于1937年转交西班牙
"阿杜瓦"（Adua）	17	1936至1938年	其余2艘于1937年转交巴西
"布林"（Brin）	5	1938至1939年	远洋潜艇，最后1艘于1948年报废
"马切洛"（Marcello）	11	1937至1939年	2艘于1943年改装为运输潜艇
"弗卡"（Foca）	3	1937至1938年	布雷潜艇，最后1艘于1948年报废

修，此后3艘潜艇成为了运输潜艇，但却从未执行过运输任务。1945年，"鲈鱼"号作为声呐试验的靶船被击沉。1928年4月服役的V-4号潜艇后更名为"舡鱼"号（USS Argonaut），该艇是美国海军唯一一艘专门建造的布雷潜艇，也是美国海军核潜艇时代到来前吨位最大的潜艇。"舡鱼"号全长116米，甚至比它的最大潜深——91米还要长。从某种意义上来说，这几乎是日本海军远洋潜艇的一个缩影。或者说，在美国海军潜艇部队里执行与日本远洋潜艇几乎相同的任务。"舡鱼"号还可携带60艘Mk XI型锚雷。尽管"舡鱼"号尺度较大，然而艇上发

动机舱的空间却极为有限，也造成推进力不足的缺陷，该艇水面航速仅15节。二战期间，"舡鱼"号更换了柴油机，转而执行运兵任务。1943年1月10日，"舡鱼"号在所罗门群岛海域沉没。

V-5号和V-6号分别得名"独角鲸"（Narwhal）号和"鹦鹉螺"号（USS Nautilus），1930年服役。两艘潜艇水面排水量2770公吨（2730吨），水下排水量3962公吨（3900吨），艇上与"舡鱼"号一样装备2门150毫米口径炮。美国海军曾计划为两艘潜艇配备水上飞机，但后来作罢。两艇虽从未执行过侦察任务，但也不能说毫无

▲ **伊-7号潜艇**
日本帝国海军，巡潜-3（Junsen-3）型大型巡逻潜艇，1942年

该级艇是海大-6级巡逻潜艇的放大版。尽管1942年加装了防空机枪，但在美国海军航母舰载攻击机的威胁下，伊-7和伊-8号潜艇的侦查能力也受到了极大的扼制。虽然该艇水面航速并不慢，但仍然难以胜任水下攻击任务。因为在驱逐舰的面前，其水下航速依然与之差距甚大。

技术参数

艇员：100人	水面排水量：2565公吨（2525吨）
动力：双轴柴油机，电动机	水下排水量：3640公吨（3583吨）
最大航速：水面23节，水下8节	尺度：艇长109.3米，
水面最大航程：26600公里	宽9米，吃水5.2米
（14337海里）/16节	服役时间：1935年7月
备武：6部533毫米鱼雷发射管，	
1门140毫米（5.5英寸）火炮	

▲ **"鲈鱼"号潜艇**
美国海军V级潜艇，大西洋，1942年

该艇原名V-2号，其排水量几乎是S级潜艇的1倍，而且鱼雷发射管也多出2部。该艇隶属于美国海军加勒比海和太平洋第20潜艇分舰队，1937年封存后于1940年重新服役，隶属美太平洋舰队第31潜艇分舰队第3支队。1942年8月17日的一场火灾夺去了25名官兵的生命。

技术参数

艇员：85人	水面排水量：2032公吨（2000吨）
动力：双轴柴油机，电动机	水下排水量：2662公吨（2620吨）
最大航速：水面18节，水下11节	尺度：艇长99.4米，
水面最大航程：11118公里	宽8.3米，吃水4.5米
（6000海里）/11节	服役时间：1924年12月
备武：6部533毫米鱼雷发射管，	
1门76毫米口径炮	

作为。二战期间"鹦鹉螺"号曾被用于水上飞机加油艇，此外也执行过进攻与撤退部队的秘密运输任务，1945年退役拆解。1932年服役的"海豚"号（USS Dolphin）原为V-7号，排水量仅为早期同级艇的一半。虽然主尺度与大战期间的主力艇"小鲨鱼"（Gato）级和"白鱼"（Palao）级相仿，但表现却相去甚远。

V-8号和V-9号潜艇，即"抹香鲸"（Cachalot）号和"墨鱼"（Cuttlefish）号是V级潜艇中吨位最小的两艘，但却配备了不少新装备，如安装了空调设备、采用焊接工艺艇壳以及先进的损管系统等。不过大战期间两艘潜艇的表现都不如人意，从1942年底开始主要执行一些训练任务。在"墨鱼"号艇上装备的空调设备可谓是不错的改进，此后各国海军也相继效仿。我们知道，潜艇官兵生存的环境一直是阴暗和潮湿的空间，有鉴于此，如果通过装备先进复杂的电子设备能为艇内带来干燥新鲜的空气，那么艇员的舒适性也就能得到极大的改善。

V级潜艇一度招致极大的批评，某位艇长曾这样评价："这种潜艇吨位太大，所以不好操纵，下潜速度也慢，很容易成为敌人的攻击目标"。不过，V级潜艇依然是美国海军"舰队潜艇"发展的里程碑。

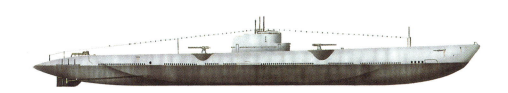

▲ "舡鱼"号潜艇
美国海军，V级潜艇，太平洋，1942年

1941年12月1日，"舡鱼"号在中途岛附近海域执行巡逻任务。珍珠港事件后该艇被改为运输潜艇执行特种任务。1942年6月，该艇与"鹦鹉螺"号一同输送了211名美国海军陆战队队员登陆马金岛，这也是到当时为止规模最大的一次潜艇登陆作战行动。

技术参数

艇员：89人	水面排水量：2753公吨（2710吨）
动力：双轴柴油机，电动机	水下排水量：4145公吨（4080吨）
最大航速：水面15节，水下8节	尺度：艇长116米，
水面最大航程：10747公里	宽10.4米，吃水4.6米
（5800海里）/10节	服役时间：1927年11月
武备：4部533毫米鱼雷发射管，	
2门152毫米炮，6枚水雷	

技术参数

艇员：60人	水面排水量：1585公吨（1560吨）
动力：双轴柴油机，电动机	水下排水量：2275公吨（2240吨）
最大航速：水面17节，水下8节	尺度：艇长97米，
水面最大航程：11112公里	宽8.5米，吃水4米
（6000海里）/10节	服役时间：1932年3月
武备：6部533毫米鱼雷发射管，	
1门102毫米炮	

▲ "海豚"号潜艇
美国海军，V级潜艇

该艇原名V-7号，与较早前的V级潜艇相比吨位较小。该艇采用了较为先进的设计和技术以求在单位排水量上实现更强的战斗力。显然在后续艇的设计上，这一问题解决得更好。二战期间"海豚"号主要用于执行训练任务，1946年报废拆解。

20世纪30年代的潜艇部署

设计建造大型潜艇的风潮很快就不再在各国海军中盛行，一批作战能力强大的潜艇虽然受到国际条约的限制，但却逐渐风行起来。

如前文所述，1930至1931年期间的《伦敦海军协定》中可以很好地体现出英国人限制潜艇作战用途的企图。而与此同时皇家海军拥有超过50艘可发射533毫米鱼雷的潜艇，其中27艘具备6部艇首鱼雷发射管齐射的能力。

至于其他国家，美国海军拥有全球规模最大的潜艇部队，以81艘的数量傲视群雄，只是其中多数是性能不甚出众的S级潜艇。法国海军拥有66艘潜艇，日本也拥有72艘，意大利46艘，而且日本和意大利仍在制定下一步的潜艇设计建造计划。条约还将新潜艇的吨位限制在了2032公吨（2000吨）以下，火炮口径130毫米以下的水平。

这些限制本质上并不是什么大问题。除了日本以外，大多数国家其实已经放弃了关于大型潜艇的构想，而转为设计建造更为实用、更为低廉、部署更为灵活的中型潜艇。经协商，英国、美国和日本拥有的潜艇总吨位数不得超过53545公吨（52700吨），这也正是当时英国皇家海军潜艇部队的总吨位数。法国和意大利则拒绝受此约束。苏俄和德国则干脆未出席会议。

法国

法国海军的潜艇发展战略依然摆脱不了缺乏大型主力水面舰艇事实的影响。在所有66艘潜艇中，为数超过2/3的潜艇可以执行远洋任务。通过潜艇舰队、分舰队和支队的架构，法国海军主要将潜艇部署在英吉利海峡水道上的敦刻尔克和瑟堡、大西洋战区的布雷斯特和洛里昂以及地中海战区的土伦；在北非，法国海军在卡萨布兰卡也部署有潜艇支队和分舰队；在比塞大奥兰，还设有潜艇舰队司令部；此外还在利比亚贝鲁特部署有潜艇支队；在红海战区的吉布提、法属印度支那（越南）的西贡也都部署有法国海军的潜艇支队。

1929年4月在洛里昂下水的"亨利·彭加莱"（Henri Poincaré）号潜艇是"可畏"级潜艇的首艇。该艇采用双壳体结构，1931年12月服役，主要用于远洋作战。该级潜艇分三批共建造了31艘，1924至1928年期间建造了19艘，1929至1930年期间建造了6

▲ **"亨利·彭加莱"号潜艇**
法国海军，水面袭击艇

"可畏"级潜艇采用双壳体结构，较先前的"鲨鱼"级潜艇性能更优，鱼雷武器也更为强大。该级艇主要用于水面袭击以及保护法国与海外殖民地之间海上航线的防御作战。二战期间，该级潜艇直到退役报废前，表现均属一般。

技术参数

动力：双轴柴油机，电动机	艇员：61人
最大航速：水面17至20节，水下10节	水面排水量：1595公吨（1570吨）
水面最大航程：18530公里	水下排水量：2117公吨（2084吨）
（10000海里）/10节	尺度：艇长92.3米，
武器：9部550毫米鱼雷发射管，	宽8.2米，吃水4.7米
2部400毫米鱼雷发射管，	服役时间：1929年4月
1门82毫米（3.2英寸）炮	

艘，1930至1931年期间建造了6艘。艇上共配备了11部鱼雷发射管，其中6至7部为外部安装，最大潜深为80米（262英尺）。第一批潜艇的柴油机推进功率为6000马力（4474千瓦），后续两个批次的推进功率则有所提高。"可畏"级潜艇的综合性能还算不错，只是紧急下潜时间过长（45至50秒），这在二战期间严酷的海上作战环境下几乎是致命的。1942年11月27日，"亨利·彭加莱"号连同6艘同级艇一起在土伦凿沉。后来，意大利人将其打捞出水后再次服役，1943年9月再次被沉没。

英国潜艇

一战结束后，又有17艘L级潜艇投入皇家海军服役。由于艇上102毫米口径火炮安装位置较高，再加上指挥塔较长、舰桥较高，因而外观十分独特易于区分。到了20世纪30年代，L级潜艇已经明显老旧过时，因此在数年里相继退役拆解，只有2艘——L-23号和L-27号作为训练艇一直服役到二战期间。1946年，L-23号在被拖往拆解船厂途中在新斯科舍海域沉没。接替L级的是O级潜艇，后者续航力更高，主要隶属于远东舰队。

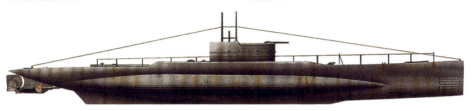

▲ **L-23号潜艇**

英国皇家海军，巡逻潜艇，北海，1940年

L-23号潜艇在弗尼斯的维克斯·巴罗船厂动工，查塔姆海军船厂码头建成，1924年8月5日服役。到1929年时，该级艇尚存30艘之多，其中10艘在役，甚至到1939年大战爆发时还有几艘在役。1940年2月，L-23号在遭到一次德国海军驱逐舰深弹攻击时几乎被击沉。

技术参数

艇员：36人	水面排水量：904公吨（890吨）
动力：双轴柴油机，电动机	水下排水量：1097公吨（1080吨）
最大航速：水面17.5节，水下10.5节	尺度：艇长72.7米，
水面最大航程：8338公里	宽7.2米，吃水3.4米
（4500海里）	服役时间：1919年7月
武备：4部533毫米鱼雷发射管，	
1门102毫米炮	

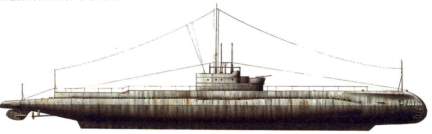

技术参数

艇员：54人	水面排水量：1513公吨（1490吨）
动力：双轴柴油机，电动机	水下排水量：1922公吨（1892吨）
最大航速：水面17.5节，水下8节	尺度：艇长83.4米，
水面最大航程：9500公里	宽8.3米，吃水4.6米
（5633海里）/10节	服役时间：1928年5月
武备：8部533毫米鱼雷发射管	

▲ **"奥丁"号潜艇**

英国皇家海军，O级远洋巡逻潜艇，地中海，1940年

O级潜艇也许更应以"奥丁"号为代表而非"奥比龙"号，该艇吨位较小，长度较短，推进功率也略低。除了"奥丁"号以外，"俄耳甫斯"号（HMS Orpheus）和"奥斯瓦尔德"号（HMS Oswald）也是被意大利驱逐舰击沉的。而"奥林巴斯"号（HMS Olympus）则是在马耳他海域触雷沉没。"奥西里斯"号（HMS Osiris）和"奥图斯"号（HMS Otus）于1946年9月在南非德班被拆解。

O级潜艇的第二批次以"奥丁"号（HMS Odin）为首艇，1928至1929年期间相继在查塔姆海军船厂下水。与"奥比龙"级艇相比，这批潜艇的主尺度较长较宽，艇首设计也略有不同，此外还在耐压壳较上方位置安装有艇首可收放式水平舵。与L级相同，火炮安装在了指挥塔顶部前端。但舰桥采用了逐级阶梯式设计，这样可以提供较好的前方视野。"奥丁"号潜艇的水面航速为17.5节，较"奥比龙"级的15.5节略高，但在其他方面则提高不大。

1940年6月14日，"奥丁"号潜艇在塔兰托附近海域被意大利海军驱逐舰"箭"（Strale）号击沉。6艘同级艇中只有一艘幸存到大战后。1929年，智利海军订购了3艘O级潜艇，即"奥布雷恩船长"（Captain O'Brien）级。这3艘潜艇要长寿得多——一直服役至1957至1958年期间。

意大利鱼雷

20世纪30年代的意大利潜艇因以相对吨位而言攻击力不足而饱受批评，特别是在海水较为清澈的地中海海域，意大利潜艇吨位较大操纵困难的毛病使得它们很难逃脱对手的反潜探测和攻击。但在实战中，意大利潜艇仍有表现积极的一面，其中就包括意大利潜艇配备、在阜姆白头工厂和那不勒斯海军军械工厂生产的高性能鱼雷。阜姆白头工厂生产的鱼雷在50节航速下射程可达4000米（4400码），在30节航速下射程更可达12000米（13100码），其战斗部重250公斤（551磅）。意大利还研制了一种主动式磁

▲ **"戴尔菲诺"（Delfino）号潜艇**
意大利海军，巡逻/运输潜艇，地中海，1942年

"戴尔菲诺"号隶属于驻拉斯佩齐亚的第2潜艇支队，后相继部署在黑海、那不勒斯和红海。1940年，该艇又隶属于驻罗斯岛的意大利海军第51潜艇分舰队。1942年起，"戴尔菲诺"号作为运输潜艇部署在了塔兰托港。

技术参数

艇员：52人	水面排水量：948公吨（933吨）
动力：2台柴油机，2台电动机	水下排水量：1160公吨（1142吨）
最大航速：水面15节，水下8节	尺度：艇长70米，
水面最大航程：7412公里	宽7米，吃水7米
（4000海里）/10节	服役时间：1930年4月
武备：8部533毫米鱼雷发射管，	
1门102毫米炮	

技术参数

艇员：46人	水面排水量：807公吨（794吨）
动力：双轴推进，柴油机，电动机	水下排水量：1034公吨（1018吨）
最大航速：水面14节，水下8节	尺度：艇长63米，
水面最大航程：9260公里	宽6.9米，吃水4.5米
（5000海里）/8节	服役时间：1936年12月
武备：6部533毫米鱼雷发射管，	
1门100毫米炮	

▲ **"维雷拉"（Velella）号潜艇**
意大利海军，水面袭击艇，大西洋，1940至1941年

该艇虽是近岸潜艇，但海上试航性良好，并参与了多次作战行动，包括1940年11月至1941年8月间执行的前往法国波尔多和大西洋海域的多次任务。1943年9月，"维雷拉"号潜艇在反击盟军在萨勒诺的登陆行动中被击沉，此时距离意大利签署《停战协定》仅不到1天。

1920至1938年期间的苏联潜艇艇型			
级别	数量	下水时间	备注
AG	6	1920至1921年	美国收回2艘，最后1艘于1943年沉没
I型"十二月党人"级	6	1928至1929年	最后1艘于1958年报废
II型"列宁主义者"级	6	1931年	最后1艘于1959年拆解
III型"梭子鱼"（Shchuka）级	4	1930至1931年	最后1艘于1958年拆解
IV型"真理"（Pravda）级	3	1934年	最后1艘于1956年拆解
V型"马哈鱼"（Losos）级	19	1933至1935年	最后1艘于1958年拆解
Vb型"里海鲟鱼"（Strelad）级	12	1934年	1950年报废
Vbii型"北鳕"（Sayda）级	9	1935年	最后1艘于1958年拆解
VI型"M-1"级	30	1933至1934年	小型潜艇，最后1艘于50年代拆解
VIb型"M-53"级	20	1934至1935年	小型潜艇，最后1艘于50年代拆解
XI型"伏罗希洛夫"（Voroshilovets）级	6	1935至1936年	1950年报废
IX型"鳕鱼"（Nalim）级	3	1935至1936年	二战期间全部损失
X型"Shch-126"级	33	1935至1937年	最后1艘于1958年拆解
XII型"M-87"级	4	1936至1937年	最后1艘于50年代拆解
IXb型"S-4"级	4	1936至1938年	1939年开始继续建造
XIII型"L-13"级	7	1937至1938年	1950年报废
XIV型"K-1"级	5	1937至1938年	布雷潜艇，1939年开始继续建造
XV型"M"级	4	1937年	1939年开始继续建造

性鱼雷，这种鱼雷可在敌水面舰船龙骨底部起爆，从而将其拦腰炸断。其发明者卡尔洛·卡罗西（Carlo Calosi）于1944年意大利投降后被带到美国，在那里向盟军技术官员交代了这种鱼雷的工作机理，同时还详细阐述了如何干扰这种鱼雷的磁场并在不破坏它的情况下安全处置。

"斯夸罗"（Squalo）级中型潜艇共建造了4艘，1930至1931年期间在蒙法尔科内（Monfalcone）相继完工。该级艇在库里奥·贝纳蒂斯（Curio Bernardis）设计的"弗拉特利·班迪拉"级潜艇基础上改进设计，采用单壳体结构，下潜和上浮时的稳定性问题通过加大艇首结构的设计得到了一定改善，作战潜深为90米（297英尺）。"斯夸罗"级潜艇最初隶属于驻拉斯佩齐亚的第2潜艇支队，后转至驻那不勒斯的第4支队。1936年，"斯夸罗"级潜艇参加了西班牙内战的干预行动。次年，所有4艘"斯夸罗"级潜艇奉命前往红海海域，二战期间回到地

1918至1939年期间的美国潜艇艇型			
级别	数量	下水时间	备注
O级	7	1918年	
R级	18	1918至1919年	1942年损失一艘
S级	51	1920至1925年	7艘损失
V-1至V-3	3	1925至1927年	后分别更名为"梭鱼"、"鲈鱼"和"鲣鱼"号
V-4"虹鱼"级	1	1928年	布雷潜艇，1943年沉没
V-5至V-6"独角鲸"级	2	1930年	计划用作载机潜艇，安装66毫米（2.6英寸）炮
V-7"海豚"级	1	1932年	载有1艘摩托艇
V-8至V-9"抹香鲸"级	2	1933至1934年	巡洋潜艇
"鼠海豚"	10	1935至1937年	4艘损失
"鲑鱼"（Salmon）级	6	1937至1938年	
"重牙鲷"（Sargo）	10	1939年	4艘损失

中海驻扎。"戴尔菲诺"号艇取得的战绩包括：1940年8月15日击沉了系泊在港的希腊海军巡洋舰"海莉"（Helli）号（当时意大利和希腊之间并未宣战）；1941年8月1日，该艇又击落了一架来袭的"桑德兰"水上飞机。在完成了29次作战巡逻任务和67次训练任务后，"戴尔菲诺"号于1942年3月23日在塔兰托附近海域与一艘拖轮相撞后沉没。

20世纪30年代的经济大萧条迫使葡萄牙海军取消了于1931年向意大利订购的2艘潜艇的订单。这两艘潜艇——"阿尔戈"（Argo）号和"维雷拉"（Velella）号最终于1937年8月完工。葡萄牙的大西洋沿岸海域的地理环境与意大利有很大不同，不过两艘潜艇还是在意大利海军的序列中表现得中规中矩。"维雷拉"号起初隶属于驻塔兰托

的第4潜艇群第42支队，后转至意大利海军驻东非潜艇舰队服役，在返回地中海战区前一直在红海活动。1940年12月起，"维雷拉"号在波尔多驻扎了几个月，从那里出发前往大西洋海域展开作战巡逻活动。1943年9月7日，该艇在萨勒诺湾水域被英国皇家海军"莎士比亚"号（HMS hakespeare）潜艇击沉。

苏联

苏俄海军潜艇部队的规模在20世纪30年代里有了显著扩大，尽管多数潜艇吨位较小，但依然很快发展成当时世界上规模最大的潜艇部队。其中数量最多的当属1933年开始建造的M级（"小家伙"级）潜艇，总共建成了111艘之多。该级艇水

▲ Shch-303号潜艇

苏联海军，巡逻潜艇，波罗的海，1941年

众所周知，波罗的海的作战条件十分艰险。二战期间德国海军在芬兰方面的支援下对苏联海军位于喀琅施塔得和列宁格勒（分别驻有红海军第1和第2潜艇支队）实施了封锁作战。在这种作战态势下，显然只有潜艇能勉强展开行动。仅在1941年里，苏联海军就损失了26艘S级潜艇，直到大战后期苏军才完全掌握了该战区的控制权。

技术参数

艇员：45人	水面排水量：595公吨（586吨）
动力：双轴推进，柴油机、电动机	水下排水量：713公吨（702吨）
最大航速：水面12.5节，水下8.5节	尺度：艇长58.5米，
水面最大航程：11112公里	宽6.2米，吃水4.2米
（6000海里）/8节	服役时间：1931年11月
武备：6部533毫米鱼雷发射管，	
2门45毫米（1.8英寸）炮	

▲ "鹦鹉螺"号（USS V-6）潜艇

美国海军，V级潜艇，后改为运输艇，太平洋，二战

"鹦鹉螺"号（V-6号）潜艇是一艘武器装备完善的远洋潜艇，可跨太平洋作战。然而美国海军的战略方针却是发展更紧凑的舰队潜艇。在1940年的改装中，"鹦鹉螺"号加装了19320磅（73134升）航空燃油，但保留了鱼雷发射管。大战期间该艇曾击沉3艘日本货轮，1945年被拆解。

技术参数

艇员：90人	水面排水量：2773公吨（2730吨）
动力：双轴推进，柴油机、电动机	水下排水量：3962公吨（3900吨）
最大航速：水面17节，水下8节	尺度：艇长113米，
水面最大航程：33336公里	宽10米，吃水4.8米
（18000海里）/10节	服役时间：1930年3月
武备：6部533毫米鱼雷发射管，	
2门152毫米炮	

技术参数

水面排水量：676公吨（665吨）	艇员：45人
水下排水量：835公吨（822吨）	动力：2台柴油机，2台电动机
尺度：艇长66.5米，	最大航速：水面14.5节，水下9.2节
宽5.4米，吃水3.8米	水面最大航程：5003公里
服役时间：1929年	（2700海里）/10节
	武备：6部551毫米鱼雷发射管，
	1门100毫米炮

▲ **"复仇者"号（N-1）潜艇**
南斯拉夫海军，巡逻潜艇，亚得里亚海

"复仇者"号潜艇在法国南特的卢瓦尔河船厂建造完工，与其姊妹艇"斯梅丽"（Smeli）号一样，是在法国设计师西蒙诺特（Simonot）设计的600型潜艇的基础上设计建造的，因此具有鲜明的法国潜艇特征。艇上配备有6部551毫米口径鱼雷发射管，柴油机为德国MAN型，电动机为南锡CGE型。意大利俘获该艇后，对指挥塔进行了一定程度的改装。

面排水量从160公吨（158吨）至285公吨（281吨）不等，分别隶属于红海军的四大舰队。S级（或称Shch级，"梭子鱼"级）曾计划建造200艘，实际上仅完工88艘，该级艇属近岸潜艇，航程为11100公里（6900英里），主要在波罗的海、黑海、北海和太平洋舰队部署。Shch-303"鲈鲋"（Ersh）号潜艇隶属于波罗的海舰队。S级艇中共有2/3的潜艇在二战期间被击沉或因事故沉没，而Shch-303号艇则幸存到了战后，最终于1958年拆解。

美国

1936年3月15日，作为当时美国海军少有的大型潜艇之一的V-6号艇下水，7月1日正式服役，1931年2月得名"鹦鹉螺"号并成为驻珍珠港第12潜艇分舰队旗舰。1935年至1938年期间，该艇转至圣迭戈后成为第13潜艇分舰队旗舰，后返回珍珠港。该艇服役生涯中的后半段主要活跃在太平洋战场，大战期间参与了多次作战行动，其中包括14次作战巡逻，经历了海上战斗、运兵登陆和侦察任务等。"鹦鹉螺"号潜艇于1945年6月30日在费城退役，1946年拆解。

南斯拉夫

南斯拉夫海军在亚得里亚海部署了4艘潜艇，其中2艘为原英国L级潜艇（L-67号和L-68号，1919年终止建造），1927至1928年期间在维克斯·阿姆斯特朗船厂继续建造完成并转交给南斯拉夫海军。另2艘在法国建造，服役后驻扎在科托尔（今黑山境内）。意大利军队攻占科托尔后，3艘南斯拉夫潜艇落入意大利人手中，1艘逃离到英国皇家海军驻地，后隶属皇家海军。1929年在法国南特建造完成的"复仇者"（Osvetnik）号被俘后更名为意大利海军"弗朗西斯科·雷蒙多"（Francesco Rismondo）号，意大利投降后前往科西嘉岛，后于1943年9月13日被德军俘获并凿沉。"复仇者"号潜艇是一种中型潜艇，水面排水量630公吨（620吨），水下排水量809公吨（796吨），作战潜深80米（262英尺）。南斯拉夫海军的另一艘潜艇——"内博伊沙"（Nebojsa）号逃离到了亚历山大港，后来在英国皇家海军服役，最后一次露面是在1945年8月的马耳他。

U艇归来: 1935—1939

德国海军潜艇部队的振兴计划始于1935年。尽管英国人的反应出奇地温和，德国潜艇部队的统帅——卡尔·邓尼茨（Karl Dönitz）却依然没能在大战爆发前得到他所需要的足够数量的潜艇。

1933年，希特勒上台。1935年3月，希特勒断然宣布退出《凡尔赛和约》。同年德国与英国签署了《限制海军军备条约》，该条约允许德国拥有约为英国皇家海军45%的规模，潜艇数量则完全相当。考虑到英国人在1914至1918年期间痛苦不堪的战争回忆，这一条约的达成显然令人大跌眼镜。1936年，德国又秘密签署了《伦敦潜艇条约》，条约声明德国潜艇战时将尊重国际法，营救沉没船只的船员。

德国人很快开始根据已有的计划大量建造潜艇。第三帝国的第一支潜艇舰队的指挥权理所当然地落在了一战时期德军潜艇部队的老将——邓尼茨手上。从1935年起，邓尼茨就开始深入研究如何将潜艇打造成卓有成效的海战兵器，而这一点在大战期间也一直为众多德军潜艇艇长们所津津乐道。

从1917年起，协约国就发现护航船队可以有效发现潜伏在附近的德国潜艇。然而如果面对的是一大群德国潜艇（即"狼群"）的话，其护航舰艇组成的防御圈将很

▲ VIIA型潜艇U-30号

U-30号潜艇与萨尔茨韦德尔（Salzwedel）舰队的其他潜艇一同停靠在汉堡，计划前往新基地威廉港。照片摄于1937年12月。

容易被德国潜艇渗透突破后遭受攻击，从而造成巨大的损失。邓尼茨还进行了许多课题的研究，其中就包括盟军ASDIC系统的有效性。邓尼茨认为，如果想在大战期间完全切断英国人的海上供应线，将需要至少300艘远洋潜艇。这一目标至少需要几年时间才能完成，然而邓尼茨很快也发现潜艇的建造并非德军最高指挥部的优先发展方向。IA型潜

▲ U-25号潜艇

德国海军，IA型巡逻潜艇，北海

1935年6月，该艇在不莱梅德西马克（Deschimag）船厂动工，不到一年后的1936年4月完工。该型艇采用鞍状压水舱设计，不携带鱼雷时可携带28枚TMA或42枚TMB型水雷。1940年8月3日，U-25潜艇在误入英军在北海泰尔斯海灵岛附近海域布设的雷场后触雷沉没。

技术参数

艇员：43人
动力：柴油机，电动机
最大航速：水面17.8节，水下8.3节
水面最大航程：12410公里
　　　　　　　　（6700海里）/10节
武备：14枚鱼雷（艇首8枚，艇尾2枚），
　　　1门105毫米甲板炮，1门20毫米炮

水面排水量：876公吨（862吨）
水下排水量：999公吨（983吨）
尺度：艇长72.4米，
　　　宽6.2米，吃水4.3米
服役时间：1936年4月6日

艇（U-25号和U-26号）的设计早在希特勒上台前就已经展开，1934年该型潜艇正式开工建造。IA型并不成功：不仅操控困难，而且在潜望镜深度上保持深度也不容易，特别是稳定性不足。IIA型（U-1至U-9号）于

1935年相继建造完成。其实该级艇的设计早在德国利用其驻海牙的公司时就已秘密完成，而且还通过于1933年5月在芬兰土尔库建造完成的一艘CV-707号潜艇上得到了性能验证。该艇后来被售予芬兰海军并更名为

▲ **U-32号潜艇**

这张模糊不清的照片显示了U-32号潜艇在己方水域（可能是德国北部）航行时的情景。指挥塔上明显的竖条纹标志用于标识1938至1939年期间在西班牙海岸航行的作战舰艇"不干涉委员会"的身份。

▲ **U-2号潜艇**

德国海军，IIA型近岸潜艇

U-2号并非大型潜艇，因而很快建造完成。1935年2月开工，同年7月25日即在基尔德意志船厂完工并宣告服役。U-2号的整个服役生涯都用于训练，历任10名艇长。1944年4月8日，U-2号与一艘拖船相撞后沉没。次日打捞出水后被除籍。

技术参数

艇员：25人	水面排水量：258公吨（254吨）
动力：柴油机，电动机	水下排水量：308公吨（303吨）
最大航速：水面17.8节，水下8.3节	尺度：艇长40.9米，
水面最大航程：1945公里（1050海里）	宽4.1米，吃水3.8米
武备：6枚鱼雷（艇首3枚），	服役时间：1935年8月6日
1门20毫米炮	

▲ **U-32号潜艇**

德国海军，VIIA型巡逻潜艇

U-32号潜艇为VIIA型潜艇首艇，1936年3月在基尔日耳曼尼亚船厂开工，1937年4月15日服役。VIIA型艇共建造了10艘，由于比以往任何艇型都先进很多，很快便大受德军潜艇官兵欢迎。该型艇可装载11枚水雷，或22枚TMA或33枚TMB型水雷。U-32号潜艇共执行了9次战斗巡逻任务，击沉敌船总吨位数共计116836吨。

技术参数

艇员：44人	水面排水量：636公吨（626吨）
动力：柴油机，电动机	水下排水量：757公吨（745吨）
最大航速：水面16节，水下8节	尺度：艇长40.9米，
水面最大航程：7964公里（4300海里）	宽4.1米，吃水3.8米
武备：11枚鱼雷（艇首4枚，艇尾1枚），	服役时间：1936年10月8日
1门88毫米甲板炮，1门20毫米炮	

"维希克"（Vesikko）号。U-2号潜艇则与其他早期德国潜艇一样，主要用于训练。该艇吨位较小，执行近岸巡逻任务十分勉强，前往北海和波罗的海活动非常困难。1944年4月，隶属于第22潜艇舰队的U-2号潜艇在一次碰撞事故中在波罗的海沉没。邓尼茨手中真正意义上的第一作战潜艇群是U-7至U-9号组成的艇群。

U-3号潜艇完成了5次战斗巡逻任务，击沉了2艘中立国船只，分别隶属丹麦和瑞典。其他几艘潜艇主要用于支援德军于1940年4月入侵挪威的作战行动。U-3号后来转至第21训练潜艇舰队，1945年5月被英军俘获，同年拆解。

训练潜艇对于打造新一代德国潜艇官兵而言至关重要，但大战初期更紧迫的是建造具备远洋作战和海上贸易破袭战能力的比II型更大的潜艇。这一战术需求在VII型潜艇身上得到了基本实现。与IIA型一样，VII型潜艇也在1930年下水的芬兰海军"维特西伦"（Vetehinen）级潜艇上得到了设计性能验证。只是VII型潜艇未来将要投身的战场将是广袤的大西洋，因此排水量要大得多。

U-32号潜艇于1937年下水，是一艘早期的VIIA型艇，也是1939年大战爆发时少数具备远洋作战能力的潜艇之一。VII型潜艇上采用了一系列较大的改进措施，其紧急下潜时间仅为30秒，最大潜深可达200米（660英尺）。该级艇可以以7.6节的航速持续潜航2小时，2节航速下更可持续潜航130个小时。航程可能是该级艇唯一的不足：仅为10000公里（6200英里）。

英国

20世纪30年代的一个普遍观点认为，潜艇的威胁早已在掌控之中，甚至连丘吉尔（Winston Churchill）也表达过类似的看法。英国人显然对驱逐舰和护卫舰上ASDIC探测系统与深弹发射器的反潜武器组合颇有自信，认为用这套组合完全可以轻松对付潜艇。因此，英国皇家海军的地位也大不如前。

英国人几乎与德国齐头并进，设计建造了新的远洋潜艇，即1935年的T级，到1939年9月时已经建造完成了15艘。与此同时，排水量稍小的U级潜艇也开始投入建造，大战爆发时也已建成15艘。两级潜艇的最终建造数量都超出了预期，T级潜艇共建53艘，

◀ U-4号和U-6号潜艇

位于基尔港的IIA型训练潜艇U-4号（中）和U-6号（右），摄于1937年。两艘潜艇均隶属于德国潜艇训练学校，后于1940年7月转至第21潜艇训练舰队。尽管航程较短，IIA型潜艇还是在1939年大战爆发时参加了初期的海上行动。U-4号执行了4次战斗巡逻任务，击沉了3艘盟军船只和英国皇家海军"蓟"号（HMS Thistle）潜艇；U-6号完成两次战斗巡逻，但没能取得战果。1940年7月，第21潜艇训练舰队成立后，两艘潜艇随即转作训练用途。

而U级也建造了49艘之多。前3艘U级潜艇主要用于训练，但很快就体现出了它更大的战术价值。

大多数U级潜艇部署在北海和地中海海域，后来主要隶属于驻马耳他的第10潜艇分舰队。前3艘U级潜艇配备有位于艇首的2部外部鱼雷发射管，同时艇内还安装有4部，但同级的其他潜艇则未采用这种布置。"水女神"（Undine）号服役时间很短，1940年1月在黑尔戈兰海域被反潜舰艇击沉。

意大利

二战爆发前意大利海军新服役的是3艘在塔兰托港托西船厂建造完成的"佛卡"（Foca）级布雷潜艇。该级艇在指挥塔后半部安装有100毫米口径火炮，后来则改在了更方便射击的前甲板上。艇上布置有垂直和水平的水雷发射管，共可携带28枚水雷，作战潜深100米。意大利投降后，"海蟹"（Zoea）号被盟军俘获，1943年底用于向萨摩斯岛和勒罗斯岛的盟军守军运送补给物资，1947年报废。

另外一型意大利潜艇是大战爆发后不久蒙法尔科内的CRDA船厂建造的11艘"马切洛"（Marcello）级（包括"巴尔巴里戈"号和"当多罗"号），这批潜艇属吨位较大的远洋潜艇，武器装备强大，全部于1938至1939年期间建造完成。很多军事学家认为该

技术参数

艇员：31人	
动力：2台柴油机，电动机	水面排水量：554公吨（545吨）
最大航速：水面11.2节，水下10节	水下排水量：752公吨（740吨）
水面最大航程：7041公里	尺度：艇长54.9米，
（3800海里）/10节	宽4.8米，吃水3.8米
武备：4部533毫米鱼雷发射管，	服役时间：1937年10月
1门76毫米炮	

▲ **"水女神"号潜艇**

英国皇家海军，U级巡逻潜艇，地中海，二战

与其他潜艇不同的是，U级潜艇没有设计单独的炮手出入舱口。"统一"号（HMS Unity）是第一艘水下性能超凡的英国潜艇，其电动机产生的水下推进力甚至超过水面航行状态下的柴油机。多艘U级潜艇隶属驻马耳他的第10潜艇分舰队，16艘在地中海海域的战斗中沉没。

▲ **"海蟹"号潜艇**

意大利海军，近岸布雷潜艇

尽管吨位不小，该潜艇仍然属于近岸潜艇，除了布雷能力外艇上武器装备也较完善。有照片显示同级艇"阿特洛波斯女神"（Atropo）号的火炮安装在指挥塔上，这也许是临时性的方案。"佛卡"号潜艇于1940年10月在巴勒斯坦附近海域沉没，"阿特洛波斯女神"号则与"海蟹"号一同被盟军俘获后用于运送作战物资。

技术参数

艇员：60人	
动力：2台柴油机，电动机	水面排水量：1354公吨（1333吨）
最大航速：水面15.2节，水下7.4节	水下排水量：1685公吨（1659吨）
水面最大航程：15742公里	尺度：艇长82.8米，
（8500海里）/8节	宽7.2米，吃水5.3米
武备：6部533毫米鱼雷发射管，	服役时间：1936年2月
1门100毫米炮	

技术参数

动力：2台柴油机，电动机
最大航速：水面17.4节，水下8节
水面最大航程：4750公里
　　　　　　　（2560海里）/17节
武备：8部533毫米鱼雷发射管，
　　　2门100毫米炮

艇员：57人
水面排水量：1080公吨（1063吨）
水下排水量：1338公吨（1317吨）
尺度：艇长73米，宽7.2米，吃水5米
服役时间：1937年11月

▲ "当多罗"号潜艇
意大利海军，巡逻潜艇

与其他大批意大利潜艇一样，该级潜艇在单壳体结构上附加了突出结构以改善水面、水下航行性能和稳定性，不过"马切洛"级艇的操控性还算不错。该级艇全部在蒙法尔科内的CRDA船厂建造完成。

技术参数

艇员：56人
动力：2台柴油机，电动机
最大航速：水面15节，水下8节
水面最大航程：13300公里
　　　　　　　（7169海里）/10节
武备：12部550毫米鱼雷发射管，
　　　1门105毫米炮

水面排水量：1117公吨（1100吨）
水下排水量：1496公吨（1473吨）
尺度：艇长84米，
　　　宽6.7米，吃水4米
服役时间：1938年

▲ "鹰"号潜艇
波兰海军，巡逻潜艇

1939年的波兰海军拥有一支由5艘潜艇组成的精干潜艇部队：3艘"维尔克"级布雷潜艇和2艘巡逻潜艇。"鹰"号的姊妹艇"赛普"号逃往瑞典后被扣押。与荷兰海军建造的O-19级潜艇一样，"鹰"号性能优良，该艇采用焊接工艺建造，双壳体结构，由两台"苏尔寿"（Sulzer）6QD42型六缸柴油机和"布朗-博韦里"（Brown Boveri）电动机推进。

级艇是意大利海军大型潜艇中性能最好的一种艇型。1939至1940年期间，"马切洛"级潜艇主要部署在地中海，1940年8月其中10艘奉命前往波尔多。

　　尽管被设计用于大西洋上的袭击战，但"马切洛"级潜艇却从来没有取得与德国兄弟们一样辉煌的战绩。4艘同级艇相继被击沉。1941年初，"当多罗"号返回地中海，1943年7月向皇家海军"克里奥帕特拉"号（HMS Cleopatra）巡洋舰发射了鱼雷。最终，仅有幸存到大战后的"当多罗"号于1947年拆解。另有2艘同级艇被改成了运输艇，其中"卡佩里尼将军"（Comandante Cappellini）号在新加坡加入德国海军，并更名为UIT-24号，后来又加入日本海军并更名

为伊-503号。该艇也成为唯一一艘同时在3个轴心国海军中服役过的潜艇。

波兰

　　1939年9月德军入侵波兰是点燃第二次世界大战导火索的作战行动。波兰拥有狭小的波罗的海海岸线，1939年时共拥有5艘潜艇——3艘1931年法国建造的"维尔克"（Wilk）级布雷潜艇和2艘荷兰建造于1939年服役的"鹰"（Orzel）号和"赛普"（Sep）号。1939年9月14日，5艘潜艇奉命前往英国港口，但只有"维尔克"号和"鹰"号抵达目的地。"鹰"号潜艇于1940年4月8日击沉了2艘入侵挪威的德国运兵船，但也于当年6月8日触雷沉没。

西班牙内战：1936—1939

西班牙国民军和共和军之间的这场内战冲突，为意大利和德国潜艇部队提供了宝贵的实战检验机会。

1936年7月西班牙内战爆发时，西班牙海军拥有12艘各型潜艇，其中6艘1921至1923年期间建造的B级潜艇，6艘1936年才服役的较为现代化的C级潜艇，这些潜艇全部隶属共和军，但并未参加实质性的作战行动。国民军力量很快向当时的意大利和德国求援，后者于1936年底发起了代号为"厄休拉"（Ursula）的秘密武装干预行动，将两艘当时的新型潜艇——U-33号和U-34号派往西班牙海域。12月12日，U-34号艇击沉了西班牙C-3号潜艇，随即两艘德国潜艇便被召回。4艘意大利潜艇："贝拉"级潜艇中的"彩虹"（Iride）号和"玛瑙"（Onice）号（临时更名为西班牙艇名："冈萨雷斯·洛佩斯"号和"安奎拉·塔布拉达"号）以及"阿基米德"级中的"伽利略·伽利雷"（Galileo Galilei）号和"伽利略·费拉里斯"（Galileo Ferraris）号奉命前往支援西班牙国民军作战。此外，还有两艘"阿基米德"级潜艇——"阿基米德"号和"伊万格列斯塔·托里拆利"（Evangelista Torricelli）号被售予国民军，并更名为"桑胡尔霍将军"（General Sanjurjo）号和"莫拉将军"（General Mola）号。

"伊万格列斯塔·托里拆利"号于1934年服役，1937年秘密售予西班牙国民军，但仍然保留了意大利海军的涂装。1937年该艇击伤了共和军巡洋舰"米盖尔·塞万提斯"（Miguel de Cervantes）号。"莫拉将军"号艇也于1937年5月击沉了"巴塞罗那城"（Ciudad de Barcelona）号商船，更

于1938年1月击沉了英国商船"安狄米恩"（Endymion）号。二战期间，由于西班牙保持中立，两艘潜艇因而免受战火洗礼，直到1958年才退役。

此外还有一些意大利潜艇参加了海上战斗，其中包括1928年下水的"先锋队"级潜艇"恩里科·托利"（Enrico Toli）号，该艇也是前文提到的"多米尼戈·米勒立埃"（Domenico Millelire）号的姊妹艇。由于排水量较大，这些潜艇并不适合执行近岸巡逻任务，相比之下前往意大利的海外殖民地，如东北非海域活动则更为灵活。二战期间的1940年10月15日，"恩里科·托利"（Enrico Toli）号在一场水面炮战中击沉了一艘英国皇家海军潜艇，后来据信是"特亚德"号（HMS Triad），也有资料表明可能是"彩虹"号（HMS Rainbow），实际上后者更有可能是因一起碰撞事故而沉没。1943年4月，"恩里科·托利"号退役封存，结束了其大战生涯。

参与西班牙内战行动的还有另4艘意大利"马梅利"潜艇，其中包括"乔瓦尼·普罗奇达"（Giovanni da Procida）号。这种中型潜艇虽然是基于一战时期的艇型设计，却十分能胜任战斗巡逻任务。"乔瓦尼·普罗奇达"于1940年6月奉命前往拦截法军往北非转移作战物资和兵员的海上行动，但没能取得战果。同年8月起，该艇被部署在地中海东部海域。意大利投降后，该艇被美军接管，后于1943至1944年期间连同其余8艘意大利潜艇一起用于美军反潜战训练。

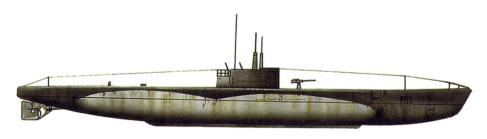

▲ "恩里科·托利"号潜艇
意大利海军，巡逻潜艇，地中海，1940年

该艇是二战中唯一击沉英国潜艇的意大利潜艇（1940年10月15日），考虑到当时已显老旧，这一战绩就更显得难能可贵。"恩里科·托利"号隶属驻塔兰托第4潜艇群的第40潜艇支队，主要在爱奥尼亚海海域巡逻，后来主要执行训练任务。

技术参数

艇员：76人	水面排水量：1473公吨（1450吨）
动力：2台柴油机，电动机	水下排水量：1934公吨（1904吨）
最大航速：水面17.5节，水下9节	尺度：艇长87.7米，
水面最大航程：7041公里	宽7.8米，吃水4.7米
（3800海里）/10节	服役时间：1928年4月
武备：6部533毫米鱼雷发射管，	
1门120毫米炮	

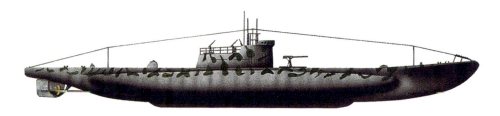

▲ "乔瓦尼·普罗奇达"号潜艇
意大利海军，巡逻潜艇

该艇隶属"马梅利"级潜艇，是基于一战时期的艇型，由卡瓦利尼设计局设计，采用圆柱形艇壳结构，最大潜深超越了以往的意大利艇型。鞍状压水舱设计也被用于"阿基米德"级和"布林"级潜艇的设计建造中，艇首和艇尾的外观也有很强的试验性质。

技术参数

艇员：49人	水面排水量：843公吨（830吨）
动力：双轴推进，柴油机，电动机	水下排水量：1026公吨（1010吨）
最大航速：水面17节，水下7节	尺度：艇长64.6米，
水面最大航程：5930公里	宽6.5米，吃水4.3米
（3200海里）/10节	服役时间：1928年4月
武备：6部533毫米鱼雷发射管，	
1门102毫米炮	

技术参数

动力：双轴推进，柴油机，电动机	艇员：55人
最大航速：水面17节，水下7节	水面排水量：843公吨（830吨）
水面最大航程：5930公里	水下排水量：1026公吨（1010吨）
（3200海里）/10节	尺度：艇长64.6米，
武备：6部533毫米鱼雷发射管，	宽6.5米，吃水4.3米
1门102毫米炮	服役时间：1934年4月

▲ "莫拉将军"号潜艇
西班牙海军（原意大利海军），巡逻潜艇

"莫拉将军"号和"桑胡尔霍将军"号潜艇较其他意大利潜艇而言寿命长得多，一直服役到二战结束后，1948年时才与其他意大利海军舰只一同封存。二战期间，这两艘原"阿基米德"级潜艇还打着中立国的标志在西班牙海域执行过巡逻任务，直到1959年9月才退役除籍。

西班牙内战期间国民军潜艇力量		
级别	艇名	备注
"阿基米德"级（意大利）	"莫拉将军"号（原"阿基米德"号）	1937年购买
	"桑胡尔霍将军"号（原"伊万格列斯塔·托里拆利"号）	1937年购买
	"莫拉将军II"号（原"伽利略·伽利雷"号）	1937至1938年雇佣参战
	"桑胡尔霍将军II"号（原"伽利略·托里拆利"号）	1937至1938年雇佣参战
"贝拉"级（意大利）	"冈萨雷斯·洛佩兹"号（原"彩虹"号）	1937至1938年雇佣参战
	"安奎拉·塔布拉达"号（原"玛瑙"号）	1937至1938年雇佣参战
VII级（德国）	U-33号	1936年"厄休拉行动"
	U-34号	1936年"厄休拉行动"

西班牙内战期间共和军潜艇力量			
级别	建造时间	艇名	备注
B级	1921至1923年	1	1939年4月凿沉
		2	幸存到大战结束
		3	1939年4月凿沉
		4	1939年4月凿沉
		5	1936年10月12日沉没
		6	1936年9月19日沉没
C级	1927至1929年	1	1936年11月9日沉没
		2	未参战
		3	1936年12月21日沉没
		4	未参战
		5	1936年12月失踪
		6	1937年11月凿沉

除了西班牙船只外，参战的意大利潜艇还击沉了一定数量的别国船只，从而引发了不小的外交纠纷。包括英国和法国在内的海军力量因此加强了海岸海域的巡逻，也多次和意大利潜艇发生遭遇。德国后来则再次派出了15艘潜艇参战，共执行了47次战斗巡逻任务。

到1939年4月1日西班牙内战结束时，共和军的潜艇部队规模已减至8艘，损失的潜艇既有战损也有自沉。后来只保留了1艘B级潜艇和3艘C级潜艇。

西班牙内战是潜艇用于海上贸易破袭战的良好演练场。同时，由于英国巡逻舰只未能很好地探测、识别和跟踪意大利潜艇的踪迹，因此在一定程度上暴露了ASDIC系统的局限性。对即将到来的大战而言，这毕竟只是一次极小规模的演习。

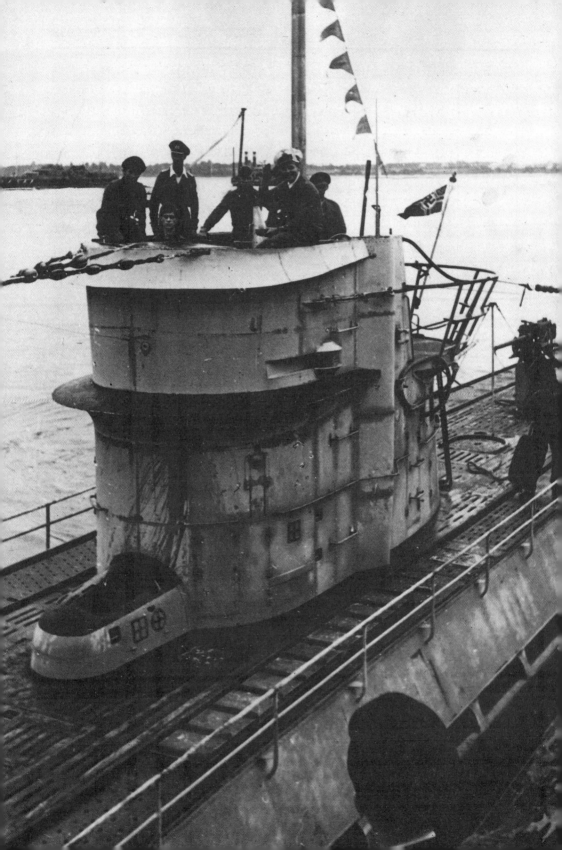

第三章

第二次世界大战：
1939—1945

从本质上来说，1939年时的潜艇与20年前的
那些前辈艇型相比并没有太大的区别。
实际上它们中间许多艇型还是沿用一战时期的设计，
尽管水下的战斗生死攸关，潜艇技术的变革却并不显著。
在德意志帝国曾经失败的那片海域，
希特勒的狼群能否重振雄风？
在德国，
潜艇的建造达到了前所未有的水平，
然而依然赶不上大战中损失的数量。
虽然盟军赢得了大西洋之战的胜利，但德国人设计建造了一
大批性能远胜于盟军的新潜艇。
随着太平洋战场上另一场潜艇战的展开，日军的进攻势头也
逐渐被遏制回最初的态势。

◀ **U-47号潜艇**

这张U-47号潜艇指挥塔的近距离特写展示了该艇的许多细节，其中
包括左舷的导航灯、硬木制成的甲板外板、浸水孔以及柴油机。

导言

到1939年9月，世界上已有26个国家的海军拥有总数达777艘之多的潜艇。而拥有超过10艘潜艇的国家包括丹麦（11艘）、法国（77艘）、德国（65艘）、英国（69艘）、意大利（107艘）、荷兰（29艘）、瑞典（24艘）、苏联（约150艘）、美国（100艘）及日本（65艘）。

其他拥有潜艇的国家包括：阿根廷（3艘）、巴西（4艘）、爱沙尼亚（2艘）、芬兰（5艘）、希腊（6艘）、拉脱维亚（2艘）、挪威（9艘）、秘鲁（5艘）、波兰（5艘）、葡萄牙（4艘）、罗马尼亚（1艘）、暹罗（即泰国，4艘）、西班牙（9艘）、土耳其（9艘）以及南斯拉夫（4艘）。其中一些国家在大战期间保持了中立，但其中大多数连同当时在建的潜艇，都将参加即将到来的海上大战。

在实力较强的海军序列中，潜艇部队作为一支独立的力量单独指挥。潜艇部队由分舰队构成，每支分舰队由舰队司令指挥，规模约在8至10艘潜艇之间。潜艇部队的作战必须得到基地设施的支持和保障，因此通常以较大的海军港口和码头为舰队基地。早在一战以前，人们就设计建造了潜艇支援舰和潜艇母船。这些潜艇支援船只起初是由商船加以改装而来，可运载潜艇作战所需的必要物资、弹药和补给品，甚至还能提供大量艇员居住休息的空间——毫无疑问，没有哪位潜艇艇员到了港口还愿意住在潜艇上。

1938年5月服役的英国皇家海军"梅德斯通"号（HMS Maidstone）就是一艘典型的专用潜艇支援舰。该舰设有作业间、备用发动机、洗衣间、医疗室以及救捞设备，此外还储存有100枚备用鱼雷，可以为9艘潜艇提供支援或者伴随一整支潜艇分舰队实施远

▲ "联合"号（HMS United）潜艇（P-44）

英国人共建造了51艘U级潜艇。该级潜艇作战性能优良，但大战中也遭到了沉重的损失。图中艇上的定向仪和雷达天线十分醒目，一艘扫雷舰和空中的防空阻塞气球也清晰可见。

▲ 基尔港

这张摄于1939年的照片上，近景是德国海军第2潜艇分舰队的U-27、U-33和U-34号（均为VIIA型）潜艇，远景左侧是2艘VII型潜艇。基尔是大战期间德国主要的潜艇建造港口和基地之一。

距离转场航行。二战期间，"梅德斯通"号奉命先后在地中海、远东和南非海域活动，英国、日本和美国都在大战期间部署了潜艇支援舰并为潜艇作战行动提供了大量支援。

1939年时的潜艇可以说在各个方面的作战性能都较1918年时的水平有了很大提升。经过20年代的一系列海上作战演习后，人们普遍认为中等吨位的巡逻–攻击型潜艇是最为高效而多用途的艇型，事实上这类潜艇也正构成了大战期间欧洲各国海军潜艇部队的中坚力量。依靠艇上装备有大型战斗部的鱼雷齐射，一次性摧毁敌列列舰并非难事；艇上的无线电装备可以确保潜艇行动中实施近距离通信；柴油机的可靠性也大为提高；对潜艇结构设计和建造工艺水平的提高，也令潜艇紧急下潜速度更快，一些新型潜艇基本都可以实现100米以上的作战潜深。

此外，一些海军强国也开始装备水下探测设备。对于潜艇而言，这种设备带来的威胁远大于益处。潜艇的水面续航力、航速的提升较一战时期并不明显，尤其是水下航行自持力依然有限。潜艇的水下操控对于官兵们而言仍是一大挑战。虽说533毫米鱼雷在大战爆发前夕已经成为各国潜艇的标准武器，但鱼雷的性能和质量在不同国家海军中仍然参差不齐。在太平洋战争爆发的最初一年里，美国海军就曾深受鱼雷问题的困扰。相比之下，意大利和日本的鱼雷性能就可靠得多。到1939年时，多数鱼雷仍然是直航式，这意味着潜艇必须事先调整好射击阵地和航行姿态后才能发射鱼雷。随着大战进程的推进，鱼雷的推进系统有了较大改进，水雷的改进也提高了其作战深度。

潜艇的部署：1939—1940

1940年的战局发展迅速。德国通过攻占挪威和法国占据了极其有利的战略态势，也打开了潜艇部队进击大西洋的通道。

开战初期德军在大西洋沿岸地区取得的一系列闪电般的胜利，很快让法国强大的海上力量拱手称臣，进而严重威胁到不列颠群岛与北美大陆之间的海上供应线。

法国

1939年9月，法国有23艘新潜艇已订购完成或正处于在建状态。1940年6月德军发动欧洲闪击战时，法国海军的潜艇基地主要分布在：瑟堡（第2、第12潜艇支队以及第16潜艇支队的一部）、布雷斯特（第6、第8、第13、第16和第18潜艇支队以及"速科大"号）和土伦（第1、第15、第17、第19和第21潜艇支队），每个潜艇支队的规模约在2至6艘之间；在北非，阿尔及利亚奥兰驻有第14和第18潜艇支队；比塞大驻有第1潜艇支队的一部和第3、第4、第7、第9和第20潜艇支队；第11潜艇支队位于突尼斯苏塞港；第3潜艇支队的一部和第10支队位于贝鲁特。此外还包括驻塞内加尔达喀尔的第1潜艇支队的2艘潜艇。

1942年11月德军夺取法国主要的潜艇基地土伦后，12艘潜艇正在那里大修。其中11艘潜艇被凿沉后，只有"卡萨布兰卡"（Casablanca）号成功逃脱并加入了位于北非的自由法国军团，大战期间还执行过7次秘密任务，其中包括1944年向科西嘉岛和法国南部海岸地区秘密输送特工、武器和补给等。"卡萨布兰卡"号是"可畏"级潜艇中第三批次中的一艘，也是该批次潜艇中唯一幸存到战后的一艘，1935年2月在南特港下水。"卡萨布兰卡"号柴油机推进功率达8600马力（6413千瓦），水面航速达20节。1944年，该艇前往美国大修，1952年在一次空潜对抗演习中受损后报废。

德国

到1939年夏，德国海军共拥有57艘潜艇，其中46艘具备出海作战能力，主要是隶属于7个潜艇分舰队的II型近岸潜艇。德国海军制订了庞大的潜艇建造计划，试图短时间内迅速提高潜艇服役数量。但直到1942年

▲ **"卡萨布兰卡"号潜艇**
法国海军，巡逻潜艇，地中海，1942年

"卡萨布兰卡"号潜艇起初隶属于驻布雷斯特的第2潜艇支队，1940年在挪威近海执行过2次战斗巡逻任务，后被部署在塞内加尔达喀尔直到1941年10月。从土伦逃离后，"卡萨布兰卡"号于1942年11月30日抵达阿尔及尔，在奥兰与皇家海军第8潜艇分舰队的潜艇一同作战，并击沉过1艘轴心国的巡逻船只。

技术参数

动力：双轴推进，	艇员：61人
2台柴油机，2台电动机	最大航速：水面17至20节，水下10节
水面最大航程：18530公里	水面排水量：1595公吨（1570吨）
（10000海里）/10节	水下排水量：2117公吨（2084吨）
武器：9部550毫米鱼雷发射管，	尺度：艇长92.3米，
2部400毫米鱼雷发射管，	宽8.2米，吃水4.7米
1门100毫米炮	服役时间：1935年2月

隶属第5潜艇分舰队的的德国潜艇（7艘）					
艇名	艇型	服役时间	所属分舰队[1]	服役战绩	结局
U-56	IIC	1938年11月26日	1938年11月26日至1939年12月31日（训练与作战）	12次战斗巡逻。击沉船只3艘，总吨位8860吨；击沉1艘辅助作战舰只，总吨位16923吨；击伤1艘船只，总吨位3829吨	转至第1潜艇分舰队
U-57	IIC	1938年11月29日	1938年12月29日至1939年12月31日（训练与作战）	11次战斗巡逻。击沉船只11艘，总吨位48053吨；击沉1艘辅助作战舰只，总吨位8240吨；重创1艘船只，总吨位10191吨；击伤2艘船只，总吨位10403吨	转至第1潜艇分舰队
U-58	IIC	1939年2月4日	1939年2月4日至12月31日（训练与作战）	12次战斗巡逻。击沉6艘船只，总吨位16148吨；击沉1艘辅助作战舰只，总吨位8401吨	转至第1潜艇分舰队
U-59	IIC	1939年3月4日	1939年3月4日至12月31日（训练与作战）	13次战斗巡逻。击沉船只16艘，总吨位29514吨；击沉2艘辅助作战舰只，总吨位864吨；重创1艘船只，总吨位4943吨；击伤1艘船只，总吨位8009吨	转至第1潜艇分舰队
U-60	IIC	1939年7月22日	1939年7月22日至12月31日（训练）	9次战斗巡逻。击沉3艘船只，总吨位7561吨；击伤1艘船只，总吨位15434吨	转至第1潜艇分舰队
U-61	IIC	1939年8月12日	1939年8月12日至12月31日（训练）	10次战斗巡逻。击沉5艘船只，总吨位19668吨；击伤1艘船只，总吨位4434吨	转至第1潜艇分舰队
U-62	IIC	1939年12月21日	1939年12月21日至12月31日（训练）	5次战斗巡逻。击沉1艘船只，总吨位4581吨；击伤1艘作战舰只，总吨位1372吨	转至第1潜艇分舰队

8月至1943年8月期间，也仅有100艘潜艇同时在海上作战。

与1914年时的情况相似，德国U艇从一开始就明确而坚定地展现出自己的存在。二战爆发之初，VII型潜艇首批艇之一的U-30号在未经警告的情况下就击沉了"雅典娜"（Athenia）号邮轮。

第5潜艇分舰队徽标

德军U艇的徽标不同于其他军事用途的标志，反倒是体现出不少艇长个人风格的幽默特征，而且大多数采用水下事物为主题。图中为第5潜艇分舰队的徽标就采用了海马的造型。

▲ **U-139号潜艇**

德国海军，IID型近岸潜艇

IID型艇与其他II型艇采用了基本相似的单壳体结构、整体水密舱室、动力系统以及武器装备。但IID型艇的吨位稍大、U-139号艇于1940年7月24日服役，作为训练艇在第1、第21和第22潜艇分舰队服役。1945年5月2日在威廉港凿沉。

技术参数

艇员：25人

动力：柴油机，电动机

最大航速：水面12.7节，水下7.4节

水面最大航程：6389公里（3450海里）

武备：6枚鱼雷（艇首3枚），1门20毫米炮

水面排水量：319公吨（314吨）

水下排水量：370公吨（364吨）

尺度：艇长44米，宽4.9米，吃水3.9米

服役时间：1940年6月15日

---

[1] 此处应为"在编时间"。

第7潜艇分舰队的徽标

"喘气的公牛"最初是以艇长冈瑟·普里恩（Gunther Prien）的昵称"公牛"而命名和灵感来源的U-47号潜艇徽标，由同为U艇王牌艇长的恩格尔伯特·恩德拉斯（Engelbert Endrass）设计，后来成为第7潜艇分舰队的徽标。

▲ **U艇王牌**

尽管普里恩在大战初期就成功突袭了斯卡帕湾，但当时他的军衔并不高，这一切却并不影响他成为德国海军潜艇部队中最为知名的王牌艇长。

　　另一艘VIIA型潜艇——U-29号则于1939年9月17日在爱尔兰附近海域击沉了英国皇家海军"勇敢"号（HMS Courageous）航空母舰。U-47号潜艇（VIIB型）更是在1939年10月14日大胆地渗透到了斯卡帕湾的英军锚地，一举击沉了皇家海军"皇家橡树"号（HMS Royal Oak）战列舰。从1940年年中起，除了基尔作为德国海军潜艇部队的首要基地外，德军U艇主要在德国本土以外的作战基地活动。到了1940年底，德军潜艇的主要基地已经移到了法国的洛里昂、圣纳赛尔、布雷斯特、拉帕里斯以及挪威的卑尔根、特隆赫姆以及克里斯蒂安松等地。

　　1940年6月开始相继建成的16艘IID型潜艇是II型潜艇系列中最先进的艇型。该型艇采用了改进设计的鞍状压水舱，航程几乎是IIA型艇的1倍，完全可以绕不列颠群岛轻松展开战斗巡逻。与其他II型潜艇一样，IID型艇的鱼雷攻击力同样有限，只能携带6枚

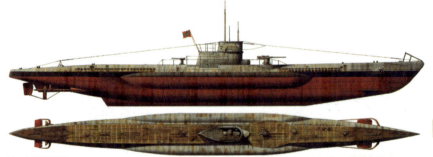

▲ **U-47号潜艇**

德国海军，VIIB型攻击型潜艇，斯卡帕湾，1939年

VIIB型潜艇在外部燃油舱内储有33.5公吨（33吨）的额外燃油和2枚备用鱼雷（共可携带14枚），因此航程要远胜于VIIA型艇。U-47号潜艇总共击沉了30艘盟军商船，总吨位共计162769吨。此外还包括英国皇家海军"皇家橡树"号战列舰（排水量29150吨）。1941年3月7日，U-47号潜艇在北大西洋海域沉没。

技术参数

艇员：44人	水面排水量：765公吨（753吨）
动力：柴油机，电动机	水下排水量：871公吨（857吨）
最大航速：水面17.2节，水下8节	尺度：艇长66.5米，
水面最大航程：12040公里	宽6.2米，吃水4.7米
（6500海里）	服役时间：1938年12月7日
武器：14枚鱼雷（艇首4枚，艇尾1枚）	
1门88毫米炮，1门20毫米炮	

鱼雷。随着德国海军潜艇部队规模的逐步扩大，所有II型艇也逐步转作训练用途，而德国海军急需的艇型乃是排水量更大的VII型潜艇。从1937年开始，VII型艇就已开始着手改进，如VIIB型艇采用了双舵布置，操控性大为改良，同时在耐压壳体内部设计了艇尾鱼雷发射管，而且实现了水下重新装填。

1940年6月法国陷落后，德军得以在法国境内大西洋沿岸建立自己的U艇基地，从而避免频繁地通过重兵布防的英吉利海峡和北海海域。在法国的洛里昂、圣纳赛尔、布雷斯特和拉帕里斯，德军构筑了大量的混凝土洞库以供3支潜艇分舰队的众多潜艇出入和隐蔽。

不久，德军U艇的快乐时光——1940年

▲ 被俘的德国潜艇

U-505号潜艇是两艘在公海海域被盟军俘获的德国潜艇之一。这场惊心动魄的俘获战就发生在盟军展开D日欧洲登陆大行动两天前的西非海域，U-505号后被拖往百慕大。

U-505号潜艇的作战日程

巡逻时间	作战海域	击沉船只数
1942年1月19日至1942年2月3日	从基尔出发沿不列颠群岛至洛里昂	0
1942年2月11日至1942年5月7日	弗里敦附近的大西洋中部海域	4
1942年6月7日至1942年8月25日	大西洋中部/加勒比海域	3
1942年10月2日至1942年12月21日	大西洋中部/加勒比海域	1
1943年7月1日至1943年7月13日	（机械故障导致出发后返航）	0
1943年8月1日至1943年8月2日	（未明原因导致出发后返航）	0
1943年8月14日至1943年8月15日	（未明原因导致出发后返航）	0
1943年8月21日至1943年8月22日	（未明原因导致出发后返航）	0
1943年9月18日至1943年9月30日	（机械故障导致出发后返航）	0
1943年10月9日至1943年11月7日	（艇长自杀导致出发后返航）	0
1943年12月25日至1944年1月2日	（比斯开湾海域救援德军舰艇幸存者）	0
1944年3月16日至1944年6月4日	弗里敦附近的大西洋中部海域	0

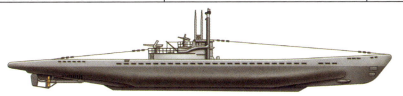

技术参数

动力：柴油机，电动机
最大航速：水面18.3节，水下7.3节
水面最大航程：20370公里
　　　　　　　（11000海里）
武器：22枚鱼雷（艇首4枚，艇尾2枚）
　　　1门105毫米炮，1门37毫米炮，
　　　1门20毫米炮

艇员：48至50人
水面排水量：1138公吨（1120吨）
水下排水量：1232公吨（1223吨）
尺度：艇长76.8米，
　　　宽6.8米，吃水4.7米
服役时间：1941年8月26日

▲ **U-505号潜艇**
德国海军，IXC型攻击型潜艇，
比斯开湾，1943年12月

IXC型潜艇配备有2部指挥塔潜望镜和水下通气管设备。艇上可携带18枚G7a、G7e和G7s型鱼雷（最后者为用于攻击护航舰艇的声自导鱼雷），但为了减小水下航行阻力而未安装甲板炮，防空炮则安装在上层和下层指挥塔平台上。

6月至1941年2月到来了。在没有受到太大阻力的情况下，德军艇群一路杀过大西洋，从6至10月间共击沉了270艘盟军船只。而其中IX型潜艇居功至伟，这种潜艇排水量更大，航程更远，1938年8月起相继建成。

1941年8月服役的U-505号潜艇是54艘IXC型潜艇之一，该型潜艇燃油舱容积更大，因而航程可达12660英里（20370公里）。艇上采用两台9缸增压柴油机作为推进动力，水面航速达18.3节。在1944年6月4日被盟军俘获时，U-505号已经击沉了8艘盟军船只。当时一支美国海军反潜护航编队正在空中侦察的支援下，使用HF/DF（高频定向）设备搜索德国潜艇。美军俘获U-505号后，获取了艇上的机密通信密码本并将其送往英军位于英国布莱齐利公园的情报站破译，因而获益良多。

IX型潜艇（包括各子型号）总共建造了191艘之多，其中IXC和IXC40型就占到了141艘。IXC40型与IXC型设计十分相似，只是吨位较大，航程也提高了740公里（460英里）。

英国

1939年9月时，英国皇家海军共拥有6支具备部署能力的潜艇支队[1]。第1分舰队的9艘潜艇位于马耳他；第2分舰队拥有10艘潜艇，驻扎在顿提；编有16艘潜艇的第4分舰队以远东的中国香港为基地；第5分舰队的11艘潜艇驻在朴次茅斯港；第6分舰队的6艘潜艇部署在布莱斯；仅有2艘艇的第7分舰队驻扎在塞拉利昂弗里敦。从部署情况上来看，部署在北海海域的英国潜艇共有16艘，而不列颠群岛西侧却一艘也没有，因此英国人很快就对上述部署进行了调整。

英国皇家海军T级潜艇主要用于取代O级、P级和R级潜艇，也是严格按照伦敦海军协定建造的一型潜艇。T级艇壳设计用于在各个不同的战区部署，事实证明也确实如此。有鉴于T级潜艇的吨位并不算大，却能配备10部艇首鱼雷发射管（艇内6部，艇外4部），共可携带17枚鱼雷，这确实令人印象深刻。如果采用齐射的方式的话，摧毁敌大型主力水面舰只的几率很大。T级潜艇的后期型还加装了艉部的鱼雷发射管以向后发射鱼雷，不过当时攻击敌主力舰的任务已经不那么重要了，其首要任务是海上贸易破袭和寻歼敌小型护航舰艇。

1937年10月至1942年3月期间，T级潜艇共建造完成了53艘之多。建造工作共分3个批次：1935至1938年的第一批建造了15艘，1939年建造了7艘，1940至1942年建造了31艘。"蓟"号（HMS Thistle）是首批T级潜艇中的一艘，1937年10月下水，该艇采用铆接工艺建造，设计有6个水密隔舱。与其他英国艇型一样，其100毫米火炮安装在架高平台上。

T级潜艇主要部署在地中海海域。在那里，T级艇的排水量却成了一大劣势，体积较大的T级潜艇很容易被轴心国的空中侦察力量发现和攻击。大战期间T级潜艇共损失了16艘，反过来也击沉了13艘轴心国潜艇。第三批次的31艘T级潜艇全部采用焊接工艺建造艇体，服役期间经过多次改装改进，不少潜艇一直服役至战后。此外还有4艘T级艇售予荷兰海军，3艘售予爱尔兰，后者之一的"图腾"号（HMS Totem）在转运途中沉没。最后一艘T级潜艇经过了多次改装，甚至艇体还进行了加长，最终于1977至1978年期间退役。

---

[1] 此处应为"潜艇分舰队"。

挪威战役

1940年4月10日，"蓟"号潜艇在挪威海域试图阻击德军登陆行动时被德国海军U–4号潜艇击沉，这也是大战初期少有的几次英德双方潜艇发生的遭遇战之一。德军当时尽可能地调遣了当时所有可用的潜艇（包括训练艇）来支援德军的登陆行动，英国方面也出动了至少20艘潜艇。4月8日，波兰海军"鹰"号潜艇击沉了一艘德国运兵船。4月14日，英国皇家海军"小体鲟"号（HMS Sterlet）潜艇也击沉了一艘德国海军训练舰"布吕默"（Brummer）号。尽管如此，英军在这场挪威战役中总体而言战绩可怜，而英国潜艇也逐渐被德军的反潜飞机和反潜拖捞船组成的反击力量逐出了挪威海岸海域。

荷兰潜艇的贡献

1939年，荷兰皇家海军O–19号和O–20号潜艇服役，O级潜艇主要部署在荷兰本土海域，K级潜艇则部署在荷兰西部海域和东印度群岛海域。1940年6月德军攻占荷兰后，12艘O级潜艇和5艘K级潜艇加入了位于朴次茅斯和新加坡的英国皇家海军舰队。荷兰海军的潜艇部队可谓大战沦陷国家中规模最大者，类似拥有潜艇的还有希腊、挪威、自由法国和波兰等国。

O–19号和O–20号潜艇还有一个独特的特征，那就是它们是首批安装了水下通气管的潜艇。这种装备可以使潜艇在潜航状态下使用柴油机推进。部署在新加坡的O–20号艇后来于1941年12月在南中国海海域沉没，O–19号艇则于1945年7月在太平洋海域一暗礁处搁浅，后被迫自沉。

意大利

意大利海军潜艇的部署方针主要有二：为其海岸线和岛屿提供防御；维系本土与海外殖民地（北非和东非等地）之间的海上交通线。由于意大利早已制订了相当规模的潜艇建造计划，再加上现役规模庞大的潜艇部队，意大利海军有足够的潜艇完成上述使命。据统计意大利海军共有约30艘潜艇具备足够的排水量和续航力以完成远洋作战任务，而从1940年6月起有28艘潜艇被部署在了大西洋海域，这些潜艇以波尔多为母港，巡逻区域覆盖里斯本以南海域。此外还有8艘潜艇部署在位于埃塞俄比亚马萨瓦港的红海分舰队。其余潜艇则分布在地中海沿岸，包括拉斯佩齐亚、那不勒斯、墨西拿、塔兰托、阜姆、托布鲁克和勒罗斯各基地。

1939年9月至10月期间，4艘"阿米拉

技术参数

艇员：59人	水面排水量：1107公吨（1090吨）
动力：双轴推进，柴油机，电动机	水下排水量：1600公吨（1575吨）
最大航速：水面15.25节，水下9节	尺度：艇长80.8米，
水面最大航程：7041公里	宽8米，吃水4.5米
（3800海里）/10节	服役时间：1938年10月
武备：10部533毫米鱼雷发射管	
1门100毫米炮	

▲　"蓟"号潜艇

英国皇家海军，T级巡逻潜艇，北海，1940年

"蓟"号潜艇于1939年7月4日服役，在斯塔万格附近海域巡逻时向德国海军IIA型潜艇U- 4号发射了鱼雷，但未命中，结果却被对方击沉。T级潜艇先后进行过多次改装改进，其中包括加装267型和291型雷达用于对海和对空搜索，此外还包括在艇内安装了129型ASDIC系统。

格里奥·卡格尼"（Ammiraglio Cagni）级潜艇相继开工，该级潜艇配备有14部450毫米口径鱼雷发射管，储备鱼雷36枚，是当时各主要艇型的1倍，对付商船绰绰有余，其主要任务是攻击敌护航船队和海上贸易破袭。该级潜艇指挥塔原本较高，主要是为了适应印度洋的作战环境，后来为了适应大西洋海域的作战环境进行了改造，为了仿造德国潜艇的指挥塔设计而降低了高度。

"阿米拉格里奥·卡格尼"级潜艇是当时意大利海军吨位最大的攻击型潜艇，只是战绩并不突出。驻波尔多的"卡格尼"号艇于1942年击沉了1艘油船和1艘希腊护航船只，资料表明该艇在两次远洋战斗巡逻任务中共击沉了超过10000吨的盟军船只。该艇和其他几艘大型潜艇一样，于1943年被改装成了运输潜艇，1943年9月在德班向盟军投降。另有2艘"阿米拉格里奥·卡格尼"级潜艇被英军潜艇击沉，1艘自沉。"卡格尼"号艇是唯一幸存至战后的同级艇，1948年退役报废。

▶ **1939年9月至1940年5月**

1939年，德国海军元帅邓尼茨还仅仅拥有56艘潜艇，其中只有22艘是远洋艇型。大战初期的德军U艇艇长们所获颇丰，那些单独返航前往不列颠群岛的商船很容易就成为了他们的猎物。即便护航船队体制建立起来之后，由于护航力量缺乏，盟军在跨大西洋航线上的护航范围往往只能覆盖到整段航线的15%。而德国潜艇初期的战绩也并不值得夸耀，直到法国陷落以后才有了较大改观。

日本

日本一直致力于打造一支规模庞大的用于执行侦察巡逻和舰队支援的远洋潜艇部队。1939年，日本开始建造20艘B-1级（或称伊-15级）潜艇，该级潜艇采用流线型外观设计，在指挥塔围壳前端设计有一个圆形水上飞机机库，可容纳一架横须贺（Yokosuka）E14Y"格伦"式水上飞机。艇上配备有2台柴油机，推进功率12400马力（9200千瓦），水面航速达23.5节，作战航程达26000公里（16155英里）。该级潜艇性能优越，十分适合执行跨太平洋的远洋任务。伊-17号和伊-25号艇就曾长途奔袭至美国加州圣塔芭芭拉和俄勒冈史蒂文斯堡附近执行过轰炸任务。1942年8月，伊-25号潜艇上的水上飞机还在俄勒冈州上空投掷了两枚炸弹，并引发了森林大火。

1939年9月至1941年12月

- ⋯⋯ 从4月起美国商船的活动局限范围
- ── 空中护航掩护的范围
- ── 水面护航掩护的局限范围
- ── 主要护航船队航线
- ● 德军U艇击沉同盟国商船的地点
- ⚓ U艇被击沉地点
- ▨ 同盟国控制地区
- ▨ 轴心国控制地区
- ▨ 法国维希政府控制地区
- ▨ 中立地区

随着太平洋战争进程的逐步推进，日本海军潜艇部队已显颓势，不少伊-15级艇的机库被予以拆除，并加装了一门140毫米口径火炮用于水面袭击。伊-36号和伊-37号艇经过改装后还可携带"回天"人操鱼雷。伊-15级艇中只有1艘得以幸存至战后，伊-15号自身于1942年12月14日被击沉。尽管吨位和火力都相当可观，伊-15号却未能击沉任何盟军舰船。

苏联

1939年时的苏联海军拥有的潜艇数量明显超过了任何国家的，只是其中多数是排水量较小的M级，仅适合执行苏联海军向来重视的近海巡逻和港口防御任务。大战爆发后，苏联海军不得不重新部署自己在波罗的海、黑海、北方以及太平洋舰队的潜艇力量。实际上，在上述不同的海域，水文环境有很大的差异，如海水温度、盐分、洋流和深度等等都有很大不同，然而苏联海军高层似乎只是简单地在不同港口基地分配这些潜艇，而并不太在意这些影响潜艇作战的因素。

20世纪20年代末的苏联海军造舰计划鲜明地体现出了对潜艇建造的热衷。1927年起，6艘I型"十二月党人"级潜艇开建，6艘"列宁主义者"级布雷潜艇也于1931至1932年期间陆续开工，1935至1936年期间又再建6艘。1937至1938年期间和1939至1940年期间又各建了7艘和5艘。第一批潜艇主

▲ **伊-15号潜艇**
日本帝国海军，B-1级巡逻潜艇，太平洋，1942年
1942年8月"瓜达卡纳尔战役"期间，日本海军在参战主力舰队的前方部署了以大型潜艇为主的搜索编队，并且由高级指挥官亲自坐镇指挥艇指挥。这种协同作战模式进行得并不顺利，只有伊-15号（或伊-19号）潜艇发射鱼雷击伤了美国海军的"北卡罗来纳"号（USS North Carolina）战列舰，伊-15号还向"华盛顿"号（USS Washinton）发射了鱼雷，但未命中。

技术参数

动力：双轴推进，柴油机，电动机	艇员：100人
最大航速：水面23.5节，水下8节	水面排水量：2625公吨（2584吨）
水面最大航程：45186公里	水下排水量：3713公吨（3654吨）
（24400海里）/10节	尺度：艇长102.5米，
武备：6部533毫米鱼雷发射管，	宽9.3米，吃水5.1米
1门140毫米火炮	服役时间：1939年3月
2门25毫米防空炮	

技术参数

艇员：85人	水面排水量：1528公吨（1504吨）
动力：2台柴油机，2台电动机	水下排水量：1707公吨（1680吨）
最大航速：水面17节，水下9节	尺度：艇长87.9米，
水面最大航程：22236公里	宽7.76米，吃水5.72米
（12000海里）/11节	服役时间：1940年7月
武备：14部450毫米鱼雷发射管，	
2门100毫米炮	

▲ **"阿米拉格里奥·卡格尼"号潜艇**
意大利海军，远洋巡逻潜艇，南大西洋，1943年
该艇根据库里奥·伯纳迪斯的基本设计在蒙法尔科内建造完成，曾经执行过二战期间航程最远的巡逻任务——为期135天的深入南大西洋的远洋巡逻任务。在德班向盟军投降后，该艇于1944年1月返回意大利，被位于帕勒莫的盟军用于训练。

要部署在了黑海舰队和波罗的海舰队，第二批则全部隶属太平洋舰队，其余则在波罗的海、黑海和北方舰队之间分配。有历史学家认为苏联这一时期建造的"十二月党人"级和"列宁主义者"级潜艇在很大程度上是对1919年在波罗的海沉没的英国皇家海军L-55号潜艇的仿制。当年苏俄方面打捞起这艘潜艇并继续使用了两年用于对比试验。该艇采用的是典型的英式鞍状压水舱设计，而"十二月党人"级则采用了双壳体结构设计。在当时，"十二月党人"级和"列宁主义者"级潜艇可谓苏联成立以后的第一批大型潜艇，首批潜艇即便采用了德国柴油机，推进功率依然较差，仅为2200马力（1600千瓦）。从第二批艇开始换装了发动机，推进功率提高到了4200马力（3100千瓦）。第3和第4批潜艇加装了2部艇尾鱼雷发射管，而且可在艇尾发射管内携带20枚水雷，其设计类似于20世纪初的"海蟹"级潜艇。二战期间，"列宁主义者"级潜艇共损失了4艘，其余潜艇于1956至1963年间相继退役。

"威廉·古斯塔夫"号和"戈雅"号

大战后期，随着苏联红军朝波罗的海沿岸地区不断推进，德军被迫紧急征用运

1939至1945年期间的英国潜艇艇型			
级别	数量	下水时间	备注
S级	50	1939至1945年	战前艇型，部署在北海/近海
T级	38	1940至1945年	远洋潜艇，战前艇型
U级	46	1939年起	部署在北海、地中海
P-611级	4	1940年	土耳其订购，后转至英国皇家海军
V级	22	1941至1944年	U级改进型
X级	20	1942年	袖珍潜艇
XE级	12		袖珍潜艇
"阿姆庇昂"（Amphion）级	16	1943至1945年	1945年5月里仅建2艘

输船将滞留在德占港口地区的难民和伤兵撤离回国。在此期间悲剧发生了：1945年1月30日，德国邮轮"威廉·古斯塔夫"（Wilhelm Gustloff）号被苏联海军一艘"梭子鱼"级潜艇S-13号击沉，遇难者据信超过9000人！另一艘满载人员的船只——排水量5314公吨（5230吨）的德国客轮"戈雅"（Goya）号，也于同年4月16日在波罗的海海域被L-3号潜艇发射鱼雷击沉。当时船上约有6100至7000人，最终只有183人幸存。这两个战例是历史上潜艇造成人员伤亡最大的两次。

▲ L-3号潜艇

苏联海军，巡逻潜艇/布雷潜艇，波罗的海，1944至1945年

波罗的海潜艇战几乎被德国和芬兰布设的大面积（几乎长达数英里）雷场和反潜网所统治。直到1944年底，这里的水面战场也几乎被德军舰艇掌控。L-3号潜艇的指挥塔后来被作为战争博物馆的展品公开展出。

技术参数

动力：双轴推进，柴油机，电动机
最大航速：水面15节，水下9节
水面最大航程：11112公里（6000海里）/9节
武器：6部533毫米鱼雷发射管，1门100毫米炮

艇员：50人
水面排水量：1219公吨（1200吨）
水下排水量：1574公吨（1550吨）
尺度：艇长81米，宽7.5米，吃水4.8米
服役时间：1931年7月

大西洋之战：1940—1943

一场轴心国潜艇与盟国护航船队之间惊心动魄的大战爆发了。一旦德国U艇成功切断了通往大不列颠的同盟国海上航运线，那么大战的胜者将是他们。

从1939年底开始，德国启动了大规模的潜艇建造计划，其中主要包括VII型和IX型潜艇。不过在大战的最初两年里，尽管战绩高昂，德国海军却依然缺乏远洋型潜艇，而且同时保持海上作战巡逻的只有3至5艘。直到1940年年中，新艇的服役数量才开始超过作战损失。

很快地，英国人开始采用护航船队体制，但此时的护航规模还很小。为了规避ASDIC系统的探测，德军艇长们往往采取夜间水面攻击同时结合无线电通信的战术，特别是"狼群"战术的运用取得了极大的成功，同时在海上展开战斗巡逻的潜艇数量也逐渐增至10到12艘。英军开始意识到对于ASDIC系统的过度自信和依赖并不可靠，于是从1941年春开始采用了新的反潜手段。而此时德军U艇每个月都有13艘新艇下水服役。

1941年8月27日，德国海军U-570号潜艇（VIIC型）在其首次战斗巡逻途中在爱尔兰以南海域被英军俘获，后更名为"格拉夫"号（HMS Graph）在皇家海军中服役，英国人也得以第一次认真地审视自己与德国人之间的差距。1941年12月11日美国对德宣战后，德军U艇很快进入"泛美安全区"水域，在1942年上半年的西大西洋里制造了第二次"欢乐时光"。1942年2月，德军U艇在加拿大东海岸和美国沿岸十分活跃。IXC型潜艇的触角甚至伸到了特列尼达。航程较短的VII型艇通过10艘分布在大西洋上的XIV型加油潜艇（可载燃油439公吨）补充燃料后，也能在美国近海作战。一艘XIV型潜艇可以保障12艘VII型潜艇或5艘IX型潜艇持续4或5周的战斗巡逻任务。其间XB型布雷潜艇也承担过补给任务。

1942年1至7月间，共计681艘同盟国船只被德军U艇击沉，总吨位共计约350万吨，而德国人只损失了11艘潜艇。然而在美国沿岸开始采取护航措施以及反潜力度越来越强，还是在1942年年中开始发挥强

▲ **遭受攻击**

一艘IXB型德国潜艇（可能是U- 106号）正遭到两架桑德兰水上飞机其中一架的攻击，该艇后在比斯开湾海域沉没。

大的效力。1942年8月，总数共计140艘服役中的德国潜艇中，50艘正处于战斗巡逻途中，20艘随时待命。尽管德军U艇的数量仍在不断增加，损失也开始攀升。到1943年年中，德国潜艇的损失数量终于开始超过服役数量。

直到1942年时，深弹依然是唯一的反潜武器。深弹的基本结构只是一个装满炸药的圆桶，依靠简易装置设定水下起爆深度。从一战时起，深弹也在逐步改进，1940年底出现的Mk IV型深弹便是一例，这种重型深弹可以在6米的深度彻底破坏潜艇的耐压壳

体，在12米的深度将潜艇击伤并迫使其上浮。不久后又出现了一批新型深弹和反潜武器，其中之一的"刺猬"（Hedgehog）反潜发射器可以在护航舰只前方发射一串深弹，只是由于必须触发起爆，因此一开始效果并不理想。到了1944年，"乌贼"（Squid）三管反潜炮击炮出现了，结合ASDIC系统使用可以设定在特定深度起爆，用于打击德军U艇十分有效，在大战后期对后者而言几乎是致命的。

1939年8月至1941年4月这段岁月成就了德国海军VIIB型潜艇U–48号的二战期间

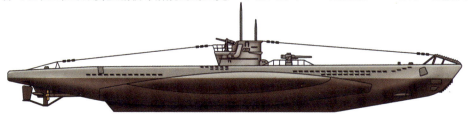

▲ **U–48号潜艇**

德国海军，VIIB型攻击型潜艇，大西洋，1941年

U–48潜艇于1939年4月22日在第7潜艇分舰队服役。1941年6月至1945年期间，该艇又转为隶属于第26潜艇训练分舰队（主要开展实战鱼雷攻击训练）和第27潜艇分舰队。1943年10月起，该艇转而作为教练艇使用。

技术参数

艇员：44人
动力：柴油机，电动机
最大航速：水面17.2节，水下8节
水面最大航程：12040公里（6500海里）
武备：14枚鱼雷（艇首4部，艇尾1部），
　　　1门88毫米炮，1门20毫米炮

水面排水量：765公吨（753吨）
水下排水量：871公吨（857吨）
尺度：艇长66.5米，
　　　宽6.2米，吃水4.7米
服役时间：1940年12月3日

U–48号潜艇的服役历程		
巡逻时间	作战区域	击沉船只（艘）
1939年8月19日至1939年9月17日	比斯开湾以西	3
1939年10月4日至1939年10月25日	芬斯特以西	5
1939年11月20日至1939年12月20日	奥克尼/英吉利海峡通道	4
1940年1月24日至1940年2月26日	英吉利海峡通道	4
1940年4月3日至1940年4月20日	挪威	0
1940年5月26日至1940年6月29日	芬斯特西北	7
1940年8月7日至1940年8月28日	罗科尔西南	5
1940年9月8日至1940年9月25日	不列颠群岛以西	8
1940年10月5日至1940年10月27日	罗科尔西北	7
1941年1月20日至1941年2月27日	冰岛以南	2
1941年3月17日至1941年4月8日	冰岛以南	5
1941年5月22日至1941年6月21日	圣纳赛尔以西（支援"俾斯麦"号）/亚述尔群岛以北/大西洋中部	0
1941年6月至1945年	（作为训练艇隶属第21和26潜艇分舰队）	
1943年10月	（退役）	
1945年5月3日	（在诺伊施塔特凿沉）	

单艇最高战绩。在1939年9月至1941年6月之间展开的12次战斗巡逻任务中，U-48号总共击沉了51艘同盟国船只，总吨位共计306875吨，其中还包括一艘英国皇家海军护航舰只。从1941年6月起，该艇隶属第26潜艇分舰队作为训练艇使用，1943年10月退役，1945年5月3日凿沉。相比之下，其他24艘VIIB型潜艇则短寿得多，其中1940年5月30日服役的U-100号潜艇也是一艘战绩很高的潜艇，该艇在6次战斗巡逻任务里总共击沉了25艘同盟国船只，击伤1艘，总吨位共计135614吨。1941年3月17日，U-100号在被英国皇家海军"范诺克"号（HMS Vanoc）驱逐舰撞击后沉没。当时U-100号在一片大雾中上浮到海面，但仍然被"范诺克"号上的286型雷达发现，因此U-100号潜艇也是该型雷达的首个牺牲品。就在当天，"范诺克"号驱逐舰和"漫步者"号（HMS Walker）使用深弹再次击伤了德国海军VIIB型艇U-99号，并迫使其浮出海面后被凿沉。就在前一天，U-99号潜艇还击沉了6艘同盟国船只，使它的总战绩达到了38艘，吨位共计244658吨。

"绝不营救"——拉科尼亚事件

　　1942年9月12日，德国海军U-156号潜艇在南大西洋海域击沉了英国邮轮"拉科尼亚"（Laconia）号，当时该船搭载有1800名意大利战俘。3艘德国潜艇和意大利海军"卡佩里尼"号潜艇先后赶到现场营救落水者，结果3艘潜艇和海面上的救生艇突然遭到1架美军"解放者"轰炸机的轰炸扫射。有鉴于这次事件，邓尼茨下令各艇今后击沉敌船后，除非必要的审讯需要，对落水者"绝不营救"。邓尼茨说："记住，敌人轰炸德国的城市和乡村时，根本

没有关心过那里的妇女和孩子。"U-156号潜艇隶属于著名的"北极熊"（Eisbär）艇群，该艇群包括4艘艇，基地位于洛里昂，主要在南大西洋海域活动。1942年10至11月期间仅在南大西洋海岸海域就击沉了24艘盟国船只。

　　到1942年底，共有两支德军U艇艇群——"猎鹰"（Falke）和"苍鹰"（Habicht）艇群在爱尔兰以西海域活动，潜艇总数共计29艘。但此时盟军的Ultra情报网络和高频定向仪很好地确定了德军U艇群的方位和攻击护航船队的路线。结果受恶劣天气影响，两支德国U艇群没能取得预想的成功。1943年1月3至5日，由9艘油船组成的从加勒比海出发前往北非的TM-1护航船队在西大西洋海域遭到德军"海豚"艇群的10艘和另4艘潜艇组成的"狼群"拦截，结果最终只有2艘油船抵达直布罗陀。

　　U-106号潜艇是一艘典型的IXB型潜艇。该艇于1939年11月26日在不莱梅造船厂开工，1940年6月17日下水，9月24日正式服役。建造速度如此之快也就意味着当时的德国潜艇改进措施并不多。U-106号潜艇在其服役生涯中总共击沉了22艘同盟国船只，总吨位共计138581吨。1943年8月2日在西班牙附近海域先后3次遭到英国和澳大利亚"桑德兰"反潜巡逻机的深弹攻击后沉没。

　　XB型布雷潜艇是二战期间吨位最大的德军U艇，共服役8艘。该型潜艇可装载66枚SMA（Schachtmine A）型锚雷。其中18枚存放在独立于耐压壳体的垂直发射管中，其余48枚位于鞍状压水舱内的艇侧发射管中。1941年12月6日服役的U-118号潜艇执行过4次战斗巡逻任务，其中只有1次是布雷任务（1943年1至2月期间），共击

沉4艘同盟国商船。

此外，XB型潜艇还曾被用于为西大西洋海域作战的攻击型潜艇提供补给。1943年6月12日，U-118号潜艇在卡纳利群岛西南附近海域被美国海军"博格"号（USS Bogue）护航航母上的"复仇者"（Avenger）轰炸机空投的深弹击沉。与其他吨位较小的德军U艇相比，XB型潜艇紧急下潜速度过慢，使得潜艇很容易成为空中反潜机的攻击目标。该级潜艇只有2艘幸存到战后。

1943年初，德军已经拥有超过200艘可作战的潜艇。3月里进行的一次大战期间规模最大的护航行动中，40艘德军U艇向同盟国的HX229和SC122护航船队发动了攻击，共击沉了22艘船只，自身只损失了1艘。如此看来，大规模的德军U艇发起的协同攻击行动将轻易地击破盟军的护航体系。然而，这次战例正是"狼群"战术的最后一次大胜，德国潜艇战正在多个因素的共同作用下走向下风。其中包括：盟军开始大量部署远程侦察机、改进雷达系统、部署载有攻击机编队的护航航母、采用大编队护航船队以及在快速支援编队中采用更有

▼ **西部U艇艇群**

北大西洋，1941年6月

该艇群于1941年6月组建，由德国海军第7和第1潜艇分舰队的VII型和第2潜艇分舰队的IX型大型潜艇组成，主要在纽芬兰岛东南海域活动。然而当年夏天该艇群在北大西洋海域难以觅得战果。6月20日，该艇群沿东北方向在北大西洋海域展开大面积巡逻，虽然没能发现盟军护航船队，但也击沉了几艘单独航行的商船。6月底，一架福克·伍尔夫Fw-200"秃鹰"（Condor）侦察轰炸机在爱尔兰以西500公里处海域发现了OG-66护航船队，于是西部艇群与其他几艘德国潜艇一同奉命向东搜索。OG-66护航船队由55艘船只组成，6月24日从英国本土利物浦出发前往直布罗陀和西非地区。其他德国空军飞机也分别于6月30日和7月1日相继发现该护航船只的行踪并予以报告。然而受恶劣天气影响，西部艇群没能成功接近目标。

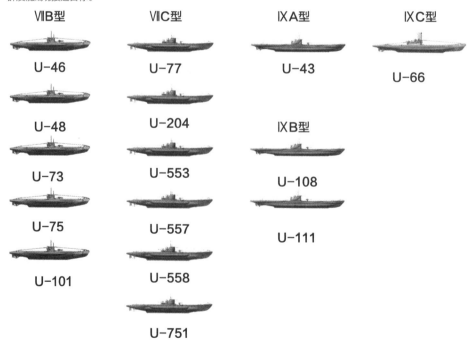

VIIB型	VIIC型	IXA型	IXC型
U-46	U-77	U-43	U-66
U-48	U-204	IXB型	
U-73	U-553	U-108	
U-75	U-557	U-111	
U-101	U-558		
	U-751		

效的水面ASDIC系统等。对英国和美国装备的雷达系统进行改进后，德军U艇擅长发动的夜间攻击行动也受到了极大的遏制，至此无论是在水面还是水下，德国潜艇都可以被盟军反潜力量侦测到。1943年5月，共计有26艘护航船队中的商船被击沉，但德国潜艇的损失数量更达到了27艘。总体上来说，德军U艇的损失数量开始超过新服役的潜艇数量，特别是盟军逐渐增强的空中巡逻力度使得比斯开湾成为名副其实的"死亡走廊"。仅在1943年5月里，就有6艘德国潜艇在这一带海域被盟军飞机击沉，德国海军潜艇也开始从北大西洋海域撤离。到了1943年底，随着盟军日渐有

效的情报拦截和飞机与水面舰艇日渐娴熟的反潜战术的运用，真正将大西洋海域变成了德军U艇的生死冒险战场。在1943年9月20日对ON202和ONS18护航船队展开的攻击行动中，由14艘潜艇组成的德军"鲁腾"（Leuthen）艇群展开了协同攻击，结果以损失2艘潜艇的代价换来击沉3艘商船的战果。

在整个大战进程中，包含众多子型号的VII型潜艇成为德国海军潜艇部队当之无愧的主力攻击型潜艇，该级艇共建709艘。基于德国海军早在1935年时就对未来海战做出的判断，VII型潜艇无论从吨位、航程、适航性、航速、武器装备、操控性

▲ U-106号潜艇

德国海军，IXB型攻击型潜艇，大西洋，1942年1月

14艘潜艇组成的IXB型潜艇战绩颇高，平均每艘都取得了击沉总吨位100000吨以上同盟国船只的战绩。IXB型潜艇可携带22枚鱼雷，航程比IXA型潜艇的15000公里（9321英里）还要高1100公里（700英里）。二者主尺度也大致相同，只是IXB型艇略宽出0.3米。1941年3月，U-106号潜艇曾发射鱼雷重创英国皇家海军"马来亚"号（HMS Malaya）战列舰。

技术参数

动力：柴油机，电动机
最大航速：水面18.2节，水下7.3节
水面最大航程：16110公里
　　　　　　　（8700海里）
武备：22枚鱼雷（艇首4枚，艇尾2枚），
　　　1门105毫米炮，1门20毫米炮

艇员：48至50人
水面排水量：1068公吨（1051吨）
水下排水量：1197公吨（1178吨）
尺度：艇长76.5米，
　　　宽6.8米，吃水4.7米
服役时间：1940年4月30日

▲ U-118号潜艇

德国海军，VIIC型攻击型潜艇，北大西洋，1943年

U-118号潜艇是驻波罗的海斯德丁的第4潜艇训练分舰队的首批潜艇之一，后于1942年10月隶属驻洛里昂的第10潜艇分舰队，最后转至驻波尔多的第12潜艇分舰队。德国海军共装备了11种不同型号的水雷，其中主要的几种都可以由潜艇鱼雷发射管布放，但SM型磁性锚雷必须由专用水雷发射管布放。

技术参数

动力：柴油机，电动机
最大航速：水面16.4节，水下7节
水面最大航程：26760公里
　　　　　　　（14450海里）
武备：66枚水雷，11枚鱼雷（艇
　　　尾2枚），1门105毫米炮，
　　　1门37毫米炮，1门20毫米炮

艇员：52人
水面排水量：1763公吨（1735吨）
水下排水量：2143公吨（2134吨）
尺度：艇长89.8米，
　　　宽9.2米，吃水4.7米
服役时间：1941年12月6日

能、建造成本和艇员素质要求等诸多方面都完全满足作战需求，特别是在大战中还多次进行改进，因而成为一种极为高效的作战机器。其中建造数量最多的子型号无疑是VIIC型，共建造了507艘之多。1942年2月服役的U-210号潜艇即是一艘典型的VIIC型潜艇，它的作战经历可以很好地反映出德军潜艇作战环境的艰险。该艇本该加入位于布雷斯特的第9潜艇分舰队，但1942年7月18日至8月6日的出航成为其首次也是唯一一次战斗巡逻任务。当时U-210号潜艇奉命从基尔港出发加入位于大西洋的"海盗"（Pirat）艇群，这条出航航线也是非常典型的同盟国护航船队航线。与此同时，"斯泰因布林克"（SteinBrinck）艇群正位于北大西洋纽芬兰岛东北645公里（400英里）处。一路向东航行的SC94护航船队于8月5日被德军艇群发现。6日，U-210号潜艇率先接近至护航船队附近，然而却被加拿大海军驱逐舰"阿西尼博因

河"（Assiniboine）号发现并用深弹击伤，U-210号艇不得不上浮至海面。一场短兵相接的炮战过后，"阿西尼博因河"号驱逐舰舰桥被击中燃起大火，情急之下一头撞向德国潜艇，造成U-210号当场沉没。而"斯泰因布林克"艇群最终击沉了SC94所有36艘商船中的11艘。

德国海军U-511号潜艇（IXC型）于1941年12月8日在位于汉堡的德意志造船厂下水服役。该艇最初是作为佩内明德基地的火箭试验平台使用的，为此在甲板上安装有6部300毫米（11.8英寸）42式特种炮兵火箭（Wurfkörper 42 Spreng）发射架。这种火箭武器可以从水下12米（39英尺）的深度发射，当时被视作一种极具潜力的新型潜艇武器。然而，这种潜射火箭的射击精度太差的问题却一直没能得到很好的解决。1942年8月起，U-511号艇被部署在驻洛里昂的第10潜艇分舰队，在此后的4次战斗巡逻任务中曾远航至加勒比海海域，击沉3艘商

▶ 1941年4至12月

1941年，德国海军还不具备足够的潜艇兵力以完全覆盖同盟国的护航航线。而英国护航战术的改进和新型护航护卫舰的不断服役，则使得德军U艇的作战任务愈发艰难。而加拿大和美国在其港口和近岸海域不断增强的护航力量也为皇家海军提供了很好的支援。不过，德国潜艇"狼群"战术的运用（即以多艘潜艇对单支护航船队发动协同攻击）在很大程度上抵消了英国人护航体制上的改进效果。

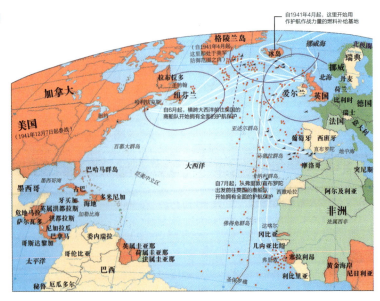

船。该艇最后一次任务是运载人员和物资前往远东马来亚的槟榔屿。在1943年5至8月间的这次远航中，该艇还击沉了2艘船只。9月16日，U-511号被售予日本海军并更名为吕-500号。1946年4月30日被美军凿沉。

U-459号潜艇（XIV型）是第一艘专门设计建造的加油补给潜艇，同级艇共建造了10艘，分别于1941年11月至1943年3月间陆续完工。XIV级潜艇并未配备鱼雷发射管，但安装有2门37毫米炮和1门200毫米[①]防空炮，艇上的补给舱可装载439公吨（432吨）燃油。U-459号艇曾分别驻扎在圣纳赛尔和波尔多，执行过6次大西洋海域的作战巡逻任务，其中包括1942年3月29日至1943年7月24日期间的63次海上燃油补给

▲ **混凝土防御工事**

托德组织在法国境内大西洋沿岸构筑的大量混凝土U艇洞库在盟军的大规模空袭中体现出了良好的防御能力。

▶**1942年1月至
1943年2月**

1942年7月，美国也开始建立护航体制，迫使德军U艇南下至加勒比海海域，在那里可以轻易打击从委内瑞拉马拉开波湾出发的海上原油供应线。当美国的护航体制延伸覆盖至这一海域后，德军U艇则被迫重返北大西洋。此时的德国海军已经拥有超过300艘的各型潜艇，而到1942年11月时，同盟国商船每月的损失已经高达700000公吨（689000吨）。

**1942年1月至
1943年9月**

― ― 1942年8月时的英美作战控制区域

―― 空中护航掩护的范围

- - 1942年7月的英国护航站

☐ 商船队主要航线

· 被德军U艇击沉的盟国商船

⚓ 被击沉的德军U艇

☐ 同盟国控制区域

☐ 轴心国控制区域

☐ 中立区域

---

① 应为20毫米。

任务。甚至有一次U-459号艇也发生了燃油短缺的情况,结果由闻讯赶来的另一艘"奶牛艇"——U-462号为其加油救了急。

1943年7月24日,U-459号潜艇在西班牙奥特加角海域遭到英国皇家空军一架"威灵顿"(Wellington)轰炸机攻击,重创后被迫自沉。到1943年底,XIV型潜艇逐渐退出战场,到1944年5月,计划建造的14艘新艇也与吨位更大的XX新型艇一同被取消。

U-530号潜艇(IXC/40型)于1942年10月服役。主要隶属于驻大西洋的德国海军第10和第33潜艇分舰队。前者驻扎在洛里昂,后者位于弗伦斯堡。从战绩上看,作为攻击型潜艇的U-530号潜艇并无过人之处。该艇曾执行过至少一次"潜艇油船"的任务。1944年6月23日,U-530号与日本海军伊-52号潜艇共同执行了一项重要的秘密任务——德国潜艇运送一套Naxos雷达探测器、两名操作员与一名导航员(用于引导日本潜艇)。日本潜艇则是装载了大量的黄金和战略物资,二者在海上接头后将共同前往洛里昂。

然而在接头完成后不久,正前往欧洲方向去的伊-52号潜艇就因遭到了美国海军"博格"号护航航母上的"复仇者"攻击

▲ **U-210号潜艇**

德国海军,VIIC型攻击型潜艇,北大西洋,1942年8月

德国海军VIIC型潜艇在艇首两侧装备有GHG型水下侦听设备,每侧安装有24部75毫米晶体传声器,可以实现被动声呐探测的功能。1944至1945年期间的不少德国潜艇都安装了水下通气管设备,但U-210号没能幸存到那一天。

技术参数	
艇员:44人	水面排水量:773公吨(761吨)
动力:柴油机,电动机	水下排水量:879公吨(865吨)
最大航速:水面17节;水下7.6节	尺度:艇长67.1米,
水面最大航程:12040公里(6500海里)	宽6.2米,吃水4.8米
武备:14枚鱼雷(艇首4枚,艇尾1枚),	服役时间:1942年2月21日
1门88毫米炮,2门20毫米炮	

▲ **U-511号潜艇**

德国海军,IXC型攻击型潜艇,大西洋,1943年

U-511号潜艇于1942年7月29日至8月3日期间隶属"海盗"艇群,1942年11月9日至21日期间隶属"罐头"(Schlagetot)艇群,1943年1月3日至2月14日期间隶属"海豚"艇群,1943年2月16日至3月5日期间隶属"海豹"(Robbe)艇群。而在上述几次"狼群"的战斗巡逻任务中,U-511仅在1943年1月击沉1艘商船——英国"威廉·威尔伯福斯"(William Wilberforce)号。

技术参数	
最大航速:水面18.3节;	艇员:48至50人
水下7.3节	水面排水量:1138公吨(1120吨)
水面最大航程:20370公里	水下排水量:1252公吨(1232吨)
(11000海里)	尺度:艇长76.8米,
武备:22枚鱼雷	宽6.8米,吃水4.7米
(艇首4枚,艇尾2枚),	服役时间:1941年12月8日
1门105毫米炮,1门37毫米炮,	动力:柴油机,电动机
1门20毫米炮	

机的深弹攻击而沉没。侥幸返航的德国海军U-530号潜艇后来前往加勒比海执行了最后一次战斗巡逻任务。大战结束后，U-530号潜艇在阿根廷马德普拉塔向盟军投降，后转交美国方面。1947年11月28日，该艇作为靶船被击沉。

1943年初，由于盟军的空中攻击对德军U艇的威胁越来越大，有相当数量的德国潜艇被改装成了"防空潜艇"，试图构筑更有效的潜艇防空能力（尤其是那些"奶牛艇"）。1942年2月服役的U-441号潜艇（VIIC型）隶属于驻布雷斯特的第1潜艇分舰队，1943年1月奉命加入"勇士"（Haudegen）艇群。U-441号潜艇也是首

批4艘完成防空改装的德国潜艇之一，其指挥塔前后进行了延长以安装两部四联装20毫米高射炮（Flakvierling）和1门37毫米高炮，此外还加装了MG42机枪。为此，艇员也增加了20人，使艇员总数增至67人。在其首次防空巡逻任务中，U-441号潜艇如愿击落1架英国皇家空军"桑德兰"反潜机，然而在第二次巡逻任务中却被3架"美战士"（Beaufighter）重型战斗机重创。显然，一艘防空潜艇是很难抵挡盟军的多架次空中攻击的。而U-441号潜艇也与其他多艘潜艇一同于1943年10月开始被改装回原型艇，并转而承担例行的战斗巡逻任务。具有讽刺意味的是，U-441号最终还是命丧敌

技术参数

动力：柴油机，电动机	艇员：53人
最大航速：水面14.4节	水面排水量：1688公吨（1661吨）
水下6.3节	水下排水量：1932公吨（1901吨）
水面最大航程：17220公里	尺度：艇长67.1米，
（93000海里）	宽9.4米，吃水6.5米
武备：2门37毫米炮，	服役时间：1941年11月15日
1门20毫米炮	燃油储量：439公吨（432吨）

▲ **U-459号潜艇**

德国海军，XIV型补给潜艇，大西洋，1942年

该艇于1941年11月15日服役，1942年3月31日以前隶属于第4潜艇训练分舰队，后转至位于洛伦昂的第10分舰队（1942年4至10月期间）。1942年11月1日起，U-459号隶属驻波尔多的第12潜艇分舰队。该艇共执行过6次战斗巡逻任务，其中包括1942年8月25日至9月1日期间为"北极熊"艇群提供支援。

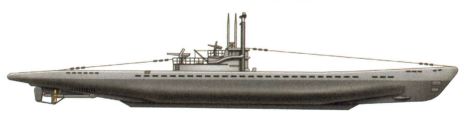

▲ **U-530号潜艇**

德国海军，IXC/40型攻击型潜艇，大西洋，1945年

U-530号潜艇总共执行过7次战斗巡逻任务，是少数几艘装备了洛伦兹公司的FuMO61型"霍恩特维尔"（Hohentwiel）U雷达收发机设备以及FuMB26型可收放雷达天线的潜艇。这种雷达系统由德国空军雷达改进而来，在海面上的作用距离可达8到10公里（5至6英里）。

技术参数

动力：柴油机，电动机	艇员：48至50人
最大航速：水面18.3节；	水面排水量：1138公吨（1120吨）
水下7.3节	水下排水量：1252公吨（1232吨）
水面最大航程：20370公里	尺度：艇长76.8米，
（11000海里）	宽6.9米，吃水4.7米
武备：22枚鱼雷，1门105毫米炮，	服役时间：1942年10月14日
1门37毫米炮，1门20毫米炮	

PQ17护航船队之战作战日程,1942年6月27日至7月13日

日期	事件
1942年6月27日	当天16:00时,PQ17护航船队离开冰岛鲸湾(Hvalfjordur)锚地启程向北航行。该船队由35艘商船组成,满载有297架飞机、594辆坦克、4246辆卡车和火炮拖车以及158503公吨(156000吨)作战物资。这些装备和物资总价值高达7亿美元,足以武装一支5万人的集团军。起航后不久,其中1艘船由于搁浅被迫返航
6月29日	船队遭遇大面积浮冰,4艘商船受损,其中1艘被迫返航。其余33艘继续前往苏联港口
7月1日	船队被德国海军U-255号和U-408号潜艇发现。U-456号潜艇随后加入德军艇群并展开对该船队的持续跟踪。德国空军的1架BV-138水上侦察机也开始提供空中侦察情报
7月2日	多艘德国潜艇对船队发动了攻击,但收效不大。当天夜间德国空军飞机也发动了首次鱼雷攻击
7月3日	德军U艇和空军鱼雷机持续对船队发动攻击,但未取得战果。英军情报部门报告称,一支大型德国海军水面编队已离开挪威向北航行,英国海军部估计其中"杜毕兹"(Tirpitz)号、"希佩尔伯爵"(Hipper)号、"希尔海军上将"(Scheer)号和"吕佐夫"(Lützow)号将于7月4日夜间前后赶到并拦截PQ17护航船队
7月4日	U-457号和U-334号艇各自击沉1艘商船。22:00左右,由于担心德国海军"杜毕兹"编队即将抵达,而皇家海军主力编队距离尚远,英国海军部于是下令护航舰只向西撤离,护航船队则各自散开单独前往苏联
7月5日	尽管德国海军水面编队并未赶来,已经四散的护航船队在德国潜艇和飞机面前仍然十分脆弱,一场大屠杀随即展开。德国空军飞机击沉了6艘商船,而"狼群"也击沉了同样数量的船只(U-88号和U-703号各自击沉2艘,U-334号和U-456号艇击沉了其余6艘)
7月6日	船队又损失了两艘商船,分别由德军飞机和U-255号击沉
7月7日	德军飞机再次击沉1艘商船,U-255、U-457和U-355号击沉了另3艘
7月8日	U-255号艇取得第3个战果
7月10日	U-251号和U-376号艇各自击沉1艘商船
7月13日	U-255号艇击沉了1艘于7月5日被德军飞机炸弹击伤而失去动力的商船

机之手——1944年6月8日,该艇在英吉利海峡海域被英国皇家空军第224中队的一架B-24"解放者"轰炸机用深弹击沉。

英国潜艇的建造

由于德国不断建造新的潜艇,虽然战损也不断增加,德国海军潜艇部队的规模却很快跃居世界第一。相比之下,英国潜艇数量的提升就显得缓慢许多,当然作为皇家海军攻击目标的德国商船数量也不多。英军潜艇的主要任务是攻击德国和意大利海军水面舰艇,当然也包括潜艇。英国潜艇虽然在大西洋战役期间并没有太突出的表现,但在不列颠群岛周边海域的巡逻作战中还是表现得十分活跃。1941年,作为快速建造的计划之一,S级潜艇相继开工,1941至1945年期间分三批次总共建造了50艘之多,而各批次间设计上也略有不同。与老S级潜艇相比,这批S级潜艇吨位略大,水面航行时由两台帕克斯曼(Paxman)海军型柴油机驱动,两台电动机功率为1300马力(969千瓦)。当柴油机处于直驱模式时,电动机可为蓄电池组和辅助动力系统发电。

第三批S级潜艇中包括"六翼天使"号(HMS Seraph),该艇配备有艇尾外部鱼雷发射管,其余S级潜艇还部分安装有100毫米火炮。S级潜艇性能良好,主要在英国海岸和地中海海域活动。一些安装了外部燃油舱的S级潜艇甚至曾远航至远东海域。S级潜艇下潜速度快,作战潜深为76米(249英尺)。大战中S级潜艇共损失了17艘,另有一艘"海豹"号(HMS Seal)被德军俘获。1943至1945年期间,"鲟鱼"

号（HMS Sturgeon）潜艇转交荷兰海军并更名为“海豹”号（Zeehond）号。

英国皇家海军V级潜艇共计划建造42艘，实际上只有22艘最终建成。该级潜艇排水量较小，官方称其为“U级潜艇加长版”。该级艇艇长62.33米（204.6英尺），相比之下，U级潜艇艇长仅58米（191英尺）。为了迷惑对手，7艘V级艇被冠以U级艇的艇名，而4艘U级艇被冠以V级艇的艇名。V级潜艇艇体采用19.05毫米（0.75英寸）厚的钢板建造，大大超过U级艇的12.7毫米（0.5英寸），而且建造过程中大量采用焊接工艺，因而下潜更快更深。U级和V级潜艇是皇家海军第一批采用柴-电推进的潜艇，其柴油机直接驱动两台帕克斯曼柴油发电机。英国潜艇向来在地中海海域表现活跃，随着意大利法西斯政权的垮塌，轴心国潜艇在这一海域活动的减少也为其提供了更大的空间。曾有2艘V级艇提供给了自由法国海军，挪威和希腊也各得到1艘。

1941年8月至1945年5月期间，共有78支护航船队前往苏联北部港口。从命名来看，PQ代表来苏护航船队，QP（或RA）代表返航护航船队。1942年7月1至13日期间，由35艘商船组成的PQ17护航船队遭到10艘以上德军U艇和德国空军俯冲轰炸机与鱼雷机的持续攻击，最终损失了24艘商船。正是由于担心德国海军水面主力编队即将前来拦截，英国海军部下令护航船队四下分散前往苏联港口，而这一决定也为“狼群”打开了方便之门。PQ17的悲剧也是大战期间护航船队损失最为惨痛的一次。

在挪威，除了特隆赫姆外，位于纳尔维克和哈默弗斯特的挪威港口也开始成为德国海军的前出基地。从这里出发的“狼群”不但可以肆意攻击盟国护航船队，还可以提供海上气象侦察与情报搜集支援。位于特隆赫姆的德国海军第13潜艇分舰队由55艘VIIC型和VIIC/40型潜艇组成，作战活动一直持续到1945年5月德国投降时。1944年4月，该舰队组成“基尔”（Keil）和“唐纳”（Donner）两大艇群，对返航途中的RA59护航船队展开了持续攻击。在

技术参数

动力：柴油机，电动机	艇员：67人
最大航速：水面17节，水下7.6节	水面排水量：773公吨（761吨）
水面最大航程：12040公里（6500海里）	水下排水量：879公吨（865吨）
武备：14枚鱼雷，1门37毫米炮，2门四联装20毫米炮	尺度：艇长67.1米，宽6.2米，吃水4.8米
	服役时间：1942年2月21日

U-441号潜艇

德国海军，VIIC型艇防空改型，北大西洋，1943年

1943年4至5月间，德国海军U- 441号潜艇经改装成为一艘防空U艇（U- Flak 1），也成为首批3艘防空型潜艇之一。为了在空潜对抗作战中有效对抗盟军飞机，U- 441的指挥塔围壳进行了加长，因此可加装2门四联装20毫米防空炮塔、1门37毫米防空炮以及MG42机枪。在首次战斗巡逻任务中，U- 441号艇就击落了1架“桑德兰”，但自身也损伤严重。有鉴于德军U艇在与盟军飞机的对抗中丝毫占不到便宜，邓尼茨也不得不接受防空潜艇设想的失败。1943年底，防空U艇经改装陆续还原到原型艇的常规配置，U- 441号潜艇也于1944年6月8日在英吉利海峡海域被英国皇家空军第224中队的“解放者”用深弹击沉，艇员全部丧生。

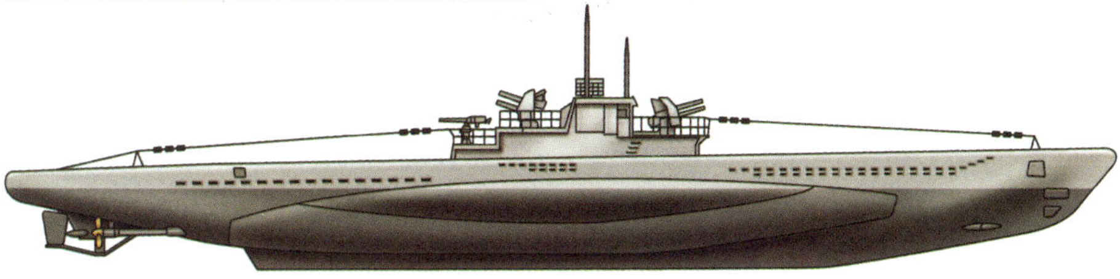

击沉1艘商船的同时，两支德军艇群也损失了U-277、U-959和U-674号3艘VIIC型潜艇。然而德国人的攻势迅猛不减，从1939年9月至1943年5月间，德国总共建造了600艘各型潜艇并投入作战，损失数量也高达250艘，但仍保持有400余艘潜艇在役，这远远超过了其他任何国家的海军。不过从战争的首要战略目的来看，德国海军潜艇部队大的失败在所难免。

总体来看，德军U艇对同盟国商船造成的打击无疑是毁灭性的。在各大洋各战区，德国潜艇总共击沉了超过14732680公吨（14500000吨）的船只，其中12095992公吨（11904954吨）是在北大西洋海域取得的战果。虽说大战后期德国潜艇相继安装了荷兰人发明的水下通气管（Schnorchel）设备，使潜艇在水下航行时也能为蓄电池充电，而且也更难被探测发现，然而事实却是在1944年6至9月间的这段时间里，仍有超过140艘德军U艇被盟军击沉。与此同时，德国海军潜艇部队也损失了大量的潜艇作战官兵，在所有参战的40900名官兵中，25870人（63%）在大战中丧生，另有5338人沦为战俘。

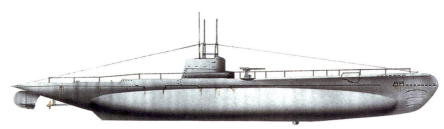

技术参数

动力：双轴推进，柴油机，电动机
最大航速：水面14.7节，水下9节
水面最大航程：11400公里（6144海里）/10节
武备：6部533毫米鱼雷发射管，1门76毫米炮

艇员：44人
水面排水量：886公吨（872吨）
水下排水量：1005公吨（990吨）
尺度：艇长66.1米，宽7.2米，吃水3.4米
服役时间：1941年10月

▲ **"六翼天使"号潜艇**
英国皇家海军，S级巡逻潜艇，地中海，1943年
"六翼天使"号潜艇在盟军的北非秘密登陆准备行动中发挥了重要作用，其中就包括1943年初的"肉馅"（Mincemeat）行动中在西班牙海岸秘密投放那个著名的"谍海浮尸"（"The man who never was"）。1944年，该艇被改装为反潜演习用的靶船，1963年报废。

▲ **"流浪者"号（HMS Vagabond）潜艇**
英国皇家海军，V级巡逻潜艇
该艇于1944年9月19日服役，艇上安装2台6缸戴维-帕克斯曼400马力（298千瓦）柴油机（U级艇采用的是307马力海军型柴油机），最大潜深91米（300英尺）。该艇在指挥塔围壳后缘安装有1部DF高频定向仪天线，这与U级艇在指挥塔围壳顶部的安装位置有所不同。

技术参数

动力：双轴推进，柴油机，电动机
最大航速：水面11.25节，水下9节
水面最大航程：7041公里（3800海里）/8节
武备：4部533毫米鱼雷发射管，1门76毫米炮

艇员：37人
水面排水量：554公吨（545吨）
水下排水量：752公吨（740吨）
尺度：艇长61米，宽4.8米，吃水3.8米
服役时间：1944年9月

地中海与黑海: 1940─1945

地中海海域的南岸遍布着法国和意大利的海外殖民地，其东部则是英国的埃及保护领地。作为通往苏伊士运河、印度洋和非洲的咽喉要道，地中海的战略地位十分重要。

轴心国军队占领苏伊士运河对于盟军而言是一大打击。1940年6月地中海开战后，英国皇家海军有效控制着地中海东部和西部海域，而意大利海军则据有中部地区。由于飞机完全可以控制整个地中海区域，潜艇的行动就显得尤为重要。尽管如此，在浅水区域航行的潜艇非常容易被飞机发现。

早期部署

意大利海军潜艇部队主要分为三个艇群，共49艘潜艇。西部艇群在直布罗陀和西西里岛附近活动，中部艇群在热那亚湾，第三支艇群部署在希腊和亚历山大。1940年，英国皇家海军向亚历山大派遣了10艘潜艇，而到1940年底时已被击沉9艘（包括被水面舰艇和水雷击沉）。5艘希腊潜艇加入了英国皇家海军的地中海潜艇支队，1940年初德国方面也有10艘U艇驻守在马耳他。

正是这些吨位较小的潜艇，事实证明十分适应地中海的作战环境。1941年6月，

1939至1945年期间的意大利潜艇艇型			
级别	数量	下水时间	备注
CA1-2级	2	1938至1939年	微型潜艇
"里尤兹"（Liuzzi）级	4	1939至1940年	战前"布林"级潜艇放大版
"马可尼"级	6	1939至1940年	远洋潜艇
"卡格尼"（Cagni）级	4	1940年	远洋潜艇；二战期间意大利吨位最大的潜艇
"钢铁"（Acciaio）级	13	1941至1942年	最后1艘于1966年除籍
CB级	21	1941至1943年	微型潜艇；1943年9月陆续建成9艘
CA3-4级	2	1942年	CA1级改进型；1943年凿沉
"弗罗托"（Flutto）1型	9	1942至1943年	计划订购12艘
"弗罗托"（Flutto）2型	3	1944年	计划订购15艘
"罗穆洛"（Romolo）级	2	1943年	运输潜艇；计划订购12艘
S1级	11	1943年	原德国U艇；1943年转让

技术参数
艇员：45人
动力：双轴推进，柴油机，电动机
最大航速：水面14节，水下8节
水面最大航程：4076公里（2200海里）/10节
武器：6部533毫米鱼雷发射管，1门100毫米炮

水面排水量：690公吨（680吨）
水下排水量：861公吨（848吨）
尺度：艇长60米，宽6.5米，吃水4米
服役时间：1936年11月

▲ "达格布尔"（Dagabur）号潜艇
意大利海军，巡逻潜艇，地中海/红海，1941年

"达格布尔"号潜艇于1937年4月在塔兰托港建成，同级"阿杜瓦"艇的指挥塔在大战期间都进行了改小，其中两艘："冈达尔"（Gondar）号和"斯西勒"（Sciré）号还设计有能容纳3个SLC人操鱼雷的圆柱形密室。3艘该级艇于1937年售予巴西，最终只有1艘幸存到战后，即"阿拉吉"（Alagi）号。

在地中海活动的英国和其他盟军潜艇数量已达25艘，然而就其作用而言，也只不过是在一定程度上阻滞了轴心国向北非派遣非洲军团的行动而已。1941年全年里，被盟军潜艇击沉的轴心国船只达69艘，总吨位共计305000吨。到了1941年底，虽然盟军潜艇也有一定损失，但仍然在地中海海域保持了28艘的数量存在。

在大多数时间里，仍属意大利潜艇最为活跃。从9月10日起，德国潜艇开始参战，到当年底，它们几乎将英国皇家海军的东地中海舰队逐出战场——德军U艇相继击沉了"皇家方舟"号（HMS Royal Ark）航空母舰；击沉或击伤（在意大利海军的协同下）3艘战列舰和1艘巡洋舰。1943年4月，皇家海军舰队不得不从马耳他移至亚历山大港，然而到1942年4月时潜艇数量已降至12艘，相比之下德国和意大利潜艇数量则为16艘。到了当年夏天，随着增援的不断到来，英国潜艇数量又上升到了23艘，最终也促成了1942年10月盟军在北非的成功登陆。

轴心国补给船队不断通过地中海也给予盟军大量的攻击机会，当然这些船队也进行了重重设防。行动中盟军虽偶尔有摧毁其3/4规模船队的成功战例，但在多数情况下只能说是一种骚扰。1943年9月，意大利签署《停战协定》，只剩下德军U艇在地中海继续作战。

潜艇行动

"达格布尔"号潜艇是17艘"阿杜瓦"级潜艇中的一艘，其设计与"贝拉"级艇非常相似，只是航程较为有限，潜深则稍大，达到了80米（262英尺）。1941年3月30日，"达格布尔"号潜艇攻击了英国皇家海军"好运"号（HMS Bonaventure）轻巡洋舰，但最终击沉目标的却是一艘"贝拉"级潜艇——"安巴尔"（Ambar）号。1942年8月，同盟国"支柱行动"（Operation Pedestal）中驶往马耳他的商船队向东穿越地中海时，"达格布尔"号潜艇奉命前往拦截。8月12日，英国皇家海军"狼獾"号（HMS Wolverine）驱逐舰运用其装备的271型水面搜索雷达发现了意大利潜艇的位置，在用深弹将其炸伤之后，又开足马力以27节的高航速将"达格布尔"号当场撞沉。

吨位更大的"雷莫"（Remo）级潜艇只建造了2艘，意大利海军曾计划建造12艘这样的大型远洋潜艇用于执行欧洲和日本之间的运输任务。该艇载货量可达610公吨

▲ "雷莫"号潜艇
意大利海军，运输潜艇，1943年

该艇艇壳硕大，涵盖了4个内部水密隔舱。艇首安装有2部450毫米口径鱼雷发射管。"雷莫"号在一次水面航行中被鱼雷击沉，"罗默罗"（Romolo）号3天后也被击沉，同级艇的其他建造计划后来被取消，R- 11号和R- 12号被凿沉，战后被打捞出水后作为储油站使用。

技术参数

动力：双轴推进，柴油机，电动机
艇员：63人
最大航速：水面13节，水下6节
水面排水量：2245公吨（2210吨）
水面最大航程：22236公里
水下排水量：2648公吨（2606吨）
（12000海里）/9节
尺度：艇长70.7米，
武备：2部450毫米鱼雷发射管，
宽7.8米，吃水5.3米
3门20毫米炮
服役时间：1943年3月

（600吨），武器装备较差，仅限于自卫。"雷莫"号寿命不长，于1943年7月15日在塔兰托湾被英国皇家海军U级潜艇"联合"号击沉。

"弗罗托"级中程潜艇共建造了8艘（另有4艘取消建造或未完工），曾有望成为意大利在大战期间规模最大的建造项目，意大利潜艇此时也在延续其一贯的低矮指挥塔的设计风格。盟军在西西里登陆期间，同级首艇"弗罗托"正在墨西拿海峡巡逻，1943年7月11日被3艘英军鱼雷艇击沉。同级艇"玛利亚"（Marea）号曾参与1943年

11月至12月期间的一次在意大利海岸展开的针对盟军的秘密情报任务。

微型潜艇

在微型潜艇方面，意大利海军向来最有建树。特别是"阿杜瓦"级潜艇"斯基尔"号配备的以半潜方式由蛙人驾驶的"人操鱼雷"，曾多次尝试攻击位于直布罗陀的盟军水面舰艇。特别是在1941年12月，意大利的微型潜艇曾在亚历山大港重创英国皇家海军"勇士"号（HMS Valiant）和"伊丽莎白女王"号（HMS Queen Elizabeth）

▲ **"弗罗托"号潜艇**
意大利海军，巡逻潜艇，1942年

1943年3月完工的"弗罗托"号潜艇是3艘同级艇中最早服役的，而3艘艇全部毁于战火。其中两艘同级艇配备了人操鱼雷及其位于指挥塔两侧的存储舱室，甲板炮则与"阿杜瓦"级艇一样予以保留。战后，"鹦鹉螺"（Nautilo）号被转交给南斯拉夫海军，"玛利亚"号则归属苏联海军。

技术参数

动力：双轴推进，柴油机，电动机	艇员：50人
最大航速：水面16节，水下7节	水面排水量：973公吨（958吨）
水面最大航程：10000公里（5400海里）/8节	水下排水量：1189公吨（1170吨）
武器：6部533毫米口径鱼雷发射管，1门100毫米炮	尺度：艇长63.2米，宽7米，吃水4.9米
	服役时间：1942年11月

技术参数

动力：单轴推进，柴油机，1台电动机	艇员：4人
最大航速：水面7.5节，水下6.6节	水面排水量：25公吨（24.9吨）
水面最大航程：2660公里（1434海里）/5节	水下排水量：36公吨（35.9吨）
武器：2部450毫米口径鱼雷发射管（外部存储）	尺度：艇长15米，宽3米，吃水2米
	服役时间：1943年8月

▲ **CB12号潜艇**
意大利海军，微型潜艇，黑海，1942年

该级潜艇由意大利内陆的米兰"卡普罗尼·托雷多"（Caproni Toliedo）建造，然后通过铁轨运输至港口。鱼雷安装在潜艇的外部发射管内，最大潜深为55米（180英尺），可持续作战10天。CB级潜艇与英国皇家海军X级潜艇设计十分相似，尽管航速稍快，但仍属低速艇型。

战列舰。1940年1月至1943年9月间，意大利海军还利用水下运载具和鱼雷艇击沉了7艘同盟国商船和5艘英军舰艇。

黑海

大战期间，意大利海军的CB级潜艇作为一种用于反潜的水下武器，计划建造72艘，而最终只有22艘开工建造。1941年1至5月间，6艘CB级潜艇相继建成，1942年初部署到黑海地区的雅尔塔投入作战。1942年6月18日，CB2号潜艇发射鱼雷击沉了苏联海军Shch-208号潜艇，而苏联海军方面宣称该艇是于同年8月触雷沉没的。意大利投降后，CB级潜艇归属罗马尼亚海军，于1944年凿沉。到1943年，又有16艘CB级艇达到完工或半完工状态，其中5艘向英军投降，其余被德军截获，没有一艘参战服役。根据现有的资料，CB20号于战后转交南斯拉夫海军并一直服役至1959年。

地中海U艇

1941年9月11日，德国海军第23潜艇分舰队在希腊萨拉米斯正式组建。舰队中的9艘潜艇由从洛里昂转移来的VIIB型和VIIC型艇组成。11月25日，U-331号潜艇成功击沉英国皇家海军"巴勒姆"号（HMS Barham）战列舰，但总的来说德军U艇在地中海地区的作战并不成功。后来，第23潜艇分舰队并入规模更大的第29潜艇分舰队，起初基地位于意大利拉斯佩齐亚，后来转至法国土伦。

奉命赶赴地中海作战的德军U艇共计68艘，然而令邓尼茨没有想到的是，没有一艘能幸存到战后。6艘II型近岸潜艇组成的分遣队于1944年被派往黑海，并以罗马尼亚的康斯坦察为基地，组建为第30潜艇分舰队。在后来的作战中，这批德国潜艇对当地苏联海军编队造成了极大的困扰，其中一艘后被飞机击沉，其余各艇于1944年8至9月间相继凿沉。

1940年9月30日服役的U-73号潜艇（VIIB型）隶属驻圣纳赛尔的第7潜艇分舰

第29潜艇分舰队的徽标

第29潜艇分舰队徽标原本是U-338号潜艇的艇徽，由于该艇下水时曾一头撞上码头的起重吊车，因此被冠以"野驴"的绰号。该舰队中有3或4艘潜艇都以这一图案作为艇徽。

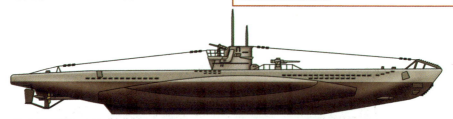

▲ **U-73号潜艇**

德国海军，VIIN型攻击型潜艇，地中海，1943年

由大量驱逐舰和护航舰艇重重保护下的英国皇家海军"鹰"号航母，在不到500米的距离上被德军潜艇击沉，这绝对是一场巨大的挫败。U-73号潜艇在5次大西洋巡逻和10次地中海巡逻中，共击沉了8艘商船和4艘作战舰，而作为"沃尔"（Wal）艇群一员的最后一次作战中，该艇击沉了1艘7572.5公吨（7453吨）的商船，两天后U-73号艇也被击沉。

技术参数

动力：柴油机，1台电动机		艇员：44人	
最大航速：水面17.2节，水下8节		水面排水量：765公吨（753吨）	
水面最大航程：12040公里		水下排水量：871公吨（857吨）	
（6500海里）		尺度：艇长66.5米，	
武备：14枚鱼雷（艇首5枚，艇尾1枚），		宽6.2米，吃水4.7米	
1门88毫米炮，1门20毫米炮		服役时间：1940年10月31日	

隶属第30潜艇分舰队的德国潜艇（6艘）					
艇名	艇型	服役时间	所属分舰队	巡逻历程	结局
U-9	IIB	1935年8月21日	第24潜艇分舰队（1942年10月1日至1944年8月1日）	19次战斗巡逻。击沉船只7艘，总吨位16669吨；击沉1艘作战舰只，总吨位561吨；击伤1艘作战舰只，总吨位419吨	1944年8月20日在黑海康斯坦察被苏军飞机击沉
U-18	IIB	1936年1月4日	第24潜艇分舰队（1943年5月6日至1944年8月25日）	14次战斗巡逻。击沉船只3艘，总吨位1985吨；击伤1艘船只，总吨位7745吨；击伤1艘作战舰只，总吨位57吨	1944年8月25日在黑海康斯坦察被凿沉
U-19	IIB	1936年1月16日	第22潜艇分舰队（1942年10月1日至1944年9月10日）	20次战斗巡逻。击沉船只14艘，总吨位35430吨；击沉1艘作战舰只，总吨位448吨	1944年9月10日在土耳其黑海海岸被凿沉
U-20	IIB	1936年2月1日	第21潜艇分舰队（1942年10月1日至1944年9月10日）	17次战斗巡逻。击沉船只14艘，总吨位37669吨；重创1艘船只，总吨位844吨；击伤1艘船只，总吨位1846吨	1944年9月10日在土耳其黑海海岸被凿沉
U-23	IIB	1936年9月24日	第21潜艇分舰队（1942年10月1日至1944年9月10日）	16次战斗巡逻。击沉船只7艘，总吨位11094吨；击沉2艘作战舰只，总吨位1433吨；重创3艘船只，总吨位18199吨；击伤1艘船只，总吨位1005吨；击伤1艘作战舰只，总吨位57吨	1944年9月10日在土耳其黑海海岸被凿沉
U-24	IIB	1936年10月10日	第21潜艇分舰队（1942年10月1日至1944年8月25日）	20次战斗巡逻。击沉船只1艘，总吨位961吨；击沉5艘作战舰只，总吨位580吨；重创1艘船只，总吨位7886吨；击伤1艘船只，总吨位7661吨	1944年8月25日在黑海康斯坦察被凿沉

队，1942年1月转至地中海萨拉米斯的第29潜艇分舰队作战，其余5艘VIIB组成的"戈本"（Goeben）艇群也驻扎在此。德军艇群的战术目的，乃是切断英军位于亚历山大与托布鲁克之间的海上补给线，从而支援北非的非洲军团作战。1942年8月11日，U-73号潜艇发射4枚鱼雷，成功击沉英国皇家海军"鹰"号（HMS Eagle）航空母舰。该艇后来也于1943年12月16日被美国海军驱逐舰击沉。

▲ U-19号潜艇

德国海军，II型近岸潜艇，黑海，1943年

黑海战区是II型潜艇作为作战潜艇分舰队唯一部署过的战场。II型潜艇也确实击沉了一批苏联油船和货轮，而且宣称至少击落了2架苏军飞机。1944年8月29日，U-19号潜艇还击沉了1艘苏军扫雷舰。尽管如此，德军II型潜艇对苏联海上航运的打击并不大，而且战绩极为有限。

技术参数

最大航速：水面17.8节，水下8.3节
水面最大航程：3334公里（1800海里）
服役时间：1936年1月16日
武备：6枚鱼雷（艇load3枚），1门20毫米炮

艇员：25人
水面排水量：283公吨（279吨）
动力：柴油机，电动机
水下排水量：334公吨（329吨）
尺度：艇长42.7米，宽4.1米，吃水3.8米

黑海巡逻

1936年1月16日，U-19号潜艇（IIB型）加入德国海军服役。在其隶属的驻布雷斯特第1潜艇分舰队里，该艇的战绩非常突出，在20次作战巡逻任务中总共击沉14艘盟国商船和1艘作战舰艇。1942年10月，U-19号加入新成立的驻罗马尼亚康斯坦察的第30潜艇分舰队。为了转移到黑海战区，6艘IIB型艇就地拆解，各潜艇段通过驳船由易北河运至德累斯顿，再经由多瑙河运至林茨，在那里潜艇被重新组装起来，然后依靠自身动力前往康斯坦察。

1943年1月21日至1944年9月10日期间，U-19号潜艇共完成了11次作战巡逻任务。德军U艇虽然令当地的苏联海军十分头疼，但取得的战绩依然较为有限。1944年8月，罗马尼亚投降，康斯坦察基地也无法继续维持，U-19号潜艇也于9月10日在土耳其海岸自沉。除了U-9号于8月20日被苏军飞机击沉以外，舰队中的其余潜艇于8至9月间凿沉。

数量与损失

参与地中海潜艇作战的除了超过100艘英国潜艇外，还包括10艘法国潜艇、8艘希腊潜艇、4艘荷兰潜艇和2艘波兰潜艇，同时在海上巡逻的通常保持20至30艘左右。这些潜艇总共击沉了过百万吨的轴心国商船，因此对于阻截轴心国与北非战场之间的海上补给线而言至关重要。

另一方面，英国皇家海军也在地中海损失了45艘潜艇，其中22艘可能因为触雷而沉没，19艘被水面舰艇击沉，3艘被飞机击沉，只有1艘是被潜艇击沉的。意大利和德国潜艇则各有16艘和5艘被盟军潜艇击沉。就意大利海军而言，总共有136艘潜艇参战，其中不少被改装为运输艇使用，大战中共损失66艘，而同时也新建成了41艘。

德国海军方面在地中海共部署了62艘潜艇，同时在海上巡逻的潜艇数量一直不超过25艘。这些U艇总共击沉了95艘同盟国船只，总吨位共计500000吨，一度迫使盟军只能以护航船队的方式通过地中海。不仅如此，德军U艇还击沉了皇家海军"梅德韦"（Medway）号潜艇支援舰，一定程度上也打乱了英军潜艇的部署。而到大战末期时，德军U艇在地中海海域的活动已被全部肃清。

远东与太平洋：1941年12月—1945年8月

在这片广袤的战场上，两支强大的力量针锋相对，其一是以攻击型潜艇为主且规模不断扩大的美国海军潜艇部队，另一方则是以编队协同作战为主的日本海军潜艇部队。

1941年12月7日日本海军偷袭珍珠港时，其潜艇部队共有63艘潜艇。与此同时荷兰海军在爪哇岛上的泗水驻扎有15艘，而美国海军则拥有55艘。当时英国皇家海军在太平洋地区还没有派遣潜艇力量，直到1942年1月至1943年7月间才部署了2艘。

英国潜艇

"风暴"号（HMS Storm）潜艇是皇家海军于1941年订购的15艘S级潜艇之一，1943年7月23日服役。在部署到位于斯里兰卡亭可马里的英国皇家海军基地之前，"风暴"号艇执行了一次前往北极海域的巡逻任务，1944年2月20日返航。后来还在孟加拉湾和马拉加海峡海域执行过巡逻和掩护任务，共击沉2艘日本海军驱逐舰和1艘商船。

1944年9月，"风暴"号奉命前往澳大利亚西海岸的弗里曼特尔。在那里潜艇对压载水舱进行了改装，针对远洋作战行动而增加了燃油舱舱容积，使其可远赴爪哇岛海域作战。1945年4月，"风暴"号在经历了长达11.4万公里（71000英里）的远航后返回英国本土，期间累计潜航时间达1400小时。该艇后于1949年9月报废。

德国潜艇

德国潜艇的足迹也曾远至远东水域。1943年中期，11艘德军U艇（第12潜艇分舰队，后为第33潜艇分舰队）曾被派往当时日占马来亚槟榔屿基地，但最终只有5艘成行。在印度洋海域，德军U艇的攻击活动也没能引起太大的注意，很多行踪也只能从盟军的无线电情报上窥得一斑。

日本方面

大战爆发后，日本海军共拥有48艘远洋伊型潜艇和15艘较小的吕级艇，另有29艘在建。其中41艘潜艇可装载1至3架水上飞机（在欧洲，潜艇载机的方案在20年代就已基本淡出视野）。尽管日本潜艇一般航速较快，但下潜速度较慢，而且也更容易被盟军反潜设备侦测到。奇怪的是，日本海军似乎对雷达和反潜技术的开发并不十分热衷。

在鱼雷武器方面，日本海军拥有二战期间性能最为先进的鱼雷。95式鱼雷是1928年研制的93式"长矛"（美国绰号，非日本使用）鱼雷的潜艇型，这种鱼雷采用纯氧混合煤油作为推进燃料，相比采用压缩空气和酒精燃料的别国鱼雷而言效率更高，而且最大射程高达12公里（7.5英里），几乎是盟军鱼雷的2倍。此外，95式鱼雷的噪音和航迹更不明显，因此很难被发现和规避。95式鱼雷同时也是当时世界上战斗部最大的鱼雷，大战期间其战斗部重量一度从405公斤（893磅）增加到550公斤（1210磅）。

更重要的是，95式鱼雷采用结构简单的碰炸引信，比美国海军的Mk14型鱼雷可靠性更高，后者直到1943年底才得到真正的改进。日本潜艇还大量采用了电动鱼雷，如安装有299公斤（661磅）战斗部的92式鱼雷，其性能指标虽略逊于95式，然而航

▲ **"风暴"号潜艇**
英国皇家海军，S级巡逻潜艇，太平洋，1944年
作为1941年计划建造的第三批S级潜艇之一，"风暴"号潜艇的艇尾安装有第7部艇外鱼雷发射管，共可携带13枚鱼雷。1944年，"风暴"号加装了无线电定向设备和雷达天线。大战期间该艇共击沉2艘日军舰艇、1艘运输船和22艘小型船只。与其他艇型一样，甲板炮炮手缺乏有效的防护。

技术参数

动力：双轴推进，柴油机，电动机
最大航速：水面14.75节，水下9节
水面最大航程：15750公里（8500海里）/10节
武备：6部533毫米鱼雷发射管，1门76毫米炮

艇员：44人
水面排水量：726公吨（715吨）
水下排水量：1006公吨（990吨）
尺度：艇长61.8米，宽7.25米，吃水3.2米
服役时间：1943年5月

1939至1945年期间的日本潜艇艇型			
艇型	数量	下水时间	备注
C1	5	1940至1941年	袖珍潜艇载艇
B1	20	1940至1943年	载机（或回天鱼雷）巡逻潜艇
A/B	50	1940至1943年	袖珍潜艇（2人）
A1	3	1941至1942年	J3级改进而来的载机潜艇
海大7型	10	1942至1943年	攻击型潜艇
海小型（Kaisho）	18	1942至1944年	近岸防御
海中型（Kaichu）	20	1943至1944年	巡逻潜艇
B2	6	1943至1944年	载机（或回天鱼雷）巡逻潜艇
C3	3	1943至1944年	远洋巡逻潜艇，可载货
D1	12	1943至1944年	登陆潜艇，载110人
A2	1	1944年	远洋载机潜艇
B3	3	1944年	载机（或回天鱼雷）巡逻潜艇
C型	15	1944年	3人，大战结束前共建47艘
D型	115	1944至1945年	5人，大战结束前仍有496艘在建
AM	2	1944至1945年	搭载2架水上轰炸机
潜特型（Sen toku）伊-400	3	1944至1945年	远洋潜艇，可载3架水上飞机
D2	1	1945年	运输/登陆艇
潜高型（Sen taka）	3	1945年	配备水下通气管，但服役太晚
潜高小型（Sen taka Sho）	10	1945年	近岸巡逻，开工22艘
潜运小型（Sen Yu Sho）	10	1945年	小型补给潜艇
潜补型（Sen Ho）	1	1945年	潜艇油船/武器补给艇

行时却几乎没有航迹，因此极难被发现。

日本鱼雷最具代表性的战例包括：1942年9月15日，日本海军第1潜艇分舰队的伊-19号潜艇向美国海军"黄蜂"号航母齐射了6枚鱼雷，其中3枚命中目标并将其击沉，另2枚正好射向另一支美军编队，重创美国海军"奥布莱恩"号驱逐舰和"北卡罗来纳"号战列舰。

吕-100系列潜艇

日本海军吕-100系列潜艇，又名"海翔"（Kaisho）级；或KS级潜艇，1940年起共建18艘，到1944年全部完工。该型潜艇主要用于近岸防御，作战潜深75米（245英尺），由于排水量不大，仅能携带8枚533毫米鱼雷。大战期间，由于被迫前往远

海作战，该型潜艇表现并不如人意。1943年，吕-108号潜艇在新几内亚海域击沉了美国海军"亨利"（Henley）号驱逐舰，同级艇共击沉33021公吨（32500吨）的同盟国船只，然而没有一艘能幸存到战后，主要是被美军驱逐舰所击沉。首艇吕-100号曾执行过8次战斗巡逻任务，1943年11月在所罗门群岛附近海域触雷沉没。

C1丙型（Hei gata）潜艇于1937至1938年间相继开工，但直到1940年3月至1941年10月期间才陆续服役。同级艇共建5艘：伊-16、伊-18、伊-20、伊-22和伊-24号，主要用于攻击敌水面作战舰艇。该级艇作战潜深达100米，航程可达26000公里（16155英里），海上自持力90天，可携带20枚鱼雷。

C1丙型潜艇全部参与了偷袭珍珠港的行动，各艇均投放了微型潜艇。伊-24号参加了珊瑚海海战，1942年5月和6月期间攻击过悉尼港；伊-16号艇于1943年初被改装成运输艇，在所罗门群岛海域被美国海军"英格兰"号（USS England）驱逐舰用"刺猬"反潜迫击炮击沉。其余各艇均没能幸存至战后。

1938年，日本帝国海军建造了一艘名为"71号艇"的小型高速试验潜艇，该艇潜航速度可达21节（39千米/小时）。在此基础上，日本又设计了吨位较大的伊-201级攻击型潜艇，并计划在吴海军码头建造23艘。最终只有8艘潜艇顺利开工，到日本投降之前只建成了3艘，而且没能参战。这也是大战期间少有的潜航航速超过水面航速的潜艇之一。

面对性能强大而咄咄逼人的盟军反潜措施，日本海军迫切需要一款集高航速、快速下潜、良好的水下操控性、安静性以及强大攻击力的潜艇，通过安装4台电动机，水下推进功率可达5000马力（3700千瓦）。

伊-201级潜艇采用单壳体结构和流线型艇壳，甲板炮可回收，并配备有水下通气管。日本海军通过分段预置建造方式计划大批量建造，可以说该级艇是极具潜力而又威力巨大的一型潜艇。然而伊-201级潜艇没能影响战争的结局，各艇也于1946年相继

▲ 吕-100号潜艇

日本帝国海军，KS级巡逻潜艇，西太平洋，1943年

1942年8月建成的吕-100号潜艇是同级艇中的首艇，隶属于日本海军第8舰队第13潜艇分舰队第7支队，基地位于新几内亚拉包尔，主要任务是在所辖海域执行战斗巡逻和补给任务。1943年11月25日，该艇在布干维尔岛附近海域触雷沉没。

技术参数

动力：双轴推进，柴油机，电动机	艇员：75人
最大航速：水面14节，水下8节	水面排水量：611公吨（601吨）
水面最大航程：6485千米	水下排水量：795公吨（782吨）
（3500海里）/12节	尺度：艇长57.4米，
武备：4部533毫米口径鱼雷发射管，	宽6.1米，吃水3.5米
1门76毫米炮	服役时间：1942年8月

▲ C-1号潜艇

日本帝国海军，微型潜艇载艇

该型艇是在海大6A型潜艇的基础上改进设计的，但排水量明显加大许多，而且水面航速也有所提升。与其它大型日本潜艇不同的是，该型艇均未配备水上飞机，而且艇上搭载的微型潜艇后来也被用来装载登陆小艇与补给物资的设备取代。

技术参数

动力：双轴推进，柴油机，电动机	艇员：100人
最大航速：水面23.5节，水下8节	水面排水量：2605公吨（2564吨）
水面最大航程：25928千米	水下排水量：3761公吨（3701吨）
（14000海里）	尺度：艇长108.6米，
武备：8部533毫米口径鱼雷发射管，	宽9米，吃水5米
1门140毫米炮	服役时间：1938年7月

▲ **伊−400号潜艇**

伊- 400级潜艇代表着日本帝国海军的一次"潜艇航母"的终极尝试。而这次试验后来被证明是一场代价高昂的挫败，而该型潜艇对大战的进程和结果都没能产生影响。

被美国海军凿沉。

　　1941年，日本海军提出设计建造一型为川西（Kawanishi）H6K型水上飞机提供远程海上加油补给的潜艇，这就是伊−351号潜艇（Sen-Ho，或Sensuikan-Hokyu，即潜艇油船）。同级艇计划建造3艘，但最终只有伊−351号艇建成并服役。该艇于1945年初在吴海军码头下水，可装载371公吨（365吨）航空煤油燃料、20枚250千克（550磅）航空炸弹和15枚91式空投鱼雷，此外还可储存11公吨（10.8吨）淡水，这些物资能显著增强水上飞机的作战能力并扩大打击范围。

伊−351号潜艇武备不弱，配备有4部533毫米口径鱼雷发射管，4门81毫米口径迫击炮以及一组7门96式25毫米口径防空炮，艇上还装备有13-go型雷达设备。在仅仅服役6个月后，伊−351号潜艇就于1945年7月14日被美国海军"小鲨鱼"（Gato）级潜艇"竹荚鱼"号（USS Bluefish）击沉。

伊−400级潜艇

　　日本海军潜特型（即伊−400级）潜艇是在弹道导弹核潜艇问世之前世界上吨位最大的潜艇。起初计划建造18艘之多，1943

年1月开工建造。伊-400级潜艇为半双壳体结构，其内部设计有两个并排布置的圆柱形艇壳。向来十分支持发展伊-400级大型潜艇的日本海军联合舰队司令山本五十六（Yamamoto）被击毙后，该级艇的建造数量也被缩减为5艘，而最终仅有3艘完工。

与其他日本海军载机潜艇有所不同的是，伊-400级潜艇的作战使命更多的是攻击而非侦察，其航程足以绕太平洋3圈，或者完成一次环球航行。该级艇设计有机库，可以同时容纳3架爱知（Aichi）M6A"晴岚"（Seiran）水上侦察轰炸机。此外指挥塔围壳还采用了偏左舷的设计。

在前甲板上，伊-400级潜艇设计安装有一部26米长的压缩空气弹射器，可用于施放挂载1枚1800磅（800公斤）航弹的水上飞机。1944至1945年期间，由第一潜艇支队的伊-400、伊-13和伊-14号潜艇组成的编队策划了对巴拿马运河的远程突袭行动，但日本海军方面于1945年7月取消了这一疯狂的计划，转而计划突袭美军航母位于乌利提环礁（Ulithi Atoll）的基地。不过8月日本的投降使得这一计划也宣告落空。

美国海军潜艇

美国海军的"小鲨鱼"级潜艇起初是计划作为一种舰队型潜艇而设计建造的，然而它在太平洋战场上的表现却证明该级潜艇

▲ 伊-201号潜艇
日本帝国海军，快速攻击型潜艇，1945年

伊-201号潜艇于1945年2月2日完工，隶属于日本海军第6舰队潜艇分舰队。该艇指挥塔较小，艇体安装了橡胶消声瓦以减小航行噪音，艇首水平舵可收放，艇上可携带10枚95式鱼雷。1946年5月23日作为靶船被击沉。

技术参数

艇员：100人
动力：双轴推进，柴油机，电动机
最大航速：水面15.7节，水下19节
水面最大航程：10747公里
　　　　　（5800海里）/14节
武备：4部533毫米鱼雷发射管

水面排水量：1311公吨（1291吨）
水下排水量：1473公吨（1450吨）
尺度：艇长79米，
　　　宽5.8米，吃水5.4米
服役时间：1944年7月

▲ 伊-351号潜艇
日本帝国海军，水上飞机支援艇/运输潜艇

该艇隶属于日本海军第6舰队第15潜艇分舰队，1945年5至7月间两次往返佐世保基地和新加坡之间运送大量橡胶等重要战略物资。而作为其设计作战目的的水上飞机支援任务，则一次也没实施过。

技术参数

艇员：90人
动力：双轴推进，柴油机，电动机
最大航速：水面15.8节，水下6.3节
水面最大航程：24076公里
　　　　　（13000海里）/14节
武备：4部533毫米鱼雷发射管

水面排水量：3568公吨（3512吨）
水下排水量：4358公吨（4290吨）
尺度：艇长110米，
　　　宽10.2米，吃水6米
服役时间：1944年2月

格外出众，完全可以适应不同的战场环境。1940年9月11日，首艇"鼓鱼"号（USS Drum）在新罕布什尔州朴次茅斯港开工建造，1941年11月1日率先服役。"小鲨鱼"级潜艇作战潜深为90米，美国海军仿效德军"狼群"战术，将该级艇部署在黄海海域，和其他海域展开了协同作战。

"小鲨鱼"级潜艇还是首批从设计之初就安装配备了空调设施的潜艇。随着大战进程的逐步推进还得到了多次细节改进，因而逐步装备了新型雷达、高频定向仪以及高性能声呐设备。装备的增加一度使得"小鲨鱼"级艇的指挥塔顶部十分拥挤，后来改为低矮外观以降低可视度和航行阻力。1945年改装的"石首鱼"号（USS Barb）艇也成为首艘从海上发射火箭弹支援地面行动的潜艇。1954年，该艇转交给了意大利海军，并更名为"恩里克·塔佐利"（Enrico Tazzoli）号。从侧面轮廓上来看，该级艇也很好地体现出了"古比鱼"（Guppy）计划的最初面貌。

另一艘"小鲨鱼"级潜艇——"鲈

▲ **伊-400号潜艇**

日本帝国海军，载机战略突击潜艇，1945年

通过精巧的设计，伊-400级潜艇上配备了大量可折叠和收放的艇上装备，其中包括可回收的吊车。3艘伊-400级潜艇装备了1部Mk3型1式对空搜索雷达、1部Mk2型2式对海搜索雷达以及1部E27型雷达探测器，1945年5月起又加装了德制水下通气管。1946年，3艘同级艇均作为靶船被击沉。

技术参数

动力：双轴推进，柴油机，电动机	艇员：100人
最大航速：水面18.7节，水下6.5节	水面排水量：5316公吨（5233吨）
水面最大航程：68561公里	水下排水量：6565公吨（6560吨）
（37000〔海里〕）/14节	尺度：艇长122米，
武备：8部533毫米鱼雷发射管，	宽12米，吃水7米
1门140毫米炮	服役时间：944年

▲ **"石首鱼"号潜艇**

美国海军，"小鲨鱼"级巡逻/攻击潜艇，太平洋，1944年

1943年9月"石首鱼"号潜艇被部署在珍珠港之前，已在欧洲海区完成了5次战斗巡逻任务。而在后来的7次太平洋作战任务中，该艇又击沉了17艘日本船只，总吨位共计96628吨，其中包括1944年9月17日击沉的"日本海军"（UnYO）号护航航母，"石首鱼"号潜艇也因此成为美国海军战绩最高的潜艇。1945年7月，"石首鱼"号潜艇还发动了唯——次潜艇针对日本本土的登陆攻击行动。

技术参数

艇员：80人	水面排水量：1845公吨（1816吨）
动力：双轴推进，柴油机，电动机	水下排水量：2463公吨（2425吨）
最大航速：水面20节，水下10节	尺度：艇长94米，
水面最大航程：19311公里	宽8.2米，吃水5米
（10409〔海里〕）/10节	服役时间：1942年4月
武备：10部533毫米鱼雷发射管	

鱼"号（USS Grouper）经过改装，后来成为战后反潜型潜艇的原型艇。从1943年2月4日"白鱼"号（USS Balao）服役时起，以"小鲨鱼"级为基础的各种改进型共建122艘。其中"白鱼"级最大下潜深度可达122米（400英尺），航程可达20000公里（12400英里），可持续潜航48小时。到1945年8月，日本海军仍有56艘潜艇在役，但多数处于损毁严重的不良状态，而且只有9艘为大型攻击型潜艇。大战期间，日本共建造了126艘潜艇（包括袖珍潜艇），损失127艘，其中70艘被水面舰艇击沉，19被潜艇击沉，18艘被飞机击沉。

1940至1945年期间的美国潜艇艇型			
艇型	数量	下水时间	备注
"河豚"（Tambor）级	6	1940至1941年	损失2艘
"鲭鱼"（Mackerel）级	2	1941年	
"雀鳝"（Gar）级	6	1941年	损失5艘
"小鲨鱼"（Gato）级	73	1941至1944年	损失19艘
"白鱼"、（Balao）级	113	1943至1945年	损失9艘
"丁鲷"（Tench）级	28	1944至1945年	

▲ "鼓鱼"号潜艇（"小鲨鱼"级）

美国海军，"小鲨鱼"级巡逻/攻击潜艇

该艇是"小鲨鱼"级潜艇首艇，执行过多次作战任务。在经历了多次严重的深弹损伤后，"鼓鱼"号于1943年底将指挥塔改造成了后来"白鱼"级艇那样的低矮外观。指挥塔围壳顶部错综复杂的桅杆也很好地反映出该艇配备有大量传感和通信设备。

技术参数

艇员：80人
动力：双轴推进，柴油机、电动机
最大航速：水面20节，水下10节
水面最大航程：22236公里
　　　　　　　（12000海里）/10节
武备：10部533毫米鱼雷发射管

水面排水量：1845公吨（1816吨）
水下排水量：2463公吨（2425吨）
尺度：艇长95米，
　　　宽8.3米，吃水4.6米
服役时间：1941年5月

技术参数

艇员：80人
动力：双轴推进，柴油机、电动机
最大航速：水面20节，水下10节
水面最大航程：19300公里
　　　　　　　（10416海里）/10节
武备：10部533毫米鱼雷发射管

水面排水量：1845公吨（1816吨）
水下排水量：2463公吨（2425吨）
尺度：艇长94.8米，
　　　宽8.2米，吃水4.5米
服役时间：1942年2月

▲ "鲈鱼"号潜艇（"小鲨鱼"级）

美国海军，"小鲨鱼"级巡逻/攻击潜艇，后来改为试验艇

"鲈鱼"号潜艇于1942年2月12日正式服役，曾执行过9次战斗巡逻任务。1946年该艇成为第一艘配备了作战信息中心的潜艇，从此便作为试验艇使用。1951年1月2日，该艇成为第一艘正式定型的反潜型潜艇。此后，"鲈鱼"号又被改作海上移动实验室之用，1970年被拆解。

大战后期潜艇力量的发展：1944—1945

英国和美国在成熟艇型的基础上集中力量扩大潜艇部队规模时，德国人却在努力研制更具战斗力的新艇型。

虽说在二战的战场上，盟军制订了极为有效的空中和海上反潜措施，但在潜艇设计领域，德国无疑走在了同盟国前面。

德国

1943至1945年期间，共计118艘XXI型潜艇加入德国海军服役，这在当时完全是全新一代的作战潜艇艇型。XXI型采用分段建造方式，在耐压壳体外部设计有流线型艇体外壳，艇体上半部分的截面直径明显要大于下半部分。

从居住条件上看，XXI型潜艇也有极大提高。艇上配备有食品冷藏设备、淋浴间以及舒适的艇员休息舱。鱼雷舱采用了液压装置，10分钟内即可完成全部6部鱼雷发射管的装填，其耗时还不及VIIC型潜艇上一部鱼雷发射管采用人力装填所用的时间。XXI型潜艇的电动机推进功率极大，几乎是VIIC型潜艇的3倍，因而水下航程指标也十分令人满意。XXI型潜艇可以完全以水下潜航方式通过比斯开湾，从而大大降低被盟军反潜力量发现的概率。该艇最大潜深可达280米（919英尺），远远超过当时任何国家艇型。艇上的4台电动机中有2台为静音电动机，因此XXI型潜艇又被称为"电动潜艇"（Elekreoboot）。而分为8段的焊接建造方式也大大提高了潜艇的建造速度，几乎6个月就可以建成1艘。

1944年12月至1945年5月期间，17艘已建成或几乎建成的XXI型潜艇在船台上就地销毁。因此到德国投降的当日，只有4艘XXI型潜艇真正在役。若论真正投入作战，恐怕就只有U-2511号和U-3008号艇执行过战斗巡逻任务，只是没能取得战果。值得一提的是，就在1945年5月4日当天，U-2511号潜艇还曾成功渗透到了海面上的英国皇家海军"萨福克"号（HMS Suffolk）巡洋舰编队中间，在这次几乎成功的经典潜艇战例

▲ **U-3001号"电动潜艇"**

德国海军，XXI型"电动潜艇"，近岸潜艇，斯德丁，1944年

该型潜艇可携带23枚鱼雷或同时携带14枚鱼雷和12枚TMC型水雷。凭借艇上装备的主被动声呐，该型潜艇可以在水下49米（160英尺）深度上无须观测即使用LUT制导鱼雷发动攻击。该型艇一次充电可连续潜航3天之久。艇上甲板没有任何开口，指挥塔的设计也为后来围壳舱的出现提供了良好的借鉴。

技术参数

动力：柴油机，电动机
最大航速：水面15.6节，水下17.2节
水面最大航程：20650千米
　　　　　　　（11150海里）
武备：23枚鱼雷（艇首6枚），
　　　2门双联装20毫米炮

艇员：57人
水面排水量：1647公吨（1621吨）
水下排水量：1848公吨（1819吨）
尺度：艇长76.7米，
　　　宽6.6米，吃水6.3米
服役时间：1944年7月20日

中，英国人对眼皮底下悄然接近的德国潜艇完全浑然不觉！

U-3001号艇则是首批服役的XXI型艇之一。1944年7月20日服役并隶属于位于柯尼斯堡（今加里宁格勒）的第32潜艇训练分舰队，不久又转至位于斯德丁的第4潜艇分舰队。1944年11月至1945年5月期间，该艇驻扎在不莱梅的KLA（作战舰艇训练处），从此作为训练艇使用而未参加海上战斗。1945年5月3日在威悉蒙德凿沉。

到1941年底，II型潜艇的主要战场已经仅限于黑海海域。北大西洋和波罗的海战区迫切需要一种新型小型潜艇打开局面，邓尼茨更希望新型潜艇在地中海和黑海也能有所作为。因此，新艇必须采用分段建造的方式，可以藉由铁路运输至战区。1943年6月30日，这种全新的XXIII型潜艇完成总体设计，建造工作在德国境内造船厂和德国占领区的码头同时展开。首艇U-2321号于1944年4月17日下水，6月12日服役。XXIII型潜艇采用单壳体结构和全焊接工艺，与XXI型潜艇一样采用分段并行建造模式。艇体采用

▲ U-2326号电动潜艇

德国海军，XXIII型电动潜艇，攻击型潜艇，卑尔根，1944年12月

根据沃尔特博士的后期设计，该艇在艇首设计有水平舵，一组62单元的蓄电池组位于艇体底部，指挥塔围壳后部隆起的整流罩内安装有MWM RS-348型四冲程柴油机的降噪系统。XXIII型潜艇可以在9秒时间内完成紧急下潜。借助静音电动机，该艇几乎可以瞬间隐匿自己的水下行踪。

技术参数

艇员：14人	水面排水量：236公吨（232吨）
动力：柴油机，电动机	水下排水量：260公吨（256吨）
最大航速：水面10节，水下12.5节	尺度：艇长34.1米，
水面最大航程：2500千米	宽3米，吃水3.75米
（1350海里）	服役时间：1944年8月10日
武备：2枚鱼雷（艇首2枚）	

▲ U-195号潜艇

德国海军，IXD1型攻击型潜艇，大西洋/印度洋，1944至1945年

隶属于德国海军第10潜艇分舰队的U-195号潜艇执行过3次战斗巡逻任务，在为期126天的时间里该艇共击沉3艘同盟国船只。1944年，U-195号潜艇拆除艇上常规武器后，装载了V-2火箭零部件和氧化铀原料前往巴达维亚，其最终目的地将是同为轴心国同盟的日本。但在返航途中，该艇动力系统的可靠性问题暴露无遗。

技术参数

动力：柴油机，电动机	艇员：55人
最大航速：水面20.8节，水下6.9节	水面排水量：1636公吨（1610吨）
水面最大航程：18335千米	水下排水量：1828公吨（1799吨）
（9900海里）	尺度：艇长87.6米，
武备：24枚鱼雷，1门105毫米甲板炮，	宽7.5米，吃水5.4米
1门37毫米炮，1门20毫米炮	服役时间：1942年9月11日

流线型外观，并安装了静音电动机。1944年4月至1945年5月期间，在总共计划建造的280艘XXIII型潜艇中，共有61艘最终服役，而其中只有6艘执行过战斗巡逻任务，击沉5艘同盟国商船。

大多数XXIII型潜艇隶属第32潜艇训练分舰队，13艘隶属于基尔的第5潜艇分舰队，11艘隶属于挪威卑尔根的第11潜艇分舰队。尽管XXIII型潜艇只配备了2部鱼雷发射管，而且没安装甲板炮和多余的鱼雷，但凭借良好的隐身性和高航速，XXIII型潜艇对于德国海军而言依然是极具潜力的新型武器平台。

U-2326号潜艇是仅有的3艘幸存到大战结束后的XXIII型艇之一。该艇战后在苏格兰邓迪向英国皇家海军投降并更名为N-25号，后于1946年转至法国海军，同年在土伦港因为一起事故而沉没。

1942年9月，2艘IXD型潜艇先后服役，分别是IXD1型艇U-195号和IXD2型艇U-196号，这是一款大型快速攻击型潜艇。U-196号潜艇创造了二战期间潜艇远航的记录，该艇曾于1943年3月13日至10月23日期间抵达了印度洋海域。1943年3至7月期间，U-195号潜艇在南非附近海域击沉过3艘同盟国商船。不过第二年该艇就被解除了武装，并在波尔多港改装成一艘可装载256公吨（252吨）战略物资的运输潜艇。U-195号潜艇装备有试验型高速柴油机，但据称可靠性不高，而且运行时释放烟气过于严重，后来被IX艇标准型柴油机取代。1945年5月，U-195号潜艇在爪哇岛转交给日本海军并更名为伊-506号。不久后的8月，该艇即向美军投降。

其它国家海军的潜艇

"热血"号（HMS Sanguine）潜艇是大战结束前完工的最后一批S级潜艇之一，1945年5月13日才正式服役，因此没有机会在欧洲战场上一显身手。1958年，该艇被售予以色列海军，1959年其姊妹艇"跳跃者"号（HMS Springer）同样转交以色列海军，两艘艇分别更名为"拉哈伯"

1935至1945年期间的德国潜艇艇型			
艇型	数量	下水时间	备注
IIA型	6	1934至1935年	双壳体结构设计，近岸潜艇
IIB型	24	1935至1936年	
IA型	2	1936年	其中2艘参加了西班牙内战
VIIA型	10	1935至1937年	远洋艇型，双壳体结构设计
IX型	8	1936至1939年	
VIIB型	24	1936至1940年	
IIC型	8	1937至1940年	
IXB型	14	1937至1940年	
VIIC型	568	1938至1944年	攻击型潜艇，单壳体结构设计
IID型	16	1939至1940年	
IXC型	54	1939至1942年	
XB型	8	1939至1944年	布雷潜艇
VIID型	6	1940至1942年	布雷潜艇
XIV型	10	1940至1943年	"奶牛"补给潜艇
IXC/40型	87	1940至1944年	
IXD1型	2	1940至1942年	
IXD2型	28	1940至1944年	
VIIC/4型	91	1941至1945年	
VIIF型	4	1941至1943年	补给潜艇
IXD42型	2	1942至1944年	
XVIIA型	6	1942至1944年	试验艇型
XVIIB型	3	1943至1944年	试验艇型
XVIII型	1	1943至1944年	试验艇型，未完工
XXI型	118	1943至1945年	根据XVIII型艇发展而来的"电动潜艇"
XXIII型	61	1943至1945年	近岸潜艇，仅6艘投入作战

（Rahav）号和"坦尼"（Tanin）号。战后还有大批S级潜艇被转交给了其它一些国家的海军潜艇部队，其中包括1948至1949年期间转交葡萄牙海军的3艘："传奇"（Saga）、"先锋"（Spearhead）和"马刺"（Spur）号；1951至1952年期间转交法国海军的4艘："怨恨"（Spiteful）、"冒险家"（Sportsman）、"政治家"（Statesman）和"斯蒂尔河"（Styr）号。最后一艘S级潜艇于1962年报废拆解。

随着战事推进，意大利海军又设计建造了"弗罗托"（Flutto）级中型潜艇。意大利海军共订购了12艘"弗罗托"1型潜艇，到1943年8月时共建造了10艘。"弗罗托"2型潜艇则订购了24艘之多，但最终只有3艘下水，并且未能服役。意大利投降时，这些位于蒙法尔科内的潜艇都被德军截获。至于"弗罗托"3型潜艇，计划建造的12艘潜艇最终一艘也未完工。从设计风格上看，"弗罗托"级系列潜艇沿袭了意大利潜艇一贯的思路，只是指挥塔更为低矮小巧。

后来隶属德国海军的"弗罗托"2型潜艇都以UIT前缀更名以体现其意大利血统。1945年凿沉的"弗罗托"1型潜艇"鹦鹉螺"号后来被打捞出水，战后在南斯拉夫海军服役并更名为"萨瓦"（Sava）号。1949年"玛利亚"号被转交给了苏联海军。而意大利海军中唯一幸存的"弗罗托"1型潜艇只有"沃特斯"（Vortice）号。在经过1951至1953年期间的改装后，该艇重新服役，1967年8月才退役报废。

日本海军的波－201号潜艇（Taka ko gata，潜高小型，即小型快速潜艇）的设计思路和战术运用与德国海军XXIII型极为相似，而且同样分为5个预置分段分别投入建造。在1938年"第71号艇"项目的经验基础上，该艇融合采用了流线型外观，主要用于本土近岸防御，日本方面计划从1945年1月起在极短时间内快速建造79艘。

潜高小型潜艇最终仅建成10艘，并且未能参战执行战斗巡逻任务。该艇仅配备4枚鱼雷，但操控性能良好，而且可以在水下短时间内实现高速航行，这对于水面目标而言具有极大的威胁性。最大潜深达100米，艇上配备1挺7.7毫米口径防空机枪，显然这还不足以应付来自空中的袭击。该艇还配备有水下通气管，因而延长了潜艇的水下停留时间。由于艇上空间有限，海上自持力也只有短短的15天。

微型潜艇

包括意大利、日本在内的轴心国国家以及同盟国英国，都对微型潜艇的发展极为关注。这种排水量通常不足150公吨（148吨）、艇员大多只有1人的袖珍潜艇一般要依赖母船作战。日本的"回天"艇实质上就是一种人操鱼雷，而在大战末期战败前夕的日本大量建造这种"回天"人操鱼雷显然是一种无望的徒劳。

相比之下，英国和意大利设计建造的微型潜艇，尽管作战过程危险性仍然很大，但基本没有日本那样"自杀攻击"的意味，他们主要用来完成大型潜艇难以胜任的渗透和掩护任务。1939年大战爆发以后，由于英国皇家海军对微型潜艇兴趣浓厚，英国人很快开发出了两艘原型艇：X–3级和X–4级，后来又建造了20艘能载5人的X–5级艇。X级微型潜艇最令人印象深刻的尝试是对位于挪威阿尔塔峡湾内的德国海军杜比兹号战列舰及其他主力舰的偷袭行动。X级潜艇还曾被部署在其他战场上，如1945年7月在新加坡就曾成功击沉过日军船只。

德国人也设计建造了一系列微型潜艇，其中包括1944年开始建造的"海豹"（Seehund），该型艇共建造了285艘之多（计划建造数量更是高达1000艘）。但"海豹"微型潜艇服役太晚，几乎对战局没有产生任何影响。日本海军也建造了101艘甲型（Ko-hyoteki型）微型潜艇，并先后将其用于偷袭珍珠港和悉尼港（1942年5月29日）的行动中。1945年，日本还建造了约210艘"海龙"（Kairyu）级双人微型潜艇和约420艘"回天"人操鱼雷。尽管"回天"人操鱼雷执行过约100次任务，但其中

最大的战果也仅仅是在1945年7月24日击沉了美国海军"山脚"号（USS Underhill）护航驱逐舰。

最后的战时美国艇型

到了大战即将落幕的时候，美国海军已经拥有较大规模而且性能先进的潜艇部队。但随着时间的推移，不少艇型开始面临更新换代。1945年4月服役的"白鱼"级潜艇"电鳐"（Entemedor）号（绰号"养鸡场"）仅仅执行过一次战斗巡逻任务，大战就结束了。

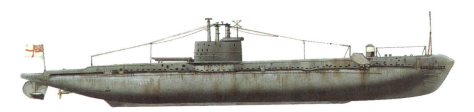

▲ "热血"号（HMS Sanguine）潜艇
英国皇家海军，S级巡逻潜艇

S级艇二战期间曾在地中海服役，而未配备空调设备的"热血"号潜艇显然艇员舒适性较差，其内部温度有时高达40℃。该艇一直服役至1966年，同级艇"坦尼"号还参加了1967年6月的"六日战争"。1968年两艘艇同时报废拆解。

技术参数

动力：双轴推进，柴油机，电动机
最大航速：水面14.7节，水下9节
水面最大航程：15750千米（8500海里）/10节
武备：6部533毫米鱼雷发射管，1门76毫米炮
艇员：44人
水面排水量：726公吨（715吨）
水下排水量：1006公吨（990吨）
尺度：艇长61.8米，宽7.25米，吃水3.2米
服役时间：1945年2月

▲ X-5号潜艇
英国皇家海军，微型潜艇，挪威，1943年

X级潜艇上配备乘员和艇员各1名，分别负责操纵和作战，艇上设计有气压过渡舱用于潜水员出入潜艇。该艇可以下潜至水下91米深度，共建造完成20艘，7艘在大战中沉没，1艘幸存。此外英国人还建造了6艘XE级潜艇并部署了在新加坡。

技术参数

艇员：4人
动力：单轴推进，柴油机，电动机
最大航速：水面6.5节，水下5节
水面最大航程：926千米（550海里）
武备：2枚1994公斤（4400磅）吸附式阿马托尔炸药
水面排水量：27公吨
水下排水量：30公吨（29.5吨）
尺度：艇长15.7米，宽1.8米，吃水2.6米
服役时间：1942年3月

▲ "热血"号潜艇

1945年5月13日服役的"热血"号潜艇是最后完工的S级潜艇。注意艇上的声呐整流罩和经改动的指挥塔围壳，该艇也未安装甲板炮。

1945至1948年期间，部署在西海岸的"电鳐"号潜艇在远东苏比克湾水域执行了多次巡航任务。1948年，该艇暂时退役封存，1950年10月"朝鲜战争"爆发后又重新服役。1951至1952年期间，"电鳐"号被部署在大西洋海域，1952年接受了现代化改装。1973年该艇被售予土耳其海军并更名为"普雷维泽"（Preveze）号，后来一直服役至1987年。

继"白鱼"级之后装备美国海军潜艇部队的是"丁鲷"（Tench）级潜艇，实质上二者有不少相似之处。"丁鲷"级潜艇共计划建造134艘，但大战结束时已取消了其中101艘的建造计划（其中不少未完工的潜艇被就地拆解）。而其中幸存的33艘"丁鲷"级潜艇成为了美国海军潜艇部队展开现代化升级项目之前最先进的艇型。"丁鲷"级艇排水量仅比"白鱼"级高出40.6公

技术参数

动力：双轴推进，柴油机，电动机
最大航速：水面16节，水下8节
水面最大航程：6670千米
（3600海里）/12节
武备：6部533毫米鱼雷发射管，
1门100毫米火炮

艇员：50人
水面排水量：1130公吨（1113吨）
水下排水量：1188公吨（1170吨）
尺度：艇长64米，
宽6.9米，吃水4.9米
服役时间：未下水

▲ "费洛"（Ferro）号潜艇
意大利海军，"弗罗托"2型巡逻潜艇

"费洛"号的德国艇名为UIT-12号，该艇几乎没有什么作战经历，1945年5月1日报废拆解。另一艘"弗罗托"2型潜艇——"巴里奥"（Bario）号（1943至1945年期间名为UIT-7号）在蒙法尔科内被打捞出水，1957至1961年期间在塔兰托港修复，后更名为"皮耶特罗·卡尔维"（Pietro Calvi）号并一直服役至1972年。

1939至1945年期间的苏联潜艇艇型			
艇型	数量	下水时间	备注
XIIIb系列L20型	6	1940至1941年	布雷潜艇
Xb系列Shch135型	20	1940至1947年	巡逻潜艇
XIIb系列M30型	45	1937年1941年	近岸巡逻
IXb系列S4型	31	1939至1941年	战前艇型, 1955年4艘转让中国
XIV系列K1型	7	1939至1941年	布雷潜艇, 战前艇型
XV系列M204型	10	1941年	战前艇型
"罗尼斯"（Ronis）级	2	1927年	1940年从拉脱维亚俘获, 近岸潜艇
"卡列夫"（Kalev）级	2	1936年	1940年从爱沙尼亚俘获, 布雷潜艇
S3-S4	2	1941年	1944年从罗马尼亚俘获
TS4	1	1936年	1944年从罗马尼亚俘获

吨（40吨），但艇内布局更为合理，艇体结构强度也更高。同级艇中只有少数（包括"丁鲷"号）执行过战斗巡逻任务，"狗鱼"号（USS Pickerel）艇属于少数几艘到大战结束后的1949年时尚未完工的同级艇之一。1964至1973年期间，14艘"丁鲷"级潜艇被售予其他国家海军，其中包括售予

巴西海军的4艘、分别转让土耳其和意大利的2艘以及卖给希腊、巴基斯坦、加拿大、秘鲁、委内瑞拉和中国台湾地区各1艘。

我们知道，二战期间的美国潜艇在不同的船厂、码头接受过不同内容的损伤修复、重要改装以及加装各型设备。为了减小潜艇的轮廓而避免被目视和电子侦察手段发

技术参数

艇员：22人
动力：单轴推进，柴油机，电动机
最大航速：水面10.5节，水下13节
水面最大航程：5559千米
（3000海里）/10节
武器：2部533毫米鱼雷发射管，
1挺7.7毫米防空机枪

水面排水量：383公吨（377吨）
水下排水量：447公吨（440吨）
尺度：艇长50米，
宽3.9米，吃水3.4米
服役时间：1945年5月

▲ **波-201号潜艇**

日本帝国海军，近岸防御潜艇

日本海军发展该级潜艇的目的是实施协同集群作战，但随着日本的战败而没能真正实施。波-201号潜艇是该级艇首艇，1945年5月31日建成，隶属于日本海军第33（后隶属第52）潜艇分舰队，1945年9月2日在佐世保向美军投降。战后该艇被当作靶船与伊-402号艇搭配使用，1946年4月被凿沉。

现，同时为了进一步缩短紧急下潜耗时，美国人还采取了种种改造措施。所有上述这些因素共同造成了"小鲨鱼"级、"白鱼"级和"丁鲷"级潜艇虽然整体外观较为相似，但没有任何两艘潜艇看起来完全相同的情况，特别是在指挥塔围壳、潜望镜和天线等设备的外观上存在很大区别。

1939和1945年各国潜艇力量的对比				
国家	1939年	1945年	战时建造数量	大战损失
德国	57艘	448艘*	1171艘	780艘
英国	60艘	162艘	178艘	76艘
意大利	107艘	57艘	38艘	88艘
日本	63艘	46艘	111艘	128艘
苏联	218艘	163艘	54艘	109艘
美国	99艘	274艘	227艘	52艘

*：包括222艘在1945年5月自沉的、156艘投降以及其他未参战的潜艇

▲ "电鳐"号潜艇

美国海军，"白鱼"级巡逻潜艇

1945年9月22日，"电鳐"号潜艇返回位于西雅图的美国海军基地，1946至1947年期间隶属驻苏比克湾的太平洋舰队基地。1948至1950年期间转入预备役，1950年10月重新服役并加入大西洋舰队。1952年美国海军展开"古比"IIA升级改造计划后，该艇又加入了位于地中海的美海军第6舰队。

技术参数

动力：双轴推进，柴油机，电动机
最大航速：水面20节，水下8.7节
水面最大航程：20372千米
（11000海里）/10节
武备：10部533毫米鱼雷发射管，
1门127毫米火炮

艇员：80人
水面排水量：1854公吨（1825吨）
水下排水量：2458公吨（2420吨）
尺度：艇长95米，
宽8.3米，吃水4.6米
服役时间：1944年12月

技术参数

动力：4台柴油机，2台电动机
最大航速：水面20.2节，水下8.7节
水面最大航程：20372千米
（11000海里）/10节
武备：10部533毫米鱼雷发射管，
28枚鱼雷，
1或2门127毫米火炮

艇员：22人
水面排水量：1595公吨（1570吨）
水下排水量：2453公吨（2415吨）
尺度：艇长95.2米，
宽8.31米，吃水4.65米
服役时间：1944年12月

▲ "狗鱼"号

美国海军，"丁鲷"级巡逻潜艇，太平洋，1949年

"狗鱼"号潜艇于1944年2月8日下水。1949年，该艇隶属于驻珍珠港的第2潜艇分舰队，此后一直在太平洋舰队服役。1962年，该艇接受了美国海军"古比"III升级改造计划，后加入位于日本横须贺的美国海军第7舰队。越战结束后，该艇于1972年转交意大利海军，并更名为"普里莫·隆戈巴尔多"（Primo Longobardo）号。

第四章

冷战铁幕:
1946—1989

两次大战期间的表现充分证明了潜艇的战斗力,

没有人会再怀疑潜艇在未来海上战略中将会发挥的

关键作用。

不过潜艇依然面临着巨大的挑战:

潜艇需要怎样的武器装备?

如何进一步提高潜艇的水下航程和自持力?

怎样改进制导武器系统和可探测性?

至少还包括:怎样攻击并确保摧毁敌国海军性能优良且武备

强大的潜艇?

起初人们寻求在现有设计基础上进行改进,但随着一大批新

技术的出现,

人们开始应用大到核反应堆、小到微处理器的各种先进成果

来扩展潜艇的性能和战斗力,

而这一切都是1945年时的人们难以想象的。

◀ "达拉斯"号(USS Dallas)潜艇

该艇隶属美国海军"洛杉矶"(Los Angeles)级,也是首艘装备了Mk117型火控系统的潜艇,曾被部署到印度洋、地中海、波斯湾以及北大西洋等地区。该艇最新配备了水下蛙人投送载具,图中艇上指挥塔围壳后方明显可见。

导言

当西方国家与苏联之间的角力愈演愈烈时，潜艇力量对现代化技术的需求也迫切需要重新评估。

第二次世界大战的结束促使各战胜国开始对自己的潜艇部队进行优化，一批老旧而过时的潜艇要么被报废拆解，要么作为靶船使用。1945年5月和8月间，随着轴心国德国和日本的相继投降，其潜艇的设计与建造工作也随之戛然而止。

无论如何，这些轴心国都是在潜艇技术开发和设计建造方面独具实力的国家。因此无论是大战幸存的潜艇还是计划建造中的潜艇，都被同盟国进行了仔细的研究。特别是XXI和XXIII型潜艇所代表的德国潜艇的优越性能，对那些战胜国而言都具有巨大的价值。英国、美国和苏联战后都得到了完整无缺的XXI型潜艇，通过细致研究和分析，对于德国潜艇拥有的优异性能无不震惊。

对德国潜艇的研究构建了20世纪40年代末50年代初世界潜艇试验和设计的基础，人们主要关注的是以下几点问题：对可使潜艇在水下长时间潜航的水下通气管进行改进；进一步提高潜艇航速；增强运载和发射可攻击水面和陆地目标的导弹的能力。对于战后新一代潜艇的外观，人们也有所描绘，即光滑流畅的艇体外壳、表面无开口的甲板、取消了甲板炮、流线型的指挥塔围壳和水平舵以及作为标准装备的水下通气管。

战后那个时代的地缘政治背景主要是当时以美苏两个超级大国为代表的北约和华约阵营之间的对抗。1949年苏联开始拥有核武器后极大地增加了华约集团的对抗砝码，一场以潜艇武器为代表的新的军备竞赛拉开了序幕。美国研制出了结构紧凑、体积可以控制到能够轻易安装到潜艇上的核反应堆，从而真正打造出了可以在水下连续作战数周而不是仅有数小时数天的真正的潜艇。自此，美国和苏联相继建造了"鹦鹉螺"号（USS Nautilus）等上百艘各型核动力潜艇，英国、法国和中国也先后组建了自己的小型核潜艇部队。显然，核潜艇问世后的大海战概念得到了全面的更新。拥有了这种配备远程核导弹的核潜艇，也就拥有了所谓的"威慑力"。若要对一个大国发动先发制人的战略打

▲ **"探索者"号（HMS Explorer）潜艇**

英国皇家海军"探索者"号潜艇是两艘试验性潜艇之一，由于事故不断，该艇还被冠以"雷管"的绰号。

▲ "费城"号（USS Philadelphia）潜艇

美国海军"费城"号潜艇于1974年下水，隶属"洛杉矶"级核动力攻击型潜艇。该艇于2010年退役。

击，则必然会遭致来自对方战略核潜艇甚至未知方向上的战略打击报复，这就是确保相互摧毁的原则。

导弹平台

从20世纪50年代起，潜艇的发展就与水下发射火箭的技术紧密联系到了一起。随着潜射导弹的体积和重量的增加，潜艇的吨位也随之提升以增强自身的火力。这也就不难理解可发射导弹潜艇的外观看起来千奇百怪的原因了，而这一切在安装有洲际弹道导弹（ICBM）垂直发射筒技术出现后才得以改观。潜艇发射导弹的难点在于如何有效地解决导弹推进、维持导弹飞行稳定性以及精确制导等问题。美国人最初在对德国V-1导弹研究和仿制的基础上，从潜射甲板的发射架上试射了"潜鸟"（Loon）火箭。后来美国致力于发展潜艇导弹所用的固体燃料火箭发动机和导弹，而苏联则重点发展液体燃料导弹。

核潜艇技术往往需要在高度机密的环境下发展，有时也会打破保密状态。而多数国家也在同时部署和改进自己的柴电动力常规潜艇。这些吨位小、成本低的潜艇完全可以有效执行一些航程有限的战术任务。美国则继续沿用冷战时期最后建造的一批常规潜艇，后来则完全放弃了常规潜艇的设计建造。

历史上有几次危机事件几乎将冷战变成了"热战"。1951年"朝鲜战争"期间，一大批美国海军暂时封存的潜艇迅速重新服役，只是在这场以地面和空中作战为主的局部战争中没能发挥较大作用；1956年英国人也在"苏伊士运河战争"中部署了4艘潜艇；而1962年10月的古巴导弹危机期间，美苏双方也都部署了一定数量的潜艇。1971年"印巴战争"期间发生了自1945年大战结束以来的第一场潜艇战。1982年"英阿马岛战争"中，英国和阿根廷也都部署了潜艇；到了20世纪80年代，冷战的铁幕开始落下。第一阶段限制战略武器条约（SALT I）虽然削减了陆基战略导弹的数量，但对战略潜艇的限制却几乎没有起到什么作用。

美国与苏联: 1946—1954

在战时德国潜艇的基础上，美国和苏联海军逐步设计建造了一大批新型潜艇并不断加以改进。

从1946年起，苏联开始着手进行613型潜艇的研制工作，这就是后来被北约命名为"威士忌"（Whiskey）级（或称W级）的以德国XXI型潜艇为蓝本的苏联海军新型常规动力潜艇。"威士忌"级起初设计用于近岸巡逻，但实际上完全适合执行远洋作战任务。1951至1958年期间，苏联至少建造了215艘"威士忌"级潜艇，系列改进型多达5种，而建造高峰期为1953至1956年期间。"威士忌"I型潜艇在指挥塔上配备有双联装25毫米（0.98英寸）口径炮，而"威士忌"II型艇则加装了两门57毫米口径炮，"威士忌"III型则干脆取消了火炮武器。到了"威士忌"IV型的时候，又保留了艇上的25毫米炮，同时安装有水下通气管。"威士忌"V型潜艇再次取消了火炮并设计了流线型指挥塔围壳，而后期建造了W级潜艇则多采用了V型艇的基本设计。

"威士忌"级潜艇先后出口过多个国家，其中包括阿尔巴尼亚（4艘）、保加利亚（2艘）、中国（5艘）、埃及（7艘）、印度尼西亚（14艘）、朝鲜（4艘）以及波兰（4艘）。此外，借助苏联提供的图纸和零配件，中国在国内也自行建造了21艘同级艇，并称之为03型。W级潜艇服役时间很长，1982年时苏联海军序列中尚有45艘在役。目前除了朝鲜海军可能还有数艘在役外，W级潜艇已全部退出各国海军序列。

20世纪40年代末开发的615型潜艇是苏联为了提升近岸攻击型潜艇的技术水平而设计建造的一型常规动力潜艇。早在大战

①

▲ **"威士忌"级潜艇**

苏联海军，巡逻/导弹潜艇

"威士忌"级潜艇采用了预置分段建造和焊接工艺以提高建造速度，1956至1963年期间，13艘该级潜艇经过改装，配备了苏联历史上第一代潜射导弹。其余还有部分同级艇被改装成为雷达情报搜集艇。

技术参数

动力：双轴推进，柴油机，电动机	艇员：50人
最大航速：水面18节，水下14节	水面排水量：1066公吨（1050吨）
水面最大航程：15890千米	水下排水量：1371公吨（1050吨）
（8580海里）	尺度：艇长76米，
武器：4部533毫米口径鱼雷发射管，	宽6.5米，吃水5米
2部406毫米鱼雷发射管	服役时间：1949年（第一批）

▲ **"威士忌"级潜艇**

① 配图显然有误，并非"威士忌"级艇（正确的图片为下文中所示）。

爆发前，苏联方面就开始了采用闭合回路发动机以摆脱对水面空气依赖的相关推进技术的研究，1941年建成了M-401号试验潜艇并在里海海域展开了试验。

这就是被北约命名为"魁北克"（Quebec）级的苏联海军Q级潜艇，其早期型在指挥塔围壳前缘安装有一门双联装45毫米（1.8英寸）口径防空炮，艇首则布置有4部鱼雷发射管，但没有备用鱼雷。1952至1957年期间，苏联共建造了30艘该型潜艇，大大少于计划中的100艘。这也是当时世界上绝无仅有的采用不依赖空气推进（AIP）系统的潜艇。尽管该型潜艇部分性能指标十分突出，但由于燃料系统常发生火灾事故，2艘同级艇因此失事沉没。因此，随着苏联海军第一代核动力潜艇的出现，虽说在50年代末通过改进又发展了M615型潜艇，Q级潜艇依然很快退出了历史舞台。上世纪70年代最后一艘"魁北克"级潜艇退役，Q级艇上曾配备的AIP系统发动机也被常规柴电推进系统所取代。其中一艘615型潜艇还曾作为试验艇用于测试一种消声瓦，其研究成果后来大量应用在苏联各型作战潜艇上。

原德国XXI型潜艇的遗产	
国家	派生艇型
法国	E-48"林仙"（Aréthuse）号
英国	"探索者"号、"海豚"号
苏联	"祖鲁"（Zulu）级、"威士忌"级、"罗密欧"（Romeo）级
美国	"古比"计划、"丁鲷"级

美国

1946至1947年期间，美国海军采用"淡水鳕"号（USS Cusk，"白鱼"级）和"青鲹"号（USS Carbonero）潜艇，试射了采用涡扇发动机为动力的"潜鸟"巡航导弹（参考德国脉冲喷气发动机动力的V-1导弹）。这种导弹储存潜艇上的一个状似水箱的舱室内，从安装在潜艇后甲板上的一个轨道上发射。后来，两艘潜艇一直在美国海军中服役，主要用于导弹武器试验。

与早期潜射导弹试验同步展开的还有美国海军的"古比"（水下推进提升计划）项目，该项目旨在扩展美国海军现有潜艇部队的战斗力。从1946年6月至1963年，该项目历经了7个不同阶段。最初美国海军是在两艘原德国XXI型潜艇——

▲ "魁北克"级潜艇

苏联海军近岸潜艇，黑海

这是20世纪90年代以前唯一出现过的投入批量建造的AIP发动机潜艇，但是来自技术问题的障碍限制了该型潜艇的进一步装备和部署。该艇配备有2台主柴油机、闭合回路发动机以及静音电动机作为动力系统，理论上可以保持连续14天的水下续航时间。由于事故不断，苏联于1957年终止了进一步的发展计划。

技术参数

动力：三轴推进，2台柴油机，1台900马力（670千瓦）AIP柴油发动机，静音电动机

最大航速：水面18节，水下16节

水面最大航程：5090千米（2750海里）/9节

武器：4部533毫米口径鱼雷发射管，8枚鱼雷

艇员：30人

水面排水量：460.4公吨（460吨）

水下排水量：548.6公吨（540吨）

尺度：艇长56米，宽5.1米，吃水3.8米

服役时间：1952年

U-2513号和U-3008号上展开了一系列试验,后来又对两艘潜艇进行了一系列改装和改进。1945年服役的"丁鲷"级潜艇——"鹦鹉鱼"号(USS Odax)和"甲鱼"号(USS Pomodon)潜艇也于1947年加入了该项目,为此取消了艇上的甲板炮,修改了舰桥外观以减低阻力,起锚机和系缆柱都设计成可收放式,甚至连艇首也将原来尖削的舰队型潜艇设计改为圆钝的"古比"型艇首。此外,艇上采用了容量更大的蓄电池组,声呐和雷达设备也得到了升级。"古比"1A计划并不十分复杂,主要是在1951年内对9艘"白鱼"级潜艇和1艘"丁鲷"级潜艇进行了升级。"古比"2计划则改造了潜艇的指挥塔围壳以重新布置水下通气管、排气口、潜望镜和通信设备,改造完成后的指挥塔围壳可以容纳12到13部包括导航、定向和通信等不同功能的桅杆和天线设备,其中电子设备可工作在不同频率而不受相互干扰,雷达也可同时用于水面和对空搜索。"古比"2A计划同样包括对指挥塔围壳和艇首的改造,同时也包括对艇上动力系统的改进。而所谓的"舰队型水下通气管"改造可谓"半古比"式的升级,仅仅包括水下通气管设备本身以及电磁兼容桅杆,对艇首外观则予以保留,发动机也未升级,只是将辅助电动机换成了空调设备。通过"古比"升级改造计划,潜艇的指挥塔围壳不再设计有内部控制台,而仅仅成为所

▲ "飞鱼"号(USS Volador)潜艇

美国海军,"丁鲷"级攻击型潜艇,太平洋,1949至1970年

"飞鱼"号潜艇于1948年10月1日服役,1970年以前一直隶属美国海军太平洋舰队,朝鲜战争期间承担了侦察巡逻任务,越战期间获得过3枚战役星勋章。注意图中3部PUFFS(BQG- 4)水下被动火控系统整流罩。1980年,该艇被转交给意大利海军,并更名为"吉安弗朗科·加萨纳"(Gianfranco Gazzana)号。

技术参数	
动力:双轴推进,4台柴油机,2台电动机	艇员:81人
	水面排水量:1595公吨(1570吨)
最大航速:水面20.2节,水下8.7节	水下排水量:2453公吨(2415吨)
水面最大航程:20372千米(11000海里)/10节	尺度:艇长95.2米,宽8.32米,吃水4.65米
武备:10部533毫米口径鱼雷发射管,28枚鱼雷	服役时间:1948年10月1日

技术参数	
艇员:83人	水面排水量:1585公吨(1560吨)
动力:双轴推进,柴油机,电动机	水下排水量:2296公吨(2260吨)
最大航速:水面15.5节,水下18.3节	尺度:艇长82米,
水面最大航程:18530千米(10000海里)/10节	宽8.3米,吃水5.2米
武备:8部533毫米口径鱼雷发射管	服役时间:1951年10月25日

▲ "刺尾鱼"号(USS Tang)潜艇

美国海军,巡逻潜艇

从设计上看,该型潜艇尽可能地控制了艇体长度,为未来安装闭合回路动力系统预留了空间。1980年,该艇被转交给了土耳其海军。经过一系列的改装后,该艇吨位已经增加了609.6公吨(600吨),艇长也加大了6.5米,大大超过了1951年下水时的指标。

谓的"帆罩"（美国俗称）或"鳍"（英国俗称）。

随着火箭技术的发展和远程轰炸机威胁的不断增加，远程雷达探测技术因此成为高优先级的发展项目。一批包括"小鲨鱼"级、"白鱼"级和"丁鲷"级艇在内的潜艇被改装成为"雷达情报艇"，这就是1946至1952年期间美国海军分三阶段开展的所谓"偏头疼"（Migraine）改装计划。

朝鲜战争

美国海军"丁鲷"级潜艇"梭子鱼"号（USS Pickerel）于1944年12月下水，但直到1949年才服役。根据美国海军"古比"2升级改造计划，该艇升级了水下通气管并换装了504单元的蓄电池组，后来还参加了朝鲜战争，只是作用有限。虽说朝鲜战争中的美国潜艇未能发射一枚鱼雷，但依然执行了大量的侦查和情报收集任务，偶尔也能跟踪到苏联潜艇的活动。1962年，"梭子鱼"号潜艇在"古比"III升级改造计划中进行了现代化升级，20世纪60年代末的"越南战争"期间还为位于越南东京湾水域的美国航母战斗群提供过支援。1972年8月18日，"梭子鱼"号潜艇被

美国海军"古比"升级改造计划			
阶段	时间	参与潜艇数量	备注
I	1946至1947年	2	
II	1947至1951年	24	
IA	1951年	10	
舰队型水下通气管		28	
IIA	1952至1954年	17	
IB	1953至1955年	4	用于北约盟国海军潜艇
III	1959至1963年	9	

转让给意大利海军，更名为"普里莫·隆戈巴尔多"（Primo Longobardo）号并一直服役到1980年。

可以说美国海军战后的第一代潜艇设计与"古比"计划密切相关。1951至1952年期间服役的"刺尾鱼"号（USS Tang）及其5艘姊妹艇为快速攻击型潜艇，其水下航速达18.3节，水面则为15.5节。艇首安装的6部鱼雷发射管作为主战武器，而艇尾的2部鱼雷发射管主要用于反潜对抗手段。起初艇上安装的是4台通用公司星形汽缸发动机，不过运行中暴露出了稳定性的问题，因此于1956年更换为3台费尔班克斯·摩尔

▲ **"青花鱼"号潜艇**
美国海军，试验型潜艇，1953年

在一系列试验和风洞测试后，在早期潜艇上偶尔出现的水滴形艇壳设计开始大行其道。该艇耐压壳体采用新型HY-80高强度钢建造，起初单轴螺旋桨与尾舵和水平舵位置十分接近，1955至1956年期间又将螺旋桨的位置进行了适当的后移。

技术参数

艇员：52至60人
动力：单轴推进，2台柴油机，1台电动机
最大航速：水面25节，水下33节
水面最大航程：不详
武备：无

水面排水量：1524公吨（1500吨）
水下排水量：1880公吨（1850吨）
尺度：艇长62.2米，宽8.4米，吃水5.6米
服役时间：1953年12月5日

斯（Fairbanks-Morse）10缸柴油机。"刺尾鱼"号潜艇可携带26枚鱼雷，最大潜深可达213米（700英尺）。

1978年，"刺尾鱼"号潜艇从太平洋舰队转到大西洋舰队。到了1980年，作为当时美国海军战斗序列中服役年限最老的柴电潜艇，"刺尾鱼"号潜艇终于宣告退役，其实此时该艇距离服役寿命大限尚有20年之久。此后该艇被转交给了土耳其海军，更名为"皮瑞雷斯"（Pirireis）号后一直服役到2004年。

随着冷战逐渐步入高潮，各国对潜艇的战术需求也随之提升。在大西洋一侧，北约潜艇的巡逻范围主要集中在格陵兰岛、冰岛以及不列颠群岛一线，这里是苏联舰艇通往大西洋开阔海域的必经之地，也是出入波罗的海、黑海和地中海的重要通道。虽说通过"古比"升级改造计划，美国海军的潜艇技术水平有了一定程度的提高，但美国海军依然坚持不懈地寻求水下作战力量质的提升，几乎运用了那个年代一切可能的新设计思想和新技术成果来打造真正的先进潜艇。这就催生了冷战时期绝无仅有的一艘试验型潜艇——"青花鱼"号（USS Albacore）。该艇在缅因州基特利海军码头建造，1953年12月5日正式服役。表面上，"青花鱼"号潜艇的设计用途是用作海军反潜对抗演习中的靶船，但很快该艇就体现出了超群的水下性能——"青花鱼"号的水下航速达到了前所未有的33节，紧急下潜和水下急转能力十分突出，综合性能远远超过了当时各国所有现役的潜艇。

在潜艇控制系统的研发过程中，人们还大量借鉴了航空技术。"青花鱼"号试验潜艇在上世纪60年代里经历了一系列

改进，其中包括采用更有效的降噪措施、采用可反转螺旋桨、重新设计艇首和蓄电池组、应用下潜减速控制系统和水下航行减阻技术（但并不成功）等等。美国海军及其盟友从"青花鱼"号试验潜艇的设计建造和试验过程中获益良多，在此基础上美国于1956年启动了新一代潜艇的研制计划，这就是融合了水滴形艇壳和核动力推进系统、但仍然保持了潜艇传统设计风格的"鲣鱼"号（USS Skipjack）潜艇。"青花鱼"号试验潜艇于1972年退役，1980年报废，该艇作为一艘纪念艇现在依然保存在新罕布什尔州的朴茨茅斯港。

美国海军"鲭鱼"号（USS Mackerel）及其姊妹艇"枪鱼"号（USS Marlin）潜艇是美国自1909年C级潜艇之后建造的吨位最小的潜艇，主要用于进入舰队服役之前的艇员训练。起初两艘潜艇并没有艇名，只是被冠以T-1和T-2的舷号，1953年服役，1956年才正式命名。1954年1月起，"枪鱼"号潜艇隶属驻佛罗里达州基维斯特的第12潜艇中队，作为训练艇和靶船服役。"鲭鱼"号和"枪鱼"号潜艇于1973年1月31日退役，"枪鱼"号后来一直保存在内布拉斯加州的奥马哈。

殊途同归的发展方向

20世纪50年代初，美国海军沿着两条截然不同的方向展开了新型潜艇的研制开发。其一是以"青花鱼"号试验潜艇为代表的设计和建造思路，通过艇壳和控制系统的全新设计结合传统推进方式开发下一代潜艇；其二是保持长久以来的鱼雷攻击型潜艇的传统艇壳设计，在此基础上应用核动力推进方案。显然，只要核反应堆的小型化技术步入实用化阶段，那么应用到潜艇推进系统

战后美国柴电潜艇				
艇型	类别	建造数量	服役时间	备注
"梭鱼"（Barracuda）号	反潜潜艇	3	1944至1951年	50年代退役
"刺尾鱼"（Tang）号	攻击型潜艇	6	1949至1952年	1975年退役
"青花鱼"号	试验潜艇	1	1953年	1972年退役
"灰鲸"（Grayback）号	巡航导弹潜艇	2	1954至1958年	1964年取消巡航导弹潜艇的用途
"常颌须鱼"（Barbel）号	攻击型潜艇	3	1956至1959年	1990年退役

上就只是时间问题了，接下来的最大障碍可能仅仅就是说服美国国会通过这样的开发项目。1951年7月，美国国会授权开建第一艘核动力潜艇。1952年6月14日在康涅狄格州格罗顿的电船公司铺设了龙骨。

1954年1月21日，美国海军历史上第一艘核动力潜艇"鹦鹉螺"号顺利下水，同年9月30日正式服役。除了采用核动力推进系统外，"鹦鹉螺"号的总体设计基本上是按照"刺尾鱼"级潜艇改进而来，海军型核反应堆项目早在1948年就已经启动，到1953年3月时，由著名的威斯丁豪斯公司（Westinghouse Corporation）设计制造的可供潜艇安装使用的S2W小型化紧凑型压水式核反应堆已经定型。1955年1月17日，"鹦鹉螺"号首次出海，在接下来的两年时间里，该艇用前所未有而不可思议的航程充分证明了自己"洲际潜艇"的不凡身份。1958年8月3日，凭借艇上装备的北美航空公司设计的惯性导航系统，"鹦鹉螺"号创纪录的以水下航行方式穿越了北极圈。此后，"鹦鹉螺"号潜艇先后被部署到大西洋和地中海，1960年隶属美国海军第6舰队。到上世纪60年代中期，随着

▲ "鳐鱼"号（USS Skate）潜艇
"鳐鱼"号核动力潜艇曾远航至北极，并以全程潜航的方式穿越大西洋海域。

新一代核动力潜艇的不断建成服役，"鹦鹉螺"号以训练潜艇的身份度过了其服役期的最后岁月。到1980年3月3日最终退役时，"鹦鹉螺"号核潜艇的累积航程已经超过了50万海里。

▲ "枪鱼"号（USS Marlin）潜艇

美国海军，近岸潜艇

1966至1967年期间，"鲭鱼"号（USS Mackerel）潜艇被用作美国海军深海救援试验的平台，其龙骨上还安装了可供潜艇在海床上行走的滑轮、辅助推进器、电视摄像机和机械臂等附加设备，这些设备后来也全部应用到了NR-1型深潜器上。"枪鱼"号潜艇此后则更多的用作反潜训练和演习的常规用途。

技术参数

艇员：18人	水面排水量：308公吨（303吨）
动力：单轴推进，柴油机，电动机	水下排水量：353公吨（347吨）
最大航速：水面8节，水下9.5节	尺度：艇长40米，
水面最大航程：3706公里	宽4.1米，吃水3.7米
（2000海里）/8节	服役时间：1953年11月20日
武备：1部533毫米鱼雷发射管	

▲ "鹦鹉螺"号潜艇

美国海军，核动力潜艇，1954年

1951至1954年期间，潜艇远航能力的技术挑战随着美国海军安全而高效的核动力潜艇的诞生而迎刃而解。与先前任何潜艇不同的是，"鹦鹉螺"号只配备有1台发动机，而且没有燃油舱、蓄电池组和电动机，这也意味着可以为艇员腾出更多的居住空间。

技术参数

艇员：105人	水面排水量：3589.7公吨（3533吨）
动力：双轴推进，1台S2W型	水下排水量：4167.8公吨（4102吨）
压水核反应堆，涡轮机	最尺度：艇长97米，
最大航速：水面20节，水下23节	宽8.4米，吃水6.6米
水面最大航程：无限	服役时间：1954年9月30日
武备：6部533毫米鱼雷发射管	

潜艇力量的新使命：1955—1964

对大多数国家的海军而言，核潜艇依旧是可望而不可及的，但赋予潜艇发射战术导弹能力的技术却是值得关注和追求的。

早在第二次世界大战刚刚结束时，中国方面就获得了两艘英制潜艇。不过，中国海军的第一支潜艇力量的诞生却和苏联有着悠久的历史渊源。1956年，中国在苏联"威士忌"级潜艇的基础上开始建造21艘常规潜艇。后来苏联继续在此基础上改进，从而发展了名为633型柴电攻击型潜艇，北约称"罗密欧"（Romeo）级（或称R级）。

中国

在建造完成20艘潜艇后，根据《中苏友好互助条约》，苏联将"罗密欧"级艇的设计与技术资料转交给了中国方面。因此，033型潜艇的建造工作也于1962年开始在江南造船厂展开。1965年12月，首艇顺利下水。在1962至1984年期间，中国共建造了84艘033型潜艇，其中大多数在中国海军中服役，也有一批出口海外。与此同时，中国海军也在该型潜艇的基础上进行了一些改进工作，如033型潜艇配备有8部鱼雷发射管，而R级只有6部。如果不携带14枚备用鱼雷的话，还可携带28枚水雷。此外，033型潜艇排水量较R级稍大，因此内部空间和燃料储量较后者都更大，航程也几乎提高了1倍。目前"罗密欧"级潜艇可能只在朝鲜海军中尚有服役，其他国家海军可能还有为数不多的封存艇。

在033型潜艇的基础上，中国方面通过持续的改进研制了035型（"明"级）潜艇。尽管二者主尺度相似，但035型的综合性能要先进得多。从20世纪70年代初开始，"明"级潜艇总共建造了20艘，最后6艘于1996至2001年之间服役。这显然是在新一代039型（或称035B型）常规潜艇延期服役前的一个临时应急措施。该型潜艇升级了火控系统，加装了消声瓦以降低噪音，同时还可携带18枚鱼-4型（仿苏联SEAT-60型）大型声导反舰鱼雷，这种鱼雷在40节航速下射程可达15公里（9.3英里）。

法国

"鲨鱼"（Requin）号潜艇是1957至1960年期间建造完成的6艘"独角鲸"（Narval）级潜艇中的一艘，是一种远洋巡逻/攻击型潜艇。其设计建造过程多少参考了德国人的XXI型潜艇，但无疑在各方面都更为先进。"独角鲸"级潜艇的水下通气管也是全新设计的，对电动机的改进也将潜艇水下航程提高到了740公里（400海里），相比之下XXI型艇只有537公里（290海里）。"独角鲸"级艇的最大潜深可达400米（1300英尺），航行也更安静。最值得一提的是艇上安装的是施耐德2冲程柴油机，1966至1970年期间换装为法制皮尔斯蒂克（SEMT-Pielstick）12PA4-185改进型柴油机。在后来的改进过程中，该艇取消了2部艇尾鱼雷发射管，安装了类似"海豚"级艇的新水平舵，对艇上传感器也进行了升级。

"鲨鱼"号和"王妃"（Dauphine）号潜艇后来成为新型声呐与电子系统的试验艇，这些新型装备后来装备到了法国海军"凯旋"（Triomphant）级核动力潜艇上。而"鲨鱼"号最终于1992年作为靶船报废。

▲ "罗密欧"级潜艇
苏联/中国海军，巡逻-攻击型潜艇
中国033型潜艇曾出口阿尔及利亚、保加利亚、埃及和叙利亚等国。此外朝鲜还建造了22艘。在033型艇的基础上，中国还从1971年起建造了21艘035型"明"级潜艇，其中大多数是在上世纪90年代完成的。

技术参数

艇员：60人
动力：双轴推进，柴油机、电动机
最大航速：水面16节，水下13节
水面最大航程：29632公里（16000海里）/10节
武器：8部533毫米鱼雷发射管

水面排水量：1351公吨（1330吨）
水下排水量：1727公吨（1700吨）
尺度：艇长77米，宽6.7米，吃水4.9米
服役时间：1958年（苏联）1962年（中国）

印巴战争

1958至1960年期间，法国在原德国XXIII型艇的基础上设计建造了4艘"林仙"（Aréthuse）级小型潜艇，计划用于地中海海域的反潜猎歼作战。此后，法国又设计建造了11艘吨位更大的"莞花"（Daphné）级巡逻/攻击型潜艇，建造工作于1961至1970年期间相继完成。1968至1970年期间，2艘同级艇因故沉没，事故据信是水下通气管的设计缺陷导致。

"莞花"级潜艇曾大量出口。如：1967至1969年期间葡萄牙海军曾购买4艘（1975年售予巴基斯坦海军1艘）；1970至1971年期间南非海军曾购买3艘；西班牙海军也曾于1973至1975年期间购买4艘。这些

外售订单中最值得一提的也许就是1970年售予巴基斯坦的3艘。其中"鲨鱼"（PNS Hangor）号潜艇曾在1971年11至12月的第三次印巴战争期间发射鱼雷击沉了印度海军反潜护卫舰"库克里"（Khukri）号。

这是二战结束以来潜艇首次击沉水面舰艇的战果。1971年12月9日当天，印度海军"库克里"号护卫舰正与姊妹舰"短剑"（Kirpan）号在印度西海岸巡逻。"短剑"号率先发现了巴基斯坦海军"鲨鱼"号潜艇并前去拦截，后者发射鱼雷但错失目标。然而，射向"库克里"号的鱼雷准确命中并将目标当场击沉。随后，"鲨鱼"号潜艇被"短剑"号护卫舰投掷的深弹炸伤，但也抓住机会发射鱼雷命中了对

▲ "莞花"（Daphné）级潜艇
法国海军（同巴基斯坦海军），攻击型潜艇，1971年
该级潜艇配备有4部外安装的艇尾鱼雷发射管，但潜航时无法重装填。起初该级艇部署在洛里昂，1972年起转至土伦。1967至1968年期间"莞花"级艇经历了升级改造并一直服役至1989年。"莞花"号艇曾用于试验法国海军"海鳝"（Murène）鱼雷，1994年被作为导弹靶船击沉。

技术参数

艇员：45人	
动力：2台柴油机，2台电动机	水面排水量：884公吨（870吨）
最大航速：水面13.5节，水下16节	水下排水量：1062公吨（1045吨）
水面最大航程：8334公里	尺度：艇长58米，
（4000海里）/5节	宽7米，吃水4.6米
武备：12部533毫米鱼雷发射管	服役时间：1959年6月20日

▲ "鲨鱼"号潜艇
法国海军，"独角鲸"级巡逻潜艇
"独角鲸"级潜艇的设计参考了后更名为"罗兰德·末里罗特"（Roland Morillot）号的原德国海军U-2518号艇。该级艇分为7个长10米的预置段建造，然后焊接组装，这也是法国历史上首次采用这种方式建造潜艇。接受了1966至1970年期间的改装后，该级艇加入驻洛里昂的第2潜艇支队服役。

技术参数

艇员：63人	
动力：双轴推进，柴油机，电动机	水面排水量：1661公吨（1635吨）
最大航速：水面16节，水下18节	水下排水量：1941公吨（1910吨）
水面最大航程：27795公里	尺度：艇长78.4米，
（15000海里）/8节	宽7.8米，吃水5.2米
武备：8部533毫米鱼雷发射管	服役时间：1955年12月3日

战后法国潜艇艇型（柴电潜艇）				
艇型	类别	建造数量	服役时间	备注
"曙光女神"（Aurore）级	巡逻潜艇	5	1949至1954年	战前艇型，经现代化升级
E-48	巡逻潜艇	2	1948年	试验型
"独角鲸"级	攻击型潜艇	6	1957至1986年	
"林仙"级	攻击型潜艇	4	1958至1981年	
"莞花"级	攻击型潜艇	11	1964至1970年	售予巴基斯坦（4艘）、葡萄牙（4艘）、南非（3艘）和西班牙（4艘）
"阿戈斯塔"（Agosta）级	攻击型潜艇	4	1977至2001年	售予西班牙4艘、巴基斯坦3艘
"鲉鱼"（Scorpène）级	多用途		2005年	法国/西班牙海军
"枪鱼"（Marlin）级	多用途		2008年	仅隶属法国海军

方的舰尾将其炸伤。"鲨鱼"号最终成功躲过了印度海军的空中和反潜力量的围堵，顺利返回基地。

12月4日，"鲨鱼"号的姊妹艇"加齐勇士"（Ghazi）号潜艇在孟加拉湾海域沉没，外界怀疑可能是误触自己布下的水雷而沉没。2006年，"鲨鱼"号正式退役，后来成为一座博物馆供游客参观。到了上世纪90年代，法国海军也将剩余的"莞花"级潜艇全部退役报废。

英国

20世纪50年代，英国皇家海军依然保持着雄霸全球的壮志，特别是在远东的影响力依旧不落下风。为此，英国于1959年几乎同时设计建造了两种极为相似的远洋巡逻/攻击型潜艇——"海豚"（Porpoise）级和"奥比隆"（Oberon）级。建造过程中，两型潜艇都采用了大量玻璃钢材料，其水下续航力和安静性可与同一时期的美国和苏联潜艇媲美，非常适合执行秘密任务，如在敌近岸水域潜伏、搜集情报或输送特工特战人员等。艇首鱼雷发射管可携

▲ "奥比隆"号潜艇
英国皇家海军，O级巡逻潜艇
O级艇共有3艘进入皇家海军服役，与"海豚"级的最主要区别在于其采用了更有效的消音降噪措施，艇壳也采用了QT-28高强度钢建造，最大潜深也因此提高到水下340米（1115英尺）。艇上安装的2台海军型V16柴油机推进功率为3680马力（2744千瓦），可驱动2台3000马力（2237千瓦）电动机。

技术参数

动力：双轴推进，2台柴油机，2台电动机
最大航速：水面12节，水下17.5节
水面最大航程：11118公里（6000海里）/10节
武器：8部533毫米鱼雷发射管

艇员：69人
水面排水量：2063公吨（2030吨）
水下排水量：2449公吨（2410吨）
尺度：艇长90米，宽8.1米，吃水5.5米
服役时间：1959年7月18日

带发射20枚"虎鱼"（Tigerfish）鱼雷，艇尾鱼雷发射管主要用于反潜防御。艇上的电子、雷达和声呐系统在长达30余年的服役期内曾进行过多次升级改进。

英国还为澳大利亚皇家海军建造了6艘"奥比隆"级潜艇。这批潜艇配备有美制Mk48鱼雷，雷达与声呐系统为美国斯佩里（Sperry）公司Micropuffs被动测距声呐和克虏伯CSU3-41攻击声呐系统，艇尾鱼雷发射管则被封死。20世纪80年代，该级潜艇开始配备"鱼叉"（Harpoon）亚音速反舰导弹，从而成为一型巡航导弹潜艇。加

拿大海军和巴西也购买过3艘该型潜艇，智利海军也购买了2艘。"奥比隆"级潜艇总体来说是一型性能良好的常规潜艇，也是英国皇家海军最后一型投入常规服役的柴电动力潜艇。

在过氧化氢推进系统的研究领域，英国人也开展过大量研究工作，但到了1956年时，核动力潜艇正开始在美国和苏联这样的超级海军强国中占据主导地位。1960年10月21日，英国皇家海军第一艘核潜艇"无畏"号（HMS Dreadnought）正式下水。该艇安装了1台美制S5W压水式核反应

▲ "海象"号（HMS Walrus）潜艇
英国皇家海军，"海豚"级巡逻潜艇
该级潜艇共建造8艘，与"奥比隆"级艇采用相同的水下通气管系统，在恶劣海况下性能表现良好。该级艇最大潜深达300米，对空和对海搜索雷达系统可在潜望镜深度工作。所有"海豚"级潜艇于1988年退役。

技术参数

艇员：71人	水面排水量：2062公吨（2030吨）
动力：双轴推进，2台柴油机、电动机	水下排水量：2444公吨（2405吨）
最大航速：水面12节，水下17节	尺度：艇长73.5米，
水面最大航程：16677公里	宽8.1米，吃水5.5米
（9000海里）/10节	服役时间：1959年9月22日
武备：8部533毫米鱼雷发射管	

技术参数

艇员：88人	水面排水量：3556公吨（3500吨）
动力：单轴推进，	水下排水量：4064公吨（4000吨）
S5W核反应堆，蒸汽涡轮机	尺度：艇长81米，
最大航速：水面20节，水下30节	宽9.8米，吃水8米
水面最大航程：无限	服役时间：1963年4月17日
武备：6部533毫米鱼雷发射管	

▲ "无畏"号核潜艇
英国皇家海军，核动力攻击型[①]潜艇（SSN）
能够从美国获得核反应堆对于英国皇家海军第一艘核动力潜艇而言意义巨大，这推动了未来英国核潜艇自主核反应堆的研制。1970年，"无畏"号核潜艇经历了燃料更新和改进工作，1971年3月24日，"无畏"号核潜艇撞破北极圈的冰层浮出海面，宣告一个新时代的到来。

---

① 此处原文为"核动力巡逻型"，显然有误。

战后英国潜艇艇型（柴电潜艇）

艇型	类别	建造数量	服役时间	备注
"探索者"级	试验潜艇	2	1958年	试验潜艇，采用HTP发动机
"刺鱼"（Stickleback）级	微型潜艇	4	1954至1955年	XE级改进型
"海豚"级	巡逻潜艇	8	1956至1959年	
"奥比隆"级	多用途潜艇	13	1960至1967年	共建造了14艘用于出口
"支持者"（Upholder）级	巡逻潜艇	4	①	1998年转交加拿大

战后荷兰潜艇艇型

艇型	类别	建造数量	服役时间	备注
"海豚"（Dolfijn）级	巡逻潜艇	2	1954至1960年	已退役
"旗鱼"（Zwaardvis）级	巡逻潜艇	2	1966至1972年	1995年退役
"海象"（Wairus）级	巡逻潜艇	4	1985至1994年	

堆（曾用于"鲣鱼"级核潜艇），艇内后半段机械舱段几乎是复制了"鲣鱼"级潜艇（因此一度被称为"美式舱段"），艇壳设计也仿造"鲣鱼"级潜艇进行，只是导航和武器系统采用英国自主技术。该艇于1963年4月17日正式服役。

由于技术尚不成熟，"无畏"号核潜艇主要用于测试和训练，但事实证明它完全称得上是一艘具备充分战斗力的快速攻击型核潜艇。该艇水下最高航速达30节，十分适合为航母战斗群护航。1980年，由于艇上机械系统发生故障又未能完全修复，"无畏"号核潜艇被迫前往罗塞斯海军码头大修。所幸的是在美国的技术援助下，潜艇很快得到修复。1966年7月18日，"无畏"号的继任者——"勇士"号

▲ **"勇士"号核潜艇**

英国皇家海军，攻击型核潜艇，南大西洋，1982年

与其前身"无畏"号核潜艇不同的是，"勇士"号配备有帕克斯曼柴电辅助推进系统作为静音航行的动力。1967年，该艇完成了从新加坡到英国本土为期28天的潜航，航程共计19312公里（12000海里）。1982年，该艇又耗时101天完成了在阿根廷沿岸海域的战斗巡逻任务，主要承担监视和防空侦察使命。1970、1977和1989年，"勇士"号还分别接受过升级改装工作。

技术参数

艇员：116人
动力：单轴推进，1台核反应堆，蒸汽涡轮机
最大航速：水面20节，水下29节
水面最大航程：无限
武备：6部533毫米鱼雷发射管
水面排水量：4470公吨（4400吨）
水下排水量：4979公吨（4900吨）
尺度：艇长86.9米，宽10.1米，吃水8.2米
服役时间：1966年7月18日

① 此处应为：1990至1993年。

（HMS Valiant）核潜艇正式服役。同级艇共建2艘，另一艘为1967年4月服役的"厌战"号（HMS Warspite）。尽管"勇士"级核潜艇以"无畏"号为设计基础，排水量也只是略大，但与后者仍然存在两大主要的区别：首先是艇上的动力系统采用了劳斯莱斯公司的压水式核反应堆，2台蒸汽涡轮机也采用英国电气公司的产品，此外潜艇还首次采用了减震浮阀系统以降低艇上机械设备的震动，因此潜艇安静性能大为提高。而减震浮阀也成为后来各国核潜艇的惯用设计。

冷战期间，2艘"勇士"级核潜艇主要承担反潜任务，同时跟踪苏联弹道导弹核潜艇（SSBN）和水面编队，此外还负责在苏联潜艇通往大西洋开阔水域的航线上展开巡逻。"厌战"号于1991年退役，"勇士"号则因冷却系统管道破裂事故于1994年退役。

荷兰

1960年12月16日，"海豚"号潜艇在经历了长达6年的建造后，终于进入荷兰皇家海军服役。同级艇共建4艘，属远洋巡逻/攻击型潜艇，也是荷兰自二战结束后自行设计建造的第一型潜艇。该型艇内部结构十分独特，外部壳体内由3个独立的耐压壳体呈三角形布置，艇员舱位于顶部耐压壳体内，其余两个耐压壳体内安装有动力系统、蓄电池组和储存舱。尽管这种独特的布局设计复杂、成本高昂，但也赋予潜艇300米的最大下潜深度，这在20世纪50年代的各国潜艇中是十分难得的。1960至1966年期间，"海豚"级潜艇相继服役。受核动力潜艇的吸引，荷兰海军本来计划取消"海豚"级艇下一批次的建造计划，但权衡再三后还是放弃了核潜艇发展计划。

"海豚"级潜艇还有一个独特特征，那就是艇上的8部鱼雷发射管在艇首和艇尾各4部平均分布安装，布雷作业也可以通过鱼雷发射管进行。1985年，"海豚"号潜艇退役报废，其余同级艇一直服役至90年代，其中"海豹"（Zeehund）号在1990至1994年期间曾在鹿特丹RBM码头船厂作为验证艇对AIP系统进行过试验。

苏联

无论是"威士忌"级，还是1952年发展的"祖鲁"（Zulu）级，苏联都将其视为二战潜艇技术的遗产。为了打造一种性能真正先进的现代化潜艇，苏联启动了641型潜艇的设计建造，这就是被北约称

▲ **"海豚"号潜艇**
荷兰皇家海军，巡逻潜艇

技术参数	
艇员：64人	水面排水量：1518公吨（1494吨）
动力：双轴推进，2台柴油机， 　　　2台电动机	水下排水量：1855公吨（1826吨）
	尺度：艇长80米，
最大航速：水面14.5节，水下17节	宽8米，吃水4.8米
水面最大航程：细节不详	服役时间：1960年12月16日
武备：8部533毫米口径鱼雷发射管	

这种三角形耐压壳体布局在之后的荷兰海军潜艇中再也没有出现过，这主要得益于高强度等级钢和焊接工艺的进步。采用了新材料和新技术建造的单壳体结构潜艇拥有同样的结构强度和性能，而造价却更低。

为"狐步"（Foxtrot）的新型常规动力攻击型潜艇。"狐步"级首艇于1957年开工建造，1958年服役，建造工作一直持续到1983年。其中58艘隶属苏联海军，另有超过20艘出口至其他国家。"狐步"级潜艇安装有3台科罗姆纳（Kolomna）柴油机和3台电动机，采用三轴三桨推进。这种动力布置显然对降噪不利，而且其水下航速仅为15节，基本无法实现水下快速追击或撤退。不过，在苏联海军的历史中，"狐步"级潜艇却在20余年的服役生涯中贡献卓著。这是一型几乎可以部署到任何海域的潜艇，其足迹遍及全球各大海域，特别是危机四伏的北大西洋和西大西洋。

古巴导弹危机

1962年10月16至28日期间的古巴导弹危机期间，"狐步"级潜艇的身影频繁出现在危机前沿。早在10月1日，就有4艘"狐步"级潜艇被部署到了古巴水域，尽管当时尚未接到任何作战指令，但这批潜艇每艘都携带有至少1枚核鱼雷。在大西洋海域同时还有一艘携带了2枚核鱼雷的"祖鲁"级潜艇B-75号原地待命（当时美国并不知情），该艇主要负责保护苏联与古巴之间的海上航运线。在得知苏联潜艇在北大西洋海域的存在后，美国五角大楼于10月23日下令美国海军立即对苏联潜艇展开跟踪，并运用各种可行的手段迫使其上浮

技术参数

动力：三轴推进，3台柴油机，3台电动机	艇员：80人
	水面排水量：1950公吨（1919吨）
最大航速：水面18节，水下16节	水下排水量：2540公吨（2500吨）
水面最大航程：10190公里（5500海里）/8节	尺度：艇长91.5米，宽8米，吃水6.1米
武备：10部533毫米鱼雷发射管	服役时间：1959年

▲ **"狐步"级潜艇**

苏联海军，巡逻-攻击型潜艇

"狐步"级潜艇几乎将苏联的影响力延伸到了全球各大洋，虽然指挥塔采用了流线型设计，但该级潜艇仍是苏联最后一型沿用传统艇壳设计建造的常规动力潜艇。而在后来的新型潜艇中，苏联开始采用水滴形艇体设计。

▲ **"高尔夫"I级潜艇**

苏联海军，（战略）[1]导弹潜艇

该型潜艇位于艇体舯部的龙骨略有下沉，目的是为了容纳安装导弹发射井。与"狐步"级相似的是，该级潜艇采用3台柴电发动机驱动三轴三桨。除了采用低速静音电动机以外，该级潜艇的水下安静性能并不理想。

技术参数

动力：三轴推进，3台柴油机，3台电动机	艇员：86人
	水面排水量：2336公吨（2300吨）
最大航速：水面17节，水下14节	水下排水量：2743公吨（2700吨）
水面最大航程：36510公里（19700海里）/10节	尺度：艇长100米，宽8.5米，吃水6.6米
武备：3枚SS-N-4战略导弹，10部533毫米鱼雷发射管	服役时间：1959年

---

① 译者补充。

并确认身份。而在这一对抗过程中，美国海军还试验性地使用了一种小型深弹。

美国人的手段果然奏效——3艘"狐步"级潜艇：B-36、B-59和B-130号相继被美国海军投掷的深弹或因蓄电池耗尽逼出海面。而第4艘苏联潜艇B-4号则侥幸逃脱了美国海军的围堵。10月22日，美国总统肯尼迪宣布古巴周边水域为"封锁区"，莫斯科方面因此撤回了部署在古巴附近水域的"祖鲁"级潜艇。与此同时，正在太平洋海域游弋的携带核弹头的"祖鲁"级潜艇B-88号则奉命赶赴珍珠港附近巡逻，这样一旦美苏开战，该艇便能迅速做出反应。就在短短的几天时间里，世界似乎行走在大战一触即发的边缘，而潜艇更是从威慑平台演变成触发核大战的导火索。当时位于东海岸各基地的美国海军潜艇部队都处于战备状态，监视着苏联舰船的一举一动。而美苏双方携带洲际弹道导弹的核潜艇更是处在随时出击的全面警戒状态。

"高尔夫"（Golf）级潜艇拥有几乎完美的外观轮廓，其指挥塔围壳一直向后延伸以容纳导弹发射井。该级艇的苏联代号为629型潜艇，是苏联专门设计建造的第一型弹道导弹潜艇。在6艘"祖鲁"级潜艇经改装配备"飞毛腿"导弹进行试验后，苏联于20世纪50年代中期开始设计这种新型G级潜艇。1958至1962年期间，共有23艘"高尔夫"级潜艇服役。早期型的G级潜艇可携带3枚R-11FM（SS-N-4）型弹道导弹，但射程仅为150公里（93英里），而且导弹只能在水面状态下发射。

1966至1972年期间，苏联对16艘"高尔夫"级潜艇进行了改进，这就是629A型潜艇（或称"高尔夫"II级）。这种改进型潜艇可携带R-21（SS-N-5）型"萨克"（Sark）①导弹，其射程可达1400公里（870英里），而且可以实现水下发射。

该型潜艇位于艇体舯部的龙骨略有下沉，目的是为了容纳安装导弹发射井。与"狐步"级相似的是，该级潜艇采用3台柴电发动机驱动三轴三桨。除了采用低速静音电动机以外，该级潜艇的水下安静性能并不理想。

1968年3月8日，一艘"高尔夫"II级潜艇K-129号在太平洋瓦胡岛西北海域失事沉没，艇员全部丧生。当时艇上还有3枚R-21导弹和2枚核鱼雷。美国的SOSUS（水下声波监听系统）探测器跟踪到了这次事故，于是立即展开了一项秘密打捞行动，即"亚述尔人"（Azorian）计划。1974年，美国海军派出"大比目鱼"（Halibut）号和"海狼"（Seawolf）号两艘核动力潜艇在失事海域展开搜索，后来美国人只打捞上来苏联潜艇的部分残骸，而行动详情至今不为外界所知。

到了1990年，苏联海军的所有"高尔夫"级潜艇均已退役。其中10艘G级艇于1993年售予朝鲜拆解。1966年建造的一艘"高尔夫"I级潜艇被中国引进，目前可能仍用于导弹试验。

1955年9月16日，"祖鲁"级潜艇B-67号发射了苏联首枚潜射弹道导弹（SLBM）——R-11FM。从1956年起，苏联还改装了一批"威士忌"级潜艇使其能够携带并发射SS-N-3"柚子"（Shaddock）巡航导弹。首批改型艇被北

---

① 此处有误，实为"赛尔布"（Serb）。

约称为"威士忌"单筒型，即可携带发射1枚导弹。然而苏联在1958至1960年期间接连改装了6艘W级艇，使其在指挥塔后方可存储发射2枚导弹，北约称其为"威士忌"双筒型。而第三种改型艇——北约称"威士忌"长箱型，共6艘。通过加长指挥塔围壳，该型艇可安装4部垂直导弹发射筒。1960年9月10日，B-67号潜艇成为了苏联首艘水下发射导弹的潜艇。仅仅两个月后，美国海军"乔治·华盛顿"号（USS George Washington）弹道导弹核潜艇也从水下发射了一枚"北极星"（Polaris）A1型导弹。而首次水下发射战略核导弹的壮举，则是在1961年10月20日由一艘苏联629型潜艇在新地岛试验场完成的。

美国

在美国，"古比"升级改装计划进入到了最后阶段，在1959至1963年期间的"古比"III计划中，美国海军在接受了"古比"II计划已经通过的9艘潜艇的中部舱段加装了一个4.5米长的中间段，这一额外空间主要用于容纳新型电子支援设备（ESM）、声呐和火控系统等设备，此外指挥塔也进行了加高以适应恶劣海况。20世纪50到70年代中期，大量"古比"型潜艇出口多个国家，只有2艘一直服役到21世纪初："刺鳐"（Thornback）号和"绿鱼"（Greenfish）号。前者隶属土耳其海军，即"乌鲁克·阿里·雷斯"（Uluc Ali Reis）号，2000年退役；后者隶属巴西海军，即"亚马逊河"（Amazonas）号，2004年报废拆解。

美国海军早期的导弹潜艇试验都是以舰队型潜艇为平台展开的。1958年3月7日，"灰鲸"号（USS Grayback）潜艇在加州马尔岛服役。和"黑鲈"（Growler）号一样，两艘潜艇原本都是攻击型潜艇。为了安装发射"天狮星"（Regulus）I型巡航导弹，人们将潜艇的艇首改为球鼻形，内装4部导弹发射箱。1958年9月，"灰鲸"号成功试射一枚"天狮星"I型反舰巡航导弹，潜艇自此拥有了从海上攻击陆地目标的能力。"灰鲸"号此后作为巡航导弹潜艇（SSG）随即被部署到太平洋舰队服役，凭借配备核弹头的导弹构筑的"战略威慑"成为统治冷战三十余年的主导战略思想。

1964年5月25日，随着美国海军"天狮星"项目的下马，"灰鲸"号潜艇也正

技术参数

动力：双轴推进，	艇员：84人
2台柴油机，2台电动机	水面排水量：2712公吨（2670吨）
最大航速：水面20节，水下17节	水下排水量：3708公吨（3650吨）
水面最大航程：14825公里	尺度：艇长98.2米，
（8000海里）/10节	宽9.1米，吃水5.8米
武备：4艘"天狮星"I型巡航导弹，	服役时间：1958年3月7日
8部533毫米鱼雷发射管	

▲ **"灰鲸"号潜艇**
美国海军，巡航导弹潜艇

对于该艇而言，巨大的导弹发射舱成为了最明显的识别特征。对设计者而言，最为突出的则是艇体排水量过大以及渗水问题。至于导弹发射筒，则安装在一个旋转支架上。1958至1964年期间，"灰鲸"号潜艇隶属驻珍珠港的第1潜艇中队。

式退役。1967至1968年期间，"灰鲸"号将艇首的导弹舱及其相关部件改装成可容纳"海豹"（SEAL）特种队员和蛙人运载具的特种作战舱，从而成为一艘两栖登陆潜艇（LPSS）。不久该艇就参加了越南战争，在1972年6月的"雷头行动"中，"灰鲸"号潜艇奉命营救美军战俘。1984年1月15日，"灰鲸"号正式退役，1986年4月13日作为靶船被击沉。"黑鲈"号则作为纪念艇保存在布鲁克林供公众参观。

核计划

随着核武器开发计划的推进和首艘核潜艇的研制，美国海军对核动力推进技术的发展也予以极大的重视。1955年7月，美国计划建造4艘"魟鱼"（Skate）级潜艇，首艇"魟鱼"号于1957年12月23日正式服役。"魟鱼"级潜艇的设计建造以"刺尾鱼"级艇为基础，是美国海军历史上吨位最小的核动力攻击型潜艇。但在当时，"魟鱼"级的排水量相对而言仍然不小，而且性能也较为满意。在北极海域的巡逻任务中，"魟鱼"号也成为了首艘在北极圈内上浮的潜艇（1959年3月17日）。而在长达30年的服役生涯中，"魟鱼"号主要隶属于驻康涅狄格州新伦敦的美海军大

西洋舰队。而早在"魟鱼"级潜艇的建造尚未结束之前，6艘"鲣鱼"（Skipjack）级潜艇也于1956至1961年期间相继开工建造。"鲣鱼"级潜艇采用HY-80高强度钢建造，艇壳呈水滴形。1956至1959年期间建造的3艘"常颌须鱼"（Barbel）级快速攻击型潜艇是美国海军最后一型柴电动力潜艇，其设计方案与"鲣鱼"级相似。两型潜艇的指挥中心都没有设计在指挥塔围壳内，而是位于耐压壳体中。

S5W型压水式核反应堆最早安装在"鲣鱼"级核潜艇上，直到上世纪70年代之前一直都是美国海军核潜艇的标准动力配置。"鲣鱼"级核潜艇航速很快，水下航速超过29节，因此被广泛部署在包括北极海域在内的各个海区，尤其是在苏联舰艇出入摩尔曼斯克的水道附近。越战期间，部分"鲣鱼"级潜艇还参加了航母编队的行动。1968年6月5日，美国海军"天蝎"号（USS Scorpion）潜艇在从地中海返航途中的亚述尔群岛海域沉没，事故原因至今不详，据信是因为艇上的机械故障所致。"鲣鱼"号潜艇于1990年4月19日退役除籍。

配备对空搜索雷达的潜艇可以提供针对地面目标或水面舰艇目标的来袭导弹或

▲ **"魟鱼"号潜艇**
美国海军，最早的量产型核动力潜艇

作为世界上第一型量产核动力潜艇，"魟鱼"级与"刺尾鱼"级艇的主尺度十分相近。不过，为了有效地抑制S3W型核反应堆的辐射，必要设备的安装也加大了潜艇的吨位。该级艇还装备了拖曳阵列声呐设备。

技术参数

艇员：95人	水面排水量：2611公吨（2570吨）
动力：双轴推进，1台核反应堆	水下排水量：2907公吨（2681吨）
最大航速：水面20节，水下25节	尺度：艇长81.5米，
水面最大航程：无限	宽7.6米，吃水6.4米
武备：6部533毫米鱼雷发射管	服役时间：1957年12月23日

▲ **潜艇上的导弹发射装置**
"大比目鱼"号潜艇正通过甲板发射一枚"天狮星"巡航导弹，其流线型导弹舱清晰可见。

飞机的早期预警，因此在雷达侦察与电子情报搜集方面，SSR或SSRN（即雷达潜艇）也在发挥越来越大的作用。美国海军在舰队型潜艇基础上将其改装成雷达潜艇的"偏头疼"计划就是旨在实现上述目标的一系列尝试。而核动力潜艇拥有的理想航速和续航力，如果能与水面舰队有效协同，将非常适合承担这一作战使命。

1959年11月10日，"海神"号（USS Triton）核潜艇正式加入美国海军服役。这艘雷达核潜艇隶属驻新伦敦的第10潜艇中队。"海神"号潜艇配备了大量的侦察探测设备，其中包括AN/SPS-26型三坐标远程对空搜索雷达和拖曳阵列声呐系统。但就在该艇服役仅仅2年后，这艘价值1.09亿美元的核潜艇就面临着封存的命运——航母舰载预警机将成为美国海军新的空中早期预警力量。

"北极星"导弹的部署

为了追赶苏联导弹潜艇开发的脚步，美国在上世纪50年代末开始发力，而直接成果便是"北极星"A1型弹道导弹。这种重量不大（13063公斤）的二级固体燃料导弹早在1956年12月便投入开发，很快便于1958年9月进入试验阶段。首次水下发射试验于1960年7月20日展开，1960年11月就配备潜艇开始战斗巡逻任务。就在导弹试验期间，美国同步设计建造了"鲣鱼"级核潜艇。而在建造过程中，美国海军将"天蝎"号潜艇加以改装，增加了一个40米长的舱段用于安装16部垂直导弹发射筒，这就是后来成为美国海军首艘战略导弹核潜艇的"乔治·华盛顿"号。

"北极星"A1导弹的射程可达2200公里（1370英里），它的研制成功使得美国迅速走在了潜射弹道导弹研制的前列。1964至1965年期间，"北极星"导弹升级至A3型，"乔治·华盛顿"号也转至位于珍珠港的太平洋舰队。1983年，完成了55次巡逻任务的"乔治·华盛顿"号与另外2艘同级艇一同拆除了艇上的导弹发射筒，作为核动力攻击型潜艇继续服役至1985年1月24日。

就在"乔治·华盛顿"号核潜艇服役几天之后，"大比目鱼"号也于1960年1月4日正式服役。"大比目鱼"号是美国海军第一型专门建造的巡航导弹潜艇，该艇开工建造时采用的还是常规动力系统，而完工下水时已经成为一艘核动力潜艇。

"大比目鱼"号潜艇可携带5枚"天狮星"I型导弹，但只能单发发射，1961至1964年期间该艇隶属美国海军太平洋舰队。1965年，该艇在珍珠港接受大修和改装，拆除了艇上的导弹和发射装置。"大比目鱼"号也由此改为核动力攻击型潜艇，主要执行反潜巡逻和海军演习任务。1968年，该艇在马尔岛经改装后成为水下勘察和救援艇，后来该艇还参与了勘察打捞苏联K-129号潜艇的秘密行动。1976年6月30日，"大比目鱼"号潜艇正式退役。

1958年1月，美国海军决定建造"长尾鲛"级（USS Thresher）核动力攻击型潜艇。相比"鲣鱼"级核潜艇，"长尾鲛"级潜艇采用了包括减震浮筏在内的大量先进技术，航行噪音更低，其最大下潜深度可达400米。此外该艇还装备了新型声呐系统和艇侧鱼雷发射管，可发射"萨布洛克"（SUBROC）反潜导弹。

1961年8月3日，首艇"长尾鲛"号正式服役。1962年一整年里，该艇都在进行密集的试验和演习。1963年4月10日，"长尾鲛"号在科德角以东海域进行的一次下潜试验中没能再浮出海面，这次失事事故造成全部艇员丧生。在对这次事故进行大量的调查研究后，美国海军启动了名为SUNSAFE的项目，该项目旨在提高潜艇各个结构和部件的质量水平，从而在各个方面使潜艇提高海水压力的耐受性，尽最大可能提高潜艇事故的救援成功率。1958至

▲ **"鲣鱼"号潜艇**
美国海军，核动力攻击型潜艇，1965年
"鲣鱼"级潜艇采用单壳体结构，指挥塔围壳位置较为靠前，并且将艇首水平舵移到了指挥塔围壳上。这样做能有效降低艇首声呐附近的流体噪音，因而可有效提高其工作效率。该级艇也是首艘采用单轴推进的核动力潜艇，其螺旋桨位置较尾舵更为靠后。

技术参数

艇员：106人	水面排水量：3124公吨（3075吨）
动力：单轴推进，	水下排水量：3556公吨（3500吨）
1台S5W核反应堆，蒸汽涡轮机	尺度：艇长76.7米，
最大航速：水面18节，水下30节	宽9.6米，吃水8.5米
水面最大航程：无限	服役时间：1959年4月15日
武备：5部533毫米鱼雷发射管	

技术参数

艇员：172人	水面排水量：6035公吨（5940吨）
动力：双轴推进，1台S4G核反应堆，	水下排水量：7905公吨（7780吨）
蒸汽涡轮机	尺度：艇长136.3米，
最大航速：水面27节，水下20节	宽11.3米，吃水7.3米
水面最大航程：无限	服役时间：1959年11月10日
武备：6部533毫米鱼雷发射管	

▲ **"海神"号潜艇**
美国海军，雷达/侦察型核潜艇
"海神"号是当时美国海军吨位最大的潜艇，也是第一艘配备了2台核反应堆的潜艇。该艇安装了2台S4G型压水式核反应堆，可彼此独立工作，驱动双轴双桨推进。1960年初，该艇首次完成环球水下航行任务。

1967年之间，该级艇共建造完成了13艘，而艇型名称也改为"大鲟鱼"（Permit）级。这批潜艇都采用了艇首指挥塔的设计，少数潜艇根据SUNSAFE项目将艇体长度延长了3米以容纳相关设备。"大鲟鱼"级潜艇主要在大西洋和太平洋舰队服役，主要承担例行巡逻、特种情报收集和监视任务。

1962至1964年期间，美国又设计建造了10艘"詹姆斯·麦迪逊"（James Madison）级弹道导弹核潜艇。相比潜艇本身而言，艇上的导弹也许具有更重要的意义。"詹姆斯·麦迪逊"级潜艇主尺度与之前的"拉斐特"（Lafayette）级相似，但可携带16枚"北极星"A3弹道导弹，其射程达1900公里（1180英里），大大超过A2型导弹。每枚"北极星"A3导弹可携带3枚

重返大气层载具，是美国海军首款采用分导式多弹头的弹道导弹。与"拉斐特"级艇配备的A2型导弹相比，A3型无论是制导系统、火控系统还是导航控制系统都得到了极大改进。"詹姆斯·麦迪逊"级首艇"丹尼尔·布恩"（Daniel Boone）号率先在马尔岛开工建造，服役后隶属驻关岛的美太平洋舰队，后转至驻苏格兰霍利湾的第14潜艇中队。1976至1978年期间，该艇换装了"海神"（Poseidon）C-3型弹道导弹和Mk88火控系统。到了1988年，该艇又成为了"詹姆斯·麦迪逊"级潜艇中第一艘携带新型"三叉戟"（Trident）C-4型导弹执行战备巡逻任务的潜艇。在长达30年的服役期里，"丹尼尔·布恩"号潜艇总共完成了75次巡逻任务，1994年2月18日才正式退役。

▲ "大比目鱼"（Halibut）号潜艇
美国海军，巡航导弹核潜艇（SSGN）
"大比目鱼"号是第一艘配备了设计用于弹道导弹核潜艇的SINS惯性导航系统的潜艇。艇上隆起的导弹舱实际上是单独设计的耐压壳体，后来该舱室用于容纳拖曳式水下勘探载具。

技术参数		
动力：单轴推进，		艇员：99人
1台S3W核反应堆，蒸汽涡轮机		水面排水量：2670吨
最大航速：水面15节，水下14节		水下排水量：3650吨
武备：5枚"天狮星"I型或		尺度：艇长106.7米，
4枚"天狮星"II型导弹，		宽8.9米，吃水6.3米
6部533毫米鱼雷发射管		水面最大航程：无
		限役服时间：1960年1月4日

技术参数		
动力：单轴推进，		艇员：112人
1台S5W核反应堆，蒸汽涡轮机		水面排水量：6115公吨（6019吨）
最大航速：水面20节，水下30.5节		水下排水量：6998公吨（6888吨）
水面最大航程：无限		尺度：艇长116.3米，
武备：16枚"北极星"A1型弹道导弹，		宽10米，吃水8.8米
5部533毫米鱼雷发射管		服役时间：1959年12月30日

▲ "乔治·华盛顿"号潜艇
美国海军，弹道导弹核潜艇（SSBN）
"乔治·华盛顿"号于1959年12月30日服役，是同级艇中的第一艘。1960年10月28日至1961年1月21日期间，该艇完成了首次巡逻任务。1961年4月起，"乔治·华盛顿"号被部署了苏格兰霍利湾。

技术参数

艇员：134人

动力：单轴推进，1台S5W核反应堆，
　　　蒸汽涡轮机

最大航速：水面18节，水下27节

水面最大航程：无限

武备：4部533毫米鱼雷发射管

水面排水量：3810公吨（3750吨）

水下排水量：4380公吨（4311吨）

尺度：艇长84.9米，
　　　宽9.6米，吃水8.8米

服役时间：1961年8月3日

▲ "长尾鲛"号（USS Thresher）潜艇

美国海军，"长尾鲛"／"大鲹鱼"级核动力攻击型潜艇

"长尾鲛"号核潜艇是那个年代世界上性能最好的核潜艇，它的失事沉没对于美国海军而言是一次沉重的打击。"长尾鲛"级还是第一型配备了球形声呐阵列的潜艇，在跟踪和攻击敌潜艇时没有盲区。该艇甚至能探测跟踪来袭的Mk37型反潜鱼雷并轻易摆脱。

技术参数

动力：单轴推进，1台S5W核
　　　反应堆，蒸汽涡轮机

最大航速：水面20节，水下35节

水面最大航程：无限

武备：16枚"北极星"
　　　A2/A3型弹道导弹，
　　　4部533毫米鱼雷发射管

艇员：140人

水面排水量：7366公吨（7250吨）

水下排水量：8382公吨（8250吨）

尺度：艇长130米，
　　　宽10米，吃水10米

服役时间：1964年4月23日

▲ "丹尼尔·布恩"
　　（Daniel Boone）号潜艇

美国海军，"詹姆斯·麦迪逊"级弹道导弹核潜艇

"詹姆斯·麦迪逊"级潜艇的总体设计沿袭了1960年的"亚森·爱伦"（Ethan Allen）级和1963年的"拉斐特"级潜艇的风格。但在导航系统、火控系统和导弹发射系统等方面进行了较大的改进。

争夺导弹优势：1965—1974

虽然携带洲际弹道导弹的战略导弹核潜艇开始在大洋深处游弋，常规动力潜艇凭借其独有的灵活性和攻击力依旧保持着不可撼动的地位。

中国海军第一艘核动力潜艇091型（即"汉"级）采用了类似美国潜艇的水滴形艇体外观设计，水平舵位于指挥塔围壳上，推进系统为一台压水式核反应堆。1974至1990年期间，5艘"汉"级核潜艇相继服役。尽管外界对中国核潜艇的发展情况知之甚少，但考虑到设计建造周期较长，因此后期的艇型与前期相比，可能在内部布局、武器系统及其他艇上设备方面存在较大的差异。

经过一系列改装之后，中国核潜艇的现代化水平（包括核反应堆辐射防护水平）有了很大提高。据分析目前仍有3艘"汉"级核潜艇在中国海军中服役，这批潜艇艇体安装有消声瓦，装备了H/SQ2-262B型声呐（用于取代原603型），可发射C-801型反舰导弹和SET-65E/53-51型鱼雷，艇上还可携带36枚水雷。

尽管从整体性能上还存在诸多不足，但"汉"级核潜艇仍将中国海军带入了世界核潜艇俱乐部的行列，也为后来中国海军核潜艇的发展奠定了坚实的基础。

丹麦

丹麦海军"纳瓦伦"（Narhvalen）号和"北海海盗"（Nordkaperen）号潜艇参考了德国205级潜艇的设计，相继在丹麦哥本哈根海军码头建造完成。但与205级潜艇相比，荷兰潜艇也进行了较大幅度的改装，如艇体就采用了磁性钢建造（205型采用无磁钢，存在易腐蚀的问题）。

"纳瓦伦"号潜艇于1970年2月27日正式服役，与其姊妹艇"北方海盗"号一同作为巡逻/攻击型潜艇，在卡特加特海峡和斯卡格拉克海峡等丹麦周边海域展开巡逻任务，有时也参加北约组织的海上演习。为期最长的一次巡逻共持续了41天，两艘潜艇从波罗的海出发，抵达法罗群岛后再返航，其间只有5%的时间是在水面上航行。

法国

1964年开工建造的"可畏"（Le Redoutable）号在经历了漫长的海试后，于1971年12月正式服役，是法国海军第一艘弹道导弹核潜艇（SSBN，法国称SNLE），也是6艘"可畏"级首艇。到1976年，同级艇共建成了4艘，后两艘则于1980年和1985年相继完工。"可畏"级前两艘艇装载有法国M1型潜射弹道导弹，其

▲ **"汉"级潜艇**
中国海军，091型核动力攻击型潜艇

"汉"级潜艇的部署与活动并不频繁，但其历史上曾经成功规避过美国海军航母战斗群的跟踪，甚至于2004年接近过日本附近海域。"汉"级潜艇隶属中国海军北海舰队，以青岛海军基地为母港。

技术参数

艇员：120人	水面排水量：4572公吨（4500吨）
动力：单轴推进，1台核反应堆	水下排水量：5588.25公吨（5500吨）
最大航速：水面20节，水下28节	尺度：艇长90米，
水面最大航程：无限	宽8米，吃水8.2米
武备：6部533毫米鱼雷发射管，18枚鱼雷，36枚水雷	服役时间：1972年

▲ **"纳瓦伦"级潜艇**
丹麦海军，巡逻潜艇，斯卡格拉克海峡，1970年

1970年9月，由于失事后未能及时与指挥基地取得无线电联系，该艇在斯卡格拉克海峡海域差点沉没。1994年，"纳瓦伦"号和"北方海盗"号一同接受了改装，此后一直承担丹麦近海和北约框架内的巡逻任务。2003年10月正式退役。

技术参数

艇员：19人	水面排水量：453公吨（442吨）
动力：双轴推进，2台柴油机，2台电动机	水下排水量：517公吨（509吨）
最大航速：水面10节，水下17节	尺度：艇长44米，
水面最大航程：不详	宽4.55米，吃水3.98米
武备：8部533毫米鱼雷发射管	服役时间：1970年2月27日

余各艇则配备了更先进的M4型导弹。M4型弹道导弹采用三级火箭推进,射程可达5300公里(3290英里),每枚导弹载有6枚15万吨TNT当量的分导式热核弹头。"可畏"级弹道导弹核潜艇构成了法国海上战略部队(FOST)的中坚力量,法国海军将至少保持1艘该级潜艇处于海上战备值班状态。在长达20年的服役生涯中,"可畏"号核潜艇共完成了51次巡逻任务,到1991年时才正式退役。目前"可畏"级潜艇已全部退出法国海军战斗序列。

在柴电潜艇的设计建造方面,法国人也并未放弃。1977年,法国设计建造了"阿戈斯塔"(Agosta)级巡逻/攻击型潜艇。1977至1978年期间,4艘"阿戈斯塔"级潜艇在瑟堡建造完成并进入法国海军服役。1983至1985年期间,西班牙海军订购的4艘同级艇在卡塔赫纳建造完成。南非海军订购的2艘则于1979至1980年期间转售给了巴基斯坦。

巴基斯坦海军目前拥有3艘"阿戈斯塔"90B型常规潜艇,被巴方命名为"哈立德"(Khalid)级的这批潜艇于1999至2006年期间陆续建造完成。"哈立德"级艇采用现代化设计,装备了先进的声呐传感器和武器系统,由于自动化程度较高,艇员仅需36人,大大少于"阿戈斯塔"级的54人。而法国的"阿戈斯塔"级艇目前已全部退役。

▲ "可畏"号潜艇
法国海军,弹道导弹核潜艇
除了战略导弹之外,"可畏"级弹道导弹核潜艇还可携带18枚L5多用途鱼雷或F17型反舰鱼雷。"可畏"号也是同级艇中唯一未配备M4型弹道导弹的一艘。随着"可畏"号艇的退役,其余5艘被更名为"不屈"级(Inflexible)。

技术参数

动力:单轴推进,1台核反应堆,	艇员:142人
蒸汽涡轮机	水面排水量:7620公吨(7500吨)
最大航速:水面20节,水下28节	水下排水量:9144公吨(9000吨)
水面最大航程:无限	尺度:艇长128米,
武备:16枚射弹道导弹,	宽10.6米,吃水10米
SM-39飞鱼导弹,	服役时间:1971年12月1日
4部533毫米鱼雷发射管	

技术参数

动力:单轴推进,2台柴油机,	艇员:54人
1台电动机	水面排水量:1514公吨(1490吨)
最大航速:水面12.5节,水下17.5节	水下排水量:1768公吨(1740吨)
水面最大航程:15750公里	尺度:艇长67.6米,
(8500海里)/9节	宽6.8米,吃水5.4米
武备:4部550毫米鱼雷发射管,	服役时间:1978年2月11日
40枚水雷	

▲ "阿戈斯塔"级潜艇
法国海军,巡逻/攻击型潜艇
"阿戈斯塔"级潜艇主要设计用于在地中海海域执行作战任务。该级艇在建造过程中采用了HLES 80高强度钢,潜艇最大潜深可达350米。艇上的鱼雷发射管也采用了全新的压气式快速装填系统,备弹23枚,可在任意航速和任意深度下发射鱼雷。

德国

为了适应波罗的海的作战环境，德国建造了11艘柴电动力潜艇，即U-1至U-12号（除U-3号外）。由于波罗的海海水较浅，因此这批潜艇的最大潜深仅100米，对于当时这类新型现代化潜艇而言并不突出。潜艇艇体采用了非磁钢材建造，这也导致后来频繁出现艇体腐蚀严重的问题，不过在1967至1969年期间建造的U-9至U-12艇上已经得到解决。U-1号和U-2号艇原为201级潜艇，经改装后更名为205级，该级潜艇还在波罗的海海域对艇上配备的CSU90声呐阵列系统进行了首次海试。U-4至U-8号艇服役时间较短，1974年即退役报废。U-12号艇则于2005年才退役。

继205级之后的是206级潜艇，于1968至1975年期间陆续建造完成，艇体同样采用的是非磁钢材建造。20世纪90年代初，12艘206级潜艇进行了现代化升级，因此成为206A级艇，其改进之处主要包括：安装了DBQS-21D型声呐系统、换装新的潜望镜桅杆、配备新的LEWA武器控制系统和新型GPS导航系统等，其艇外舱室还可容纳24枚水雷。从2010年起，所有206和206A级潜艇全部宣告退役。

▲ **U-12号潜艇**
联邦德国海军，205级近岸潜艇，波罗的海，1968年
从201级到205级乃至后续的各艇型，战后德国海军常规动力潜艇的发展脉络十分清晰。U-12号艇以埃肯弗尔德为基地，在配备新型声呐系统后更名为205B级。1988年U-1号还曾经成为一艘AIP系统的试验艇。

技术参数

艇员：21人	水面排水量：425公吨（419吨）
动力：单轴推进，柴油机，电动机	水下排水量：457公吨（450吨）
最大航速：水面10节，水下17.5节	尺度：艇长43.9米，
水面最大航程：7040公里	宽4.6米，吃水4.3米
（3800海里）/10节	服役时间：1968年9月10日
武备：8部550毫米鱼雷发射管	

▲ **U-20号潜艇**
联邦德国海军，206级近岸潜艇，1974年
历史上在波罗的海海域发生的几次海上战役中，水雷都成为了极为重要的作战元素。206级潜艇的设计建造目的，就是既能有效规避水雷威胁，又能完成布雷任务。由于艇体设计得极为紧凑，206级潜艇配备了8部首首雷发射管，可发射线导鱼雷。206级艇配备DM2A1型"海豹"线导鱼雷，206A型艇则配备的是DM2A3"海鳗"线导鱼雷。206A型潜艇的最大下潜深度可达200米。

技术参数

艇员：21人	水面排水量：457公吨（450吨）
动力：单轴推进，柴油机，电动机	水下排水量：508公吨（500吨）
最大航速：水面10节，水下17节	尺度：艇长48.6米，
水面最大航程：7040公里	宽4.6米，吃水4.5米
（3800海里）/10节	服役时间：1974年
武备：8部550毫米鱼雷发射管	

英国核潜艇				
艇型	类别	建造数量	服役时间	备注
"无畏"级	反潜潜艇	1	1960年	1982年退役
"勇士"级	反潜潜艇	5	1963至1970年	1990至1992年退役
"决心"级	战略核潜艇	4	1966至1968年	20世纪90年代退役
"快速"（Swiftsure）级	反潜潜艇	6	1971至1979年	
"特拉法尔加"（Trafalgar）级	反潜潜艇	7	1981至1991年	
"前卫"（Vanguard）级	战略核潜艇	4	1992至1999年	
"机敏"（Astute）级	攻击型核潜艇	2	2006年至今	

英国

随着新一代"决心"（Resolution）级战略核潜艇的服役，英国维持战略核威慑的支柱力量也从空军转移到了海军。皇家海军共订购了4艘"决心"级潜艇，首艇"决心"号于1967年10月2日服役。该艇艇首和艇尾采用分开建造的方式，中段导弹舱则由美国设计。整体上看"决心"级潜艇还是有着明显的美国"拉斐特"级艇的设计风格，但艇首水平舵、主要机械设备的减震浮筏以及自主悬浮控制系统等还是体现出了英式特点。

与"勇士"级核潜艇一样，"决心"级同样安装了劳斯莱斯公司的压水式核反应堆和英国电气公司的蒸汽涡轮机，艇上配备

了16枚"北极星"A3型战略导弹。1968年6月15日，隶属驻苏格兰法斯莱恩海军基地的第10潜艇中队的"决心"号战略核潜艇首次展开战略巡逻，其艇员分为两班轮换值班。20世纪80年代，该级艇换装了可携带英制"骑士"（Chevaline）分导式多弹头的"北极星"A3TK型导弹。1992至1996年期间，"决心"级战略核潜艇相继退役。

3艘"勇士"级潜艇的改进型——"丘吉尔"（Churchill）级核动力攻击型潜艇于1970至1971年期间相继进入皇家海军服役。"丘吉尔"级艇装备了21型声呐阵列，上世纪70年代末换装为2020型艇壳阵列声呐和2026型拖曳阵列声呐系统。艇上6部533毫米口径鱼雷发射管可发射Mk8和

▲ **"决心"号潜艇**

英国皇家海军，弹道导弹核潜艇

1968年2月15日，"决心"号战略核潜艇展开首次战略巡逻任务，自此一直服役了26年之久。1984年，该艇接受了武器系统等方面的升级改造。1991年该艇还完成了皇家海军为期最长——108天的基地巡逻任务。

技术参数

动力：单轴推进，1台核反应堆，蒸汽涡轮机
最大航速：水面20节，水下25节
水面最大航程：无限
武器：16枚"北极星"A3TK战略导弹，6部550毫米鱼雷发射管

艇员：154人
水面排水量：7620公吨（7500吨）
水下排水量：8535公吨（8400吨）
尺度：艇长129.5米，宽10.1米，吃水9.1米
服役时间：1967年10月2日

"虎鱼"鱼雷。1981年，该级艇开始配备"鱼叉"反舰导弹。"丘吉尔"级核潜艇安装了罩式喷射泵推进系统，不仅噪音更低，推进效率也更高。后来的"快速"级潜艇（除"快速"号外）也采用了这种动力配置。

1973至1981年期间，"快速"级潜艇相继服役。从艇体外观上看，"快速"级比"丘吉尔"级艇更接近圆柱形，而长度缩短了4米。指挥塔进行了缩小的同时，可收放水平舵也改在了水线以下。该级艇最大潜深达到了600米（1980英尺），水下航速超过30节，配备有Mk24"虎鱼"鱼雷和"鱼叉"潜射反舰导弹，十分适合执行反潜和反舰任务。

"快速"级潜艇安装有复杂而先进的声呐电子设备，其中包括2074型主被动搜索与攻击声呐系统、2007型被动声呐系统、2046型拖曳阵列声呐、2019型拦截与测距声呐以及2077型短距识别声呐。"辉煌"号也是英国皇家海军第一艘配备"战斧"（Tomahawk）式巡航导弹的潜艇，1999年北约对前南联盟发动的军事打击中，该艇还向目标发射过"战斧"导弹。

▲ **"征服者"号（HMS Conqueror）潜艇**
英国皇家海军，"丘吉尔"级核动力攻击型潜艇，福克兰群岛，1982年

"丘吉尔"级潜艇基本上可以看作是2艘"勇士"级核潜艇的改进型。1982年5月2日"马岛战争"期间，英国皇家海军"征服者"号潜艇发射老式Mk8型鱼雷一举击沉了阿根廷海军"贝尔格拉诺将军"（GGeneral Belgrano）号巡洋舰。战争结束后，该级艇的鱼雷武器也进行了升级。

技术参数

动力：单轴推进，1台核反应堆，蒸汽涡轮机	艇员：116人
	水面排水量：4470公吨（4400吨）
最大航速：水面20节，水下29节	水下排水量：4979公吨（4900吨）
水面最大航程：无限	尺度：艇长86.9米，
武备：6部550毫米鱼雷发射管，"虎鱼"鱼雷	宽10.1米，吃水8.2米
	服役时间：1971年11月9日

▲ **"快速"号潜艇**
英国皇家海军，核动力攻击型潜艇

"快速"级核潜艇即可与水面编队协同承担反潜搜索任务，也可单独执行反舰和反潜巡逻任务。与"勇士"级和"丘吉尔"级艇一样，该艇也配备有辅助柴油发电机、112单元蓄电池组和电动机。同级艇"刚强"（Spartan）号和"辉煌"（Splendid）号曾参与1982年的"马岛战争"。"快速"号于1992年宣告退役。

技术参数

动力：5部550米鱼雷发射管，"战斧"导弹和"鱼叉"潜射反舰导弹	艇员：116人
	水面排水量：4471公吨（4400吨）
最大航速：水面20节，水下30节	水下排水量：4979公吨（4900吨）
水面最大航程：无限	尺度：艇长82.9米，
	宽9.8米，吃水8.5米
	服役时间：1973年4月17日

同级艇中最后退役的一艘是2010年退役的"君权"（Sceptre）号。

意大利

在利用前美国潜艇进行训练和试验的基础上，意大利于1968年完成了战后第一型自主设计建造的潜艇——4艘"恩里克·托蒂"（Enrico Toti）级。该级艇主要用于承担拦截和攻击任务，艇上配备4部鱼雷发射管，可发射射程25公里（15.5英里）"白头"Motofides A184型反舰/反潜线导鱼雷。这种鱼雷采用主被动声自导寻的、可有效识别和对抗敌舰施放的假目标。"恩里克·托蒂"级潜艇主要部署在地中海海域，服役期间在意大利沿岸海域总共完成了220480公里（137000英里）的累计巡逻里程。1991至1993年期间，"恩里克·托蒂"级艇相继退役。"恩里克·托蒂"号则作为纪念艇在米兰公开展出。

日本

日本在二战后设计建造的第一型舰队型潜艇是1967年[①]服役的"大潮"（Oshio）级。实际上，首艇"大潮"号

与其他4艘同级艇存在较大差异，主要体现在艇首结构更大（安装了试验型声呐设备）。而其他同级艇更是采用了NS46高强度钢建造，作战潜深更大。该型潜艇具备多用途作战能力，可用于巡逻、监视、侦察和训练。艇尾的两部鱼雷发射管可用于反潜防御，服役后期被拆除。所有该型艇于1986年全部退役。

苏联

苏联海军"回声"（Echo）级巡航导弹核潜艇（SSGN）分两批设计建造，前5艘为659型，北约称其为"回声"I级艇。其后的29艘为675型，北约称之为"回声"II级。"回声"I级潜艇于1960至1962年期间建造，可携带发射6枚P-5（即SS-N-3C"柚子"B型）巡航导弹。由于未配备先进的火控和雷达声呐探测系统，该型潜艇主要还是承担战略威慑使命。

1969至1974年期间，"回声"级潜艇拆除了导弹发射系统，改为核动力攻击型潜艇，并全部部署在了苏联海军太平洋舰队。1962至1967年期间在北德文斯克和共青城造船厂建造的"回声"II级潜艇主

技术参数	
艇员：26人	水面排水量：532公吨（524吨）
动力：单轴推进，柴油机，电动机	水下排水量：591公吨（582吨）
最大航速：水面14节，水下15节	尺度：艇长46.2米，
水面最大航程：5556公里	宽4.7米，吃水4米
（3000海里）/ 5节	服役时间：1967年3月12日
武备：4部533毫米鱼雷发射管	

▲ "恩里克·托蒂"级潜艇
意大利海军，近岸巡逻潜艇，1967年

该级潜艇配备两台菲亚特MB820型柴油机，功率2220马力（1640千瓦）。艇上仅携带6枚鱼雷，但整体战斗力依然较高。"恩里克·托蒂"级潜艇在蒙法尔科内的芬坎蒂尼船厂建造，从吨位和性能上看与法国海军的"林仙"级和德国海军的205级潜艇相近。

---

① 实际上应为1965年。

战后意大利潜艇艇型

艇型	类别	建造数量	服役时间	备注
"达芬奇" （Da Vinci）级	攻击型潜艇	3	1954至1966年	原1942至1943年 美国"小鲨鱼"级
"托里拆利" （Torricelli）级	攻击型潜艇	2	1955至1975年	原1944至1945年 美国"白鱼"级
"隆戈巴尔多" （Longobardo）级	攻击型潜艇	2	1974至1987年	原1948年美国 "丁鲷"级
"皮奥马尔塔" （Piomarta）级	攻击型潜艇	2	1975至1987年	原1952年美国 "刺尾鱼"级
"恩里克·托蒂"级	攻击型潜艇	4	1965至1997年	
"纳萨里奥·萨乌罗" （Nazario Sauro）级	攻击型潜艇	8	1970至1993年	4艘在役（"萨乌 罗"III和IV型）
U-212A级	巡逻型潜艇	2	2006至2009年	与德国合作建造

战后日本潜艇艇型

艇型	类别	建造数量	服役时间	备注
"黑潮"（Kuroshio）级	巡逻型潜艇	1	1955年	原美国"斑革鲀" （Mingo）号，1946年 报废
"亲潮"（Oyashio）级	巡逻型潜艇	1	1960年	1976年报废
"朝潮"（Asashio）级	攻击型潜艇	4	1964至1969年	1986年退役
"涡潮"（Uzushio）级	攻击型潜艇	7	1968至1978年	水滴形艇体， 1971至1996年在役
"夕潮"（Yushio）级	攻击型潜艇	10	1980至1989年	2006年退役
"春潮"（Harushio）级	巡逻型潜艇	7	1987至1997年	4艘用于训练
"亲潮"（Oyashio）级	巡逻型潜艇	11	1994至2006年	在役
"苍龙"（Soryu）级	巡逻型潜艇	10[①]	2009年	在役

要用于反舰作战，艇上配备8枚P-6（SS-N-3A"柚子"A型）巡航导弹，但只能在水面发射。而为了给飞行中的导弹提供制导，潜艇还必须停留在水面上，直到导弹完成中段修正和末段目标选择程序后方能下潜，显然这对潜艇本身的隐蔽十分不

技术参数

动力：双轴推进，2台柴油机，
　　　2台电动机
最大航速：水面14节，水下18节
水面最大航程：16677公里
　　　　（9000海里）/10节
武备：8部533毫米鱼雷发射管

艇员：80人
水面排水量：1650公吨（1624吨）
水下排水量：2150公吨（2116吨）
尺度：艇长88米，
　　　宽8.2米，吃水4.9米
服役时间：1967年2月25日

▲ **"春潮"号潜艇**
日本海上自卫队，"大潮"级巡逻潜艇，1967年
　　"大潮"级潜艇由三菱重工和川崎重工共同在吴海军码头建造完成。艇上安装的2台川崎柴油机推进功率为2900马力（2162千瓦），2台电动机功率为6300马力（4698千瓦）。艇上采用了航空级控制系统和新型五叶螺旋桨。

———————————

① 原文表中此处数据缺失，按最新进展情况更新为10艘。

利。14艘"回声"级潜艇在接受改装后，配备了P-500（即SS-N-12"沙箱"）型反舰巡航导弹。

P-500型导弹射程达550公里（340英里），而其改进型P-1000（GRAU 3M70）型导弹的射程则提高到了700公里（430英里），3艘"回声"级潜艇曾配备这种改进型巡航导弹。到了20世纪80年代初，"回声"I级和"回声"II级潜艇的性能逐渐落后，1989年"回声"I级艇全部退役，"回声"II级艇也于1989至1995年期间陆续退役。

1962年，苏联开始建造667A型战略核潜艇（北约称"扬基"级，这一得名也与北约怀疑苏联通过盗取美国潜艇资料设计建造有关），首艇K-137号于1964年顺利下水，1967年底正式服役并隶属于苏联海军北方舰队。1967至1974年期间，苏联陆续建造了33艘"扬基"级艇。该级艇艇体呈圆柱形，水平舵位于指挥塔围壳上，艇上安装2台压水式核反应堆。为了降低噪音，"扬基"级潜艇采用了新型螺旋桨，耐压壳体敷以橡胶消音瓦，外部艇壳涂有水下消音涂层，推进系统和相关机械设备都配备有橡胶减震缓冲浮阀。"扬基"I级弹道导弹核潜艇装备有先进的Cloud作战指挥系统，可在水下50米深度借助拖曳天线收发信号。首批4艘"扬基"I级潜艇安装有"西格玛"（Sigma）导航系统，后续艇配备有"托鲍尔"（Topol）——苏联第一型卫星链路导航系统。

"扬基"级潜艇可在耐压壳体内部携带16枚R-27（SS-N-6"赛尔布"）弹道导弹。不过，要想发射导弹攻击类似芝

▲ "回声"级潜艇
苏联海军，巡航导弹核潜艇/核动力攻击型潜艇
图中潜艇的导弹发射管安装在耐压壳体上方，处于起竖状态，艇上可携带6枚巡航导弹。"回声"II级潜艇可携带8枚导弹，艇体也因此加长了5米。资料表明，至少有4艘"回声"级潜艇发生过严重事故。

技术参数

动力：双轴推进，1台核反应堆，2台蒸汽涡轮机	艇员：90人
最大航速：水面20节，水下28节	水面排水量：4572公吨（4500吨）
水面最大航程：无限	水下排水量：5588公吨（5500吨）
武备：6枚SS-N-3C巡航导弹，2部406毫米鱼雷发射管	尺度：艇长110米，宽9米，吃水7.5米
	服役时间：1960年

技术参数

动力：双轴推进，2台核反应堆，蒸汽涡轮机	艇员：120人
最大航速：水面20节，水下30节	水面排水量：7925公吨（7800吨）
水面最大航程：无限	水下排水量：9450公吨（9300吨）
武备：16枚SS-N-6潜射弹道导弹，6部533毫米鱼雷发射管	尺度：艇长129.5米，宽11.6米，吃水7.8米
	服役时间：1967年

▲ "扬基"级潜艇
苏联海军，战略导弹核潜艇
20世纪70年代，至少有3艘"扬基"级潜艇针对美国本土展开战略巡逻，另有1到2艘处于起航或返航途中。其中部分潜艇曾与执行相似任务的美国潜艇近距离遭遇。

战后苏联柴电潜艇艇型				
艇型（北约命名）	类别	建造数量	服役时间	备注
613、664、665型"威士忌"级	近岸潜艇	236	1949至1958年	5个改进型号，1989年全部退役
611型"祖鲁"级	攻击型潜艇	26	1952至1957年	
615型"魁北克"级	近岸潜艇	30	1952至1957年	20世纪70年代退役
633型"罗密欧"级	攻击型潜艇	20	1957至1961年	计划建造560艘，113艘出口
641型"狐步"级	攻击型潜艇	74	1957至1983年	2000年退役
651型"朱丽叶"（Juliet）级	巡航导弹潜艇	16	1967至1969年	1994年退役
641B型"探戈"（Tango）级	攻击型潜艇	18	1972至1982年	
877型"基洛"（Kilo）级	攻击型潜艇		1980至1982年	部分仍在役
636型（"基洛"改进型）	攻击型潜艇	49	1982年至今	部分仍在役，30艘以上出口
677"拉达"（Lada）/"彼得堡"（Petersburg）级	巡逻潜艇	1	2004年	建造计划暂停

加哥、堪萨斯城这样的美国内陆城市，潜艇就必须航行到尽可能靠近美国本土的海域。但毕竟"扬基"级战略核潜艇仍是威力巨大的武器平台，也是冷战时期第一种对美国本土构成真正威胁的苏联潜艇。随着美苏核威慑战略的转型和双方削减战略进攻性武器条约的达成，"扬基"级潜艇也衍生出了几个不同型号，其中主要包括

▲ "查理"（Charlie）I级潜艇
苏联海军，巡航导弹核潜艇
这是苏联海军第一艘可水下发射潜对舰导弹的潜艇。该级艇水下航速较快，艇上配备了SS-N-15反潜导弹，具有极强的反潜作战能力。

技术参数
动力：单轴推进，1台核反应堆，
蒸汽涡轮机
最大航速：水面20节，水下27节
水面最大航程：无限
武备：8枚SS-N-7潜射
反舰巡航导弹，
6部533毫米鱼雷发射管

艇员：100人
水面排水量：4064公吨（4000吨）
水下排水量：4877公吨（4800吨）
尺度：艇长94米，
宽10米，吃水7.5米
服役时间：1967年

技术参数
动力：单轴推进，
1台液态金属核反应堆，
2台蒸汽涡轮机
最大航速：水面20节，水下42节
水面最大航程：无限
武备：6部533毫米鱼雷发射管，
核弹头，36枚水雷

艇员：31人
水面排水量：2845公吨（2800吨）
水下排水量：3739公吨（3680吨）
尺度：艇长81米，
宽9.5米，吃水8米
服役时间：1970年

▲ "阿尔法"（Alfa）级潜艇
苏联海军，高速核动力攻击型潜艇
"阿尔法"级核潜艇的出现迫使美国海军重新审视双方潜艇力量的对比。该艇作战潜深极大，水下航速很快，艇上配备的可在深海发射的鱼雷对美国海军而言也构成了极大的威胁。

拆除了战略导弹发射筒的巡航导弹核潜艇型和核动力攻击型。从上世纪80年代末到1995年，"扬基"级各型号潜艇陆续全部退役。

1968至1972年期间，11艘670A型"查理"I级核潜艇相继服役。这种设计较为紧凑的巡航导弹核潜艇采用1台核反应堆和单轴单桨推进，在当时的苏联各型潜艇中显得极为另类。"查理"I级潜艇原计划配备SS-N-9反舰巡航导弹，但在建造过程中SS-N-2"冥河"（Styx）导弹的改进型——SS-N-7研制成功，于是最终12艘"查理"I级潜艇每艘配备了8枚射程48公里（30英里）的SS-N-7导弹，并于1967至

1972年期间相继完工，建造速度几乎是每年两艘的水平。

"查理"II级潜艇于1972至1980年期间共建成6艘，每艘可携带8枚射程96公里（60英里）的SS-N-9反舰导弹。该型导弹原本计划同改进型火控系统一起配备给"查理"I级艇，

1988年1月，印度海军向苏联租借了一艘"查理"I级潜艇并于1991年1月服役，印度海军将其更名为"查克拉"（Chakra）号。从20世纪90年代中期起，所有苏联海军的"查理"I级和"查理"II级潜艇都转入退役封存状态。

1972年，苏联完成了世界上第一艘钛

技术参数

艇员：60人	水面排水量：3251公吨（3200吨）
动力：双轴推进，柴油机，电动机	水下排水量：3962公吨（3900吨）
最大航速：水面20节，水下16节	尺度：艇长92米，
水面最大航程：22236公里	宽9米，吃水7米
（12000海里）/10节	服役时间：1971年
武备：6部533毫米鱼雷发射管	

▲　**"探戈"级潜艇**
苏联海军，巡逻/攻击型潜艇

由于蓄电池组容量极大，"探戈"级潜艇可在水下连续航行一周而不必使用水下通气管。艇体外部铺设有橡胶消音瓦，这样大大降低了潜艇被探测发现的可能性。每艘"探戈"级潜艇可携带24枚鱼雷，指挥塔围壳的设计也较为独特。

技术参数

动力：单轴推进①，2台核反应	艇员：120人
堆，蒸汽涡轮机	水面排水量：7925公吨（7800吨）
最大航速：水面19节，水下25节	水下排水量：10160公吨（10000吨）
水面最大航程：无限	尺度：艇长150米，
武备：12枚SS-N-8潜射弹道	宽12米，吃水10.2米
导弹，6部457毫米鱼雷发射管	服役时间：1971年

▲　**"德尔塔"（Delta）级潜艇**
苏联海军，弹道导弹核潜艇

"德尔塔"级潜艇采用苏联传统的两台压水式核反应堆和双桨推进布局，可以在北极海域的冰下作战。艇上配备了"托鲍尔"（Tobol）-B型导航系统和"旋风"Cyclone-B型卫星导航系统。

① 实际应为双轴推进，原文有误。

金属艇壳潜艇的建造。这也是当时速度最快的潜艇，其最大水下航速可达惊人的44.7节。这就是被北约称为"帕帕"（Papa）级的苏联K-222号潜艇，同级艇仅建1艘。在此基础上苏联又建造了"阿尔法"（Alfa）级潜艇，这次再没人能说苏联的新型潜艇与美国潜艇有什么渊源了。

"阿尔法"级潜艇的外形轮廓十分独特，指挥塔围壳圆滑地过渡到艇体上，艇体同样采用比钢材更坚固和轻巧的钛金属建造。该型艇可以实现41节的最大航速，甚至可以抵御美制Mk48型鱼雷的攻击。作为一种高速拦截潜艇，"阿尔法"级潜艇的出现绝对领先于那个时代。苏联于1971至1981年期间建造了7艘该级艇。不过，由于自动化水平较高，苏联的艇员们一时还难以适应，再加上艇上定员减少，因此在一定程度上造成操纵困难。艇上的核反应堆采用了新的铅-铋合金液态金属冷却系统，尽管推进效率更高，但也带来了操作维护困难的问题。到了1990年，所有"阿尔法"级潜艇全部退役。

在发展核潜艇的同时，苏联并未忽视新型常规动力潜艇的设计建造。1972至1982年，18艘641B型（北约称"探戈"级）柴电潜艇先后建造完成。考虑到艇上电子设备和武器系统较多且复杂，"探戈"级潜艇的吨位较大，其柴电推进系统与后来的"狐步"级相同。"探戈"级隶属苏联海军黑海舰队和北方舰队，可执行远洋侦察和情报搜集任务。

凭借"阿尔法"级核潜艇给了北约一次重大震撼之后，苏联清醒地认识到了对于北约来说，什么才是最大的威胁。很快，667B型（北约称"德尔塔"I级）大型弹道导弹核潜艇的建造工作也开始了。从"扬基"级的角度看，"德尔塔"I级可谓大进步。该级艇配备有R-29（即SS-N-8"叶蜂"）战略导弹，射程可达7800公里（4846英里）。

其实，美国的新型"海神"导弹也达到了这一射程。首艘"德尔塔"I级潜艇K-279号于1972年完工，1980年之前苏联又建造了17艘。20世纪末，这批潜艇全部退役。

西班牙

到上世纪70年代，西班牙海军原有的6艘二战时期的美制"白鱼"级潜艇已明显老旧不堪面临退役，因而迫切需要新型现代化潜艇来充实水下作战力量。为此，西班牙海军从法国采购了4艘"莞花"级潜艇，并根据授权许可于1973至1975年期间在卡塔赫纳建造完成，这就是"海豚"（Delfin）级。

"海豚"级潜艇的综合声呐系统由DUUA-2B、DSUV-22A、DUUX-2A以及DLT-D-3火控系统构成。从整体上看，该级艇的电子设备水平较法国原型潜艇有较大提升。"海豚"级潜艇基地位于卡塔赫纳，主要在西班牙的大西洋沿岸和地中海沿岸活动，并曾与美国海军水面编队进行过海上军事演习。目前"海豚"级潜艇均已退役。

瑞典

凭借"海蛇"（Sjöörmen）级潜艇的建造服役，瑞典一度站在了世界柴电潜艇设计行列的前端。"海蛇"级潜艇共建5艘，1968年7月至1969年9月之间先后服役。"海蛇"级潜艇的大量设计细节充分体现出了瑞典海军军方和考库姆船厂对于该型潜艇的

技术参数

动力：双轴推进，2台柴油机，
2台电动机

最大航速：水面13.5节，水下16节

水面最大航程：8338公里
（4300海里）/5节

艇员：45人

水面排水量：884公吨（870吨）

水下排水量：1062公吨（1045吨）

尺度：艇长58米，宽7米，吃水4.6米

服役时间：1975年

▲ **"土拨鼠"（Marsopa）号**
西班牙海军，"海豚"级巡逻潜艇

"土拨鼠"号潜艇最主要的一次任务是参加2003年5月举行的"Spontex-3"北约多国联合海上军事演习。该演习旨在验证"蓝方"能否在"橙方"水面编队的威胁下有效展开登陆行动。该艇于2006年退役。

战后瑞典潜艇艇型				
艇型	类别	建造数量	服役时间	备注
"大白鲨"（Hajen）级	巡逻潜艇	6	1954至1958年	退役
"龙"（Draken）级	巡逻潜艇	6	1960至1961年	退役
"海蛇"（Sjöörmen）级	巡逻潜艇	5	1967至1968年	退役
"南肯"（Näcken）级	巡逻潜艇	3	1978至1979年	退役
"西约特兰"（Västergötland）级	巡逻潜艇	2	1983至1990年	在役
"哥特兰"（Gotland）级	巡逻潜艇	3	1992至1997年	在役
"南曼兰"（Södermanland）级	巡逻潜艇	2	2003至2004年	"西约特兰"改进型

需求，如采用了X形尾舵（美国海军"青花鱼"号潜艇首次采用）以及艇体表面铺设消声瓦，潜艇的水下航速达到了20节，在那个年代同类潜艇中较为突出。"海蛇"级潜艇一直服役到上世纪90年代初，其间多次接受现代化改进以适应热带海区的作战环境。后来该级艇转让给了新加坡海军，4艘在役，1艘用于零配件后勤。

美国

1960至1966年期间短短6年的时间里，美国海军就下水了5个级别共41艘弹道导弹核潜艇，共配备656枚"北极星"战略核导弹。这批潜艇排水量基本相当，外观也较

技术参数

动力：单轴推进，4台柴油机，1台电动机

最大航速：水面15节，水下20节

水面最大航程：不详

武备：4部533毫米鱼雷发射管，
2部400毫米鱼雷发射管

艇员：18人

水面排水量：1143公吨（1125吨）

水下排水量：1422公吨（1400吨）

尺度：艇长51米，
宽6.1米，吃水5.8米

服役时间：1976年7月31日

▲ **"海蛇"级潜艇**
瑞典海军，反潜巡逻潜艇

反潜作战是该级潜艇的主要作战使命，该艇长度不大，采用了类似美国"青花鱼"级潜艇的圆润艇体外观，水下操纵性良好，而且航行噪音较低。1984至1985年期间，"海蛇"级潜艇全部进行了现代化升级，配备了爱立信公司的**IBS-A17**型作战数据与火控系统。

为相近，但在艇上雷达声呐与电子系统方面则存在较大差异。

1966年6月15日服役的"乔治·华盛顿·卡佛"（George Washington Carver）号隶属"本杰明·富兰克林"级战略核潜艇，主要部署在美国海军位于西班牙罗塔的前沿基地。与先前的"詹姆斯·麦迪逊"级战略核潜艇相比，"富兰克林"级艇最大的改进是艇上机械噪音更低，因此航行更为安静。该级艇安装的是性能成熟的S5W压水式核反应堆，艇上的"北极星"A3导弹也在1977年的改装中换装为"海神"C-3型潜射弹道导弹。在同期的改装中，也有部分潜艇换装了"三叉戟"（Trident）I型导弹。1993年3月18日，"乔治·华盛顿·卡佛"号正式退役。

1969年7月12日，"独角鲸"号核潜艇正式进入美国海军服役。这艘单独建造的核动力攻击型潜艇安装了S5G型压水式核反应堆，这种新型核反应堆采用了所谓"自然循环"的新型冷却系统，并且将反应堆和蒸汽发生器进行一低一高的高度差布置，这样有利于降低运行噪音。"独角鲸"号核潜艇静音性能极佳，曾多次在苏联附近海域执行秘密任务，而"独角鲸"号上采用的不少创新设计后来也被应用在了"俄亥俄"（Ohio）级弹道导弹核潜艇上。不过，美国海军对这种"自然循环"方式的核反应堆并不满意，该艇也于1999年1月16日退役。

▲ **"乔治·华盛顿·卡佛"号潜艇**
美国海军，"拉斐特"级弹道导弹核潜艇。
该艇在弗吉尼亚州纽波特纽斯船厂建造，到1991年为止共执行了73次巡逻任务。后来，美国海军将其改装成只配备4部鱼雷发射管的核动力攻击型潜艇。由于并未将导弹发射筒拆除而只是进行了密封处理，因此潜艇的水下性能并不突出，但仍能发射配备核弹头的Mk45型鱼雷。

技术参数

动力：单轴推进，1台核反应堆，蒸汽涡轮机	艇员：140人
最大航速：水面20节，水下30节	水面排水量：7366公吨（7250吨）
水面最大航程：无限	水下排水量：8382公吨（8250吨）
武备：16枚"三叉戟" C-4型潜射弹道导弹，4部533毫米鱼雷发射管	尺度：艇长129.5米，宽10米，吃水9.6米
	服役时间：1966年6月15日

技术参数

动力：单轴推进，1台55G自然循环核反应堆，蒸汽涡轮机	艇员：141人
最大航速：水面18节，水下26节	水面排水量：4251公吨（4450吨）
水面最大航程：无限	水下排水量：5436公吨（5350吨）
武备："萨布洛克"及"鱼叉"导弹，4部533毫米鱼雷发射管	尺度：艇长95.9米，宽11.6米，吃水7.9米
	服役时间：1969年7月12日

▲ **"独角鲸"号潜艇**
美国海军，侦察型核动力攻击型潜艇
该艇在艇体舯部安装有4部鱼雷发射管，艇上安装了拖曳阵列声呐和艇首球型声呐系统。"独角鲸"号潜艇的许多设计后来都成为美国核潜艇的标准特征，如水下遥控载具。该艇还装备了可有效侦听截获苏联海军通信的先进电子支援设备。

冷战的最后时光：1975—1989

两大阵营的关系逐步走向缓和，不过核潜艇仍然是全球战略中的关键元素，它们甚至将承担新的战术使命。

早在1982年马岛战争爆发之前，阿根廷海军就订购了TR-1700型"圣塔·克鲁兹"（Santa Cruz）级潜艇，但直到1984年才开始正式交付。该级艇由蒂森北海船厂（Thyssen Nordseewerke）设计，也是德国自二战结束以来设计的吨位最大的潜艇。

根据计划，德国船厂负责建造其中2艘，而另4艘（其中包括2艘TR-1700型和2艘吨位较小的TR-1400型，后者不久又改为TR-1700型）根据授权许可在阿根廷本国建造。不过到了上世纪90年代，后4艘潜艇的建造计划被搁置。TR-1700型潜艇是一种大型远洋高速攻击型潜艇，最大潜深达300米，海上自持力30至70天。除了承担水下攻击任务外，该级艇还具备投送特战部队人员的能力。1999至2001年期间，"圣塔·克鲁兹"级潜艇在巴西国内的造船厂进行了现代化改进，其姊妹艇"圣胡安"（San Juan）号不久也接受了改装。目前，阿根廷海军正计划设计建造核潜艇。

巴西

1989年，巴西海军"图皮"（Tupi）级潜艇正式服役。该级艇在德国基尔的霍瓦特-德意志造船厂（HDW）投入建造，可以看作是德国209级潜艇的衍生型。1994至1999年期间，又有3艘同级艇在巴西里约热内卢建造。"图皮"级潜艇驻扎在蒙塔古岛基地，艇上配备有英制"虎鱼"线导鱼雷以及巴西海军研究院（IPqM）设计的国产反潜鱼雷。"图皮"级改进型艇"提库纳"（Tikuna）号于2005年3月下水，巴西海军正展开一项长期计划研究利用该型艇的艇体安装核动力推进系统。

中国

092型（北约称"夏"级）是中国海军第一艘弹道导弹核潜艇。该艇于1970年9月

▲ "圣塔·克鲁兹"级潜艇
阿根廷海军，TR-1700型巡逻/攻击型潜艇
该级艇驻扎在阿根廷东部的玛马德普拉塔基地，艇上安装有4台MTU柴油机和8套120单元蓄电池组，单轴推进。艇上设计有潜水员作业舱，声呐设备采用STW阿特拉斯电子公司CSU-83以及泰勒斯公司DUUX-5被动阵列声呐系统，艇上还配备了先进的综合作战指挥与数据管理系统。

技术参数

艇员：29人	水面排水量：2150公吨（2116吨）
动力：单轴推进，柴油机，电动机	水下排水量：2300公吨（2264吨）
最大航速：水面15节，水下25节	尺度：艇长66米，
水面最大航程：22224公里	宽7.3米，吃水6.5米
（12000海里）/8节	服役时间：1984年10月
武备：6部533毫米鱼雷发射管	

开工建造，采用了091型潜艇的艇体设计，但长度更大以容纳战略导弹发射舱。为了安装导弹发射筒，潜艇指挥塔后部甲板设计有较高的隆起结构。艇上的压水式核反应堆、涡轮机和电动机等设备也基本沿用091型潜艇的设计。

1981年，092型核潜艇正式下水，1983年8月服役。"夏"级战略核潜艇可携带12枚"巨浪"I型（CSS-N-3）单弹头潜射弹道导弹，1982年4月30日首次进行海上试验，1987年9月成功实现首次水下导弹发射。1995至2001年期间，"夏"级潜艇进行了现代化升级，潜艇换装射程更远的"巨浪"IA型潜射弹道导弹。20世纪80年代中期起，"夏"级战略核潜艇主要部署在青岛海军基地，目前仍在役。

中国核潜艇艇型

艇型	类别	建造数量	服役时间
091型"汉"级	巡逻/攻击型潜艇	5	上世纪70年代
092型"夏"级	弹道导弹核潜艇	1	1983年
094型"晋"级	弹道导弹核潜艇	2+	2006年
093型"商"级	核动力攻击型潜艇	2+	2006年

法国

随着"可畏"级潜艇的服役，法国海军建立了自身的海上战略核打击力量。从1974年起，法国海军开始发展自己的核动力攻击型潜艇，1976年12月，"红宝石"（Rubis）级潜艇开工建造。法国海军计划建造8艘，最终完成6艘，首艇"红宝石"号于1983年2月23日正式服役。在最后一批

技术参数

动力：4台柴油机，4台发电机，1台电动机
最大航速：水面10节，水下24节
水面最大航程：20000公里（11000海里）/10节
武备：8部533毫米鱼雷发射管，16枚鱼雷

艇员：30人
水面排水量：1422公吨（1400吨）
水下排水量：1586公吨（1550吨）
尺度：艇长61.2米，宽6.25米，吃水5.5米
服役时间：1989年

▲ **"图皮"号潜艇**
巴西海军，209/1400型巡逻攻击型潜艇
巴西海军与阿根廷海军一样，对核动力潜艇怀有极大的兴趣。巴西海军的"图皮"级潜艇安装有4台德国MTU生产的12V 493 A280 GAA 31L型柴油机和4台西门子交流发电机，功率1.8mW，总输出功率达9655马力。

▲ **"夏"级潜艇**
中国海军，弹道导弹核潜艇
对于中国海军而言，"夏"级战略核潜艇的主要价值在于通过一系列技术难关的突破，为后来的094型潜艇做出了良好的铺垫。为了施行有效的海上核威慑，中国海军至少需要3艘战略导弹核潜艇，其中至少有1艘随时处于海上战备值班状态。

技术参数

动力：单轴推进，1台核反应堆，涡轮机推进
最大航速：水下22节
水面最大航程：22公里（40.6公里）/小时
武备：12枚"巨浪1"型潜射弹道导弹，6部533毫米鱼雷发射管

艇员：140人
水面排水量：不详
水下排水量：不详
尺度：艇长120米，宽10米，吃水8米
服役时间：1961年4月

两艘潜艇上，艇首被修改为浑圆的水滴形而非前期各艇的钝圆艇首。前4艘艇也在1989至1995年期间的改装中改成了相似的艇首外观。这样不但有效降低了潜艇的噪音水平，也为安装新型声呐设备腾出了空间。

法国设计制造的K48型压水式核反应堆重量更轻，因此潜艇可以设计得较为紧凑，而且可以配备辅助柴电推进系统。艇上配备的武器控制系统包括DLA2B、DLA3以及SAT战术数据管理系统。"红宝石"级核潜艇主要部署在土伦，不久将被"梭子鱼"（Barracuda）级新型核动力攻击型潜艇取代。

英国

自1983年起，"特拉法尔加"（Trafalgar）级潜艇就构成了英国皇家海军水下反潜力量的中坚。1977年4月订购

的"特拉法尔加"号于1983年建造完成，同级艇共7艘，1986年7月前全部进入皇家海军服役。该艇自"敏捷"级改进而来，艇上配备了新型核反应堆和喷射泵推进系统，艇体铺设有消音瓦。由于技术问题不断，首艇直到2000年8月才具备出海作战能力，而其他各艇仍维持在大修状态。"不懈"（Tireless）号于2000年前后驻直布罗陀活动，在此期间曾发生过核反应堆冷却系统泄漏事故，到2005年才官方宣布解决了这一缺陷。

2001年，"特拉法尔加"号参与了美国发起的"真理行动"并向阿富汗境内目标发射了"战斧"导弹。"凯旋"号（HMS Triumph）也作为支援力量参加了2003年多国入侵伊拉克的军事行动，并向伊境内目标发射了"战斧"巡航导弹。2011年利比亚战争期间，"凯旋"号又向

法国核潜艇艇型				
艇型	类别	建造数量	服役时间	备注
"可畏"级	弹道导弹核潜艇	5	1972至1980年	退役
"红宝石"级	核动力攻击型潜艇	6	1988年	退役
"紫水晶"（Amethyste）级	核动力攻击型潜艇	2	1992至1993年	"红宝石"级改进型
"凯旋"（Triomphant）级	弹道导弹核潜艇	4	1997至2010年	
"梭子鱼"级	核动力攻击型潜艇	3+	2016年	计划进行中

▲ **"红宝石"号潜艇**

法国海军，"红宝石"级巡航导弹核潜艇

该潜艇可携带"飞鱼"SM39型反舰导弹，可从鱼雷发射管发射。艇上还配备有ECAN L5 Mod3型鱼雷，该鱼雷具有主被动寻的体制，射程达20公里（12英里）。艇上共可携带14枚导弹/鱼雷。

技术参数

艇员：67人
动力：单轴推进，1台辅助柴电发动机
最大航速：水面25节，水下25节
水面最大航程：无限
武备："飞鱼"反舰导弹，
　　　4部533毫米鱼雷发射管

水面排水量：2423公吨（2385吨）
水下排水量：2713公吨（2670吨）
尺度：艇长72.1米，
　　　宽7.6米，吃水6.4米
服役时间：1983年2月23日

利比亚境内的防空设施发射了6枚"战斧"导弹。直到2009年，"特拉法尔加"号才正式退役。其余各艇计划在"机敏"级陆续服役的同时，逐步退出皇家海军现役。

20世纪80年代初，英国海军部认为常规动力潜艇仍有较大的发展必要。1983年，英国皇家海军采购了4艘2400型"支持者"级常规潜艇，首艇为"支持者"号（HMS Upholder），另外8艘的采购计划后来被取消了。

1990年6月，"支持者"号潜艇正式服役，到1993年时全部4艘艇均进入皇家海军服役。起初艇上的鱼雷发射系统存在一定技术缺陷，但该级潜艇仍不失为一款具备良好战斗性能的常规动力潜艇，只是出口局面一直未能打开。到了上世纪90年代初，由于英国海军部认为柴电潜艇已不足以支撑皇家海军未来海上战略的实施，"支持者"级开始逐步退役。1998年，各艇被售予加拿大并更名为"维多利亚"（Victoria）级于2000至2004年期间继续服役。其中2艘驻于艾斯奎莫特海军基地，另2艘以哈利法克斯港为基地。

以色列

战后以色列海军最初的潜艇型号为二战时期英国的S级和T级潜艇，"海浪"（Gal）级因此成为以色列第一种较为现

▲ "托贝"号（HMS Torbay）潜艇
英国皇家海军，"特拉法尔加"级核动力攻击型潜艇
该级艇原本配备了2020型声呐系统，后来换装了据称是目前世界上最先进的2076型被动搜索拖曳阵列声呐系统。电子战和诱饵系统包括：2部SSE Mk8型诱饵发射器、2066型和2071型鱼雷诱饵、RESM雷卡尔（Racaul）UAP被动拦截系统、CESM CXA电子支援系统以及SAWCS诱饵系统等。

技术参数

动力：1台核反应堆、涡轮机、喷射泵	艇员：130人
最大航速：水面20节，水下32节	水面排水量：4877公吨（4800吨）
水面最大航程：无限	水下排水量：53844公吨（5300吨）
武备："战斧"/"鱼叉"反舰导弹、5部533毫米鱼雷发射管	尺度：艇长85.4米，宽10米，吃水8.2米
	服役时间：1987年2月7日

▲ "支持者"号潜艇
英国皇家海军，巡逻潜艇
该艇采用流线型水滴形艇体外观，采用NQ1高强度钢建造，指挥塔围壳使用了玻璃钢材料，因此有效减轻了重量并控制了噪音水平。"支持者"级潜艇水下航速达20节，同时还采用了大量核潜艇上的相关技术，自动化水平非常高。该级艇在指挥塔围壳内还设计有一个5人警戒舱。

技术参数

动力：单轴柴电推进	艇员：47人
最大航速：水面12节，水下20节	水面排水量：2203公吨（2168吨）
水面最大航程：14816公里（8000海里）/8节	水下排水量：2494公吨（2455吨）
武备："鱼叉"反舰导弹、6部533毫米鱼雷发射管	尺度：艇长70.3米，宽7.6米，吃水5.5米
	服役时间：1990年6月

代化的潜艇。该级艇在德国206A级潜艇基础上研制，是以色列海军需要的一种小型的、操控性良好的近岸作战潜艇。方案采用德国设计，但潜艇在维克斯船厂投入建造，建成后才前往以色列并于1976年正式服役，同级艇后来又建造了2艘。以色列的"海浪"级潜艇的服役史至今还未公开披露，但据信这几艘潜艇曾多次展开秘密登陆行动，如1982年的"黎巴嫩战争"。

1983年，该级艇通过现代化升级配备了UGM-84"鱼叉"潜射反舰导弹及其火控系统。1987年又将艇上原有的Mk37型鱼雷换装为NT37E型。1994至1995年期间的改

装，潜艇又配备了新型声呐和火控系统。2003年，该级艇正式退役，"海浪"号艇作为潜艇博物馆在海法当地供公开参观。

意大利

自上世纪60年代的"恩里克·托蒂"级潜艇之后，意大利海军的下一代常规动力潜艇则是1980至1982年期间建造的4艘"萨乌罗"级巡逻潜艇，这也是意大利自行设计建造的最后一级潜艇。"萨乌罗"级潜艇排水量明显增大，航程和海上自持力都较"恩里克·托蒂"级更佳。指挥塔围壳后缘加长，水平舵也更宽大。"萨乌罗"级的试验

▲ "纳萨里奥·萨乌罗"号潜艇
意大利海军，巡逻/攻击型潜艇
由于下水之后发现艇上的蓄电池组存在一定缺陷，导致"纳萨里奥·萨乌罗"号潜艇的服役期有所延迟（1980年），因此同级艇的第二艘"卡罗·费西亚·迪·科萨托"（Carlo Fecia de Cossato）号反倒于1979年率先进入意大利海军服役。"萨乌罗"级潜艇注重反舰和反潜作战能力，艇上可携带12枚鱼雷。

技术参数
艇员：45人
动力：单轴推进，柴油机，电动机
最大航速：水面11节，水下20节
水面最大航程：12970千米
　　　　　　　（7000海里）/10节
武备：6部533毫米口径鱼雷发射管
水面排水量：1479公吨（1456吨）
水下排水量：1657公吨（1631吨）
尺度：艇长63.9米，
　　　宽6.8米，吃水5.7米
服役时间：1980年

技术参数
艇员：22人
动力：单轴推进，2台柴油机，
　　　1台电动机
最大航速：水面11节，水下17节
水面最大航程：7038千米
　　　　　　　（3800海里）/10节
武备：8部533毫米口径鱼雷发射管
水面排水量：427公吨（420吨）
水下排水量：610公吨（600吨）
尺度：艇长45米，
　　　宽4.7米，吃水3.7米
服役时间：1976年12月

▲ "海浪"号
以色列海军，206级巡逻/攻击型潜艇
在近岸海域的行动方面，以色列海军潜艇部队要比其他国家海军远较活跃得多。尤其是在20世纪70年代末和80年代在黎巴嫩沿岸，以色列潜艇展开了大量的战斗巡逻任务。

最大潜深就达到了300米，据称其艇壳强度足以实现600米的短时间最大下潜深度。上世纪80和90年代，意大利又分两批建造4艘改进型"萨乌罗"级艇。

"朱利亚诺·普里尼"（Giuliano Prini）号是1988至1989年期间服役的"萨尔瓦特雷·佩罗希"（Salvatore Pelosi）级潜艇的第二艘。1993年的"普里莫·隆戈巴尔多"（Primo Longobardo）级则升级了艇上的作战指挥系统，2004年又再次进行了现代化改造，配备了新型的水声传感器、阿特拉斯（ATLAS）电子公司的ISUS90-20型武器控制系统、新型通信系统和"鱼叉"反舰导弹。这批改进型"萨乌罗"级潜艇分别可以服役至2015和2030年。目前早期型"萨乌罗"级潜艇仅剩1艘作为训练艇在役。曾有传闻说该艇计划售予美国后再转卖给中国台湾，但后来也不了了之。

日本

日本建造的10艘"夕潮"（Yuushio）级攻击型潜艇是在"涡潮"（Uzushio）级基础上设计的，不仅吨位更大，而且下潜深度更大，试验潜深达275米（902英尺）。1980至1989年期间，"夕潮"级艇陆续服役，该级艇采用了双壳体结构，安装了类似美国海军潜艇的舯部外倾式鱼雷发射管，这样艇首声呐阵列系统可更高效的工作。从1984年起下水的新艇开始配备"鱼叉"潜射反舰导弹。1996年开始，"夕潮"号作为训练艇使用，最后1艘艇于2008年退役。

"春潮"（Harushio）级潜艇则是以"夕潮"级为基础的改进型艇，但排水量较大，噪音更低，潜艇艇壳和指挥塔围壳都采用了消音材料。从外观上看，"春潮"级和"夕潮"级艇极为相似，但前者指挥塔更高更短小。"春潮"级潜艇还采用了NS110高强度钢建造，最大潜深可达500米（1640英尺）。1989至1997年期间，7艘"春潮"级艇陆续建成，最后1艘"朝潮"（Asashio）号改进较大，通过自动化升级，艇员减少到了71名，而且采用了AIP推进系统。

技术参数

动力：单轴推进，柴油机，电动机
最大航速：水面11节，水下19节
水面最大航程：17692千米
　　　　　　　（9548海里）/11节
武备：6部533毫米口径鱼雷发射管

艇员：50人
水面排水量：1500公吨（1476吨）
水下排水量：1689公吨（1662吨）
尺度：艇长64.4米，
　　　宽6.8米，吃水5.6米
服役时间：1989年

▲ **"朱利亚诺·普里尼"号潜艇**
意大利海军，改进型"萨乌罗"级巡逻潜艇
从主尺度、外形轮廓和内部布局上看，"萨尔瓦特雷·佩罗希"级潜艇都与"萨乌罗"级原型艇并无二致，甚至武器系统也相同，只是声呐系统得到了改进。该级艇配备有IPD-703主被动声呐、MD1005被动声呐与M5型拦截声呐系统。该级艇海上自持力可达45天，主要部署在驻西西里奥古斯塔的意大利海军第二潜艇群。

荷兰

1972年，荷兰海军开始发展自己的新型现代化柴电攻击型潜艇，到1990年"海象"级首艇才正式服役，到1994年7月共服役4艘。该级艇设计有类似瑞典"海蛇"级、澳大利亚"柯林斯"（Collins）级和德国212A级的X形尾舵和艇尾潜水舵，航行噪音较低。"海象"级潜艇采用法国MAREI高强度钢建造，最大潜深为300米，据信可以达到400米（1310英尺）。该级艇曾多次执行常规巡逻任务，还在北海和大西洋海域参与北约的海上军事演习，甚至远航至加勒比海和远赴索马里沿岸执行反海盗反走私护航任务。

秘鲁

当今世界上装备服役最广泛的常规潜艇艇型也许要数德国的209级潜艇。这种潜艇早在上世纪60年代末就开始设计，首艇于1971年下水。不过209级潜艇却从未装备德国海军，只是1971至2008年期间共建造了61艘并出口至13个国家。209级潜艇的设计与其前身206级极为相似，采用单壳体结构，试验潜深为500米，综合性能良好，武器配备多样化，能适应不同的战术需求。秘鲁海军于1975年采购了两艘209/1100型潜艇，1980至1983年期间又追加订购了4艘209/1200型潜艇。秘鲁海军希望能在任意时候同时保持4艘潜艇处于海上战斗巡逻状

技术参数

艇员：75人	水面排水量：2235公吨（2200吨）
动力：单轴推进，柴油机，电动机	水下排水量：2774公吨（2730吨）
最大航速：水面12节，水下20节	尺度：艇长76米，
水面最大航程：17603千米	宽9.9米，吃水7.5米
（9500海里）/10节	服役时间：1980年
武备：6部533毫米口径鱼雷发射管	

▲ **"夕潮"级潜艇**
日本海上自卫队，巡逻潜艇
在潜艇力量的建设和发展上，日本海上自卫队要比其他国家海军低调含蓄得多。"夕潮"级潜艇携带的是89式主被动寻的鱼雷，射程达50公里（31英里）。艇上电子设备包括ZQQ-5艇首声呐（由美国BQS-4型声呐改进而来）和ZQR拖曳阵列声呐系统。

▲ **"春潮"级潜艇**
日本海上自卫队，远洋巡逻潜艇
与"夕潮"级相比，"春潮"级艇的航程增加了4630公里（2877英里）之多，因此海上自持力也有大幅提升。该级艇排水量也更大，因此可以携带更多燃油和更复杂的声呐电子设备，艇员配置情况二者基本一致。日本海上自卫队希望任意时刻都有潜艇保持海上巡逻状态。

技术参数

动力：单轴推进，柴油机，电动机	艇员：75人
最大航速：水面12节，水下20节	水面排水量：2485公吨（2450吨）
水面最大航程：22236千米	水下排水量：2764公吨（2750吨）
（12000海里）/10节	尺度：艇长77米，
武备："鱼叉"潜舰反舰导弹，	宽10米，吃水7.75米
6部533毫米口径鱼雷发射管	服役时间：1990年

态。但就目前其209/1200型潜艇急需现代化改进的情况来看，这一目的能否如愿实现尚有很大的不确定性。

苏联

从1972年起，苏联开始设计建造667BDR型（北约称"德尔塔"III级）弹道导弹核潜艇。1976至1982年期间，苏联共建造了14艘"德尔塔"III级潜艇。该艇采用双壳体结构，艇上指挥塔围壳后方设计了大型龟背状导弹发射筒，可容纳16枚R-29R（SS-N-18）"魟鱼"（Stingray）战略导弹。这种导弹也是苏联潜艇配备的第一种装有分导式多弹头的潜射弹道导弹。"德尔塔"III级潜艇隶属苏联海军北方舰队（上世纪90年代初部署在摩尔曼斯克）和位于堪察加半岛的太平洋舰队，主要在北极冰盖附近海域而非大西洋海域活动。当潜艇需要破冰上浮时，指挥塔围壳上的水平舵可以旋转90度朝上以免损坏。上世纪90年代中期，"德尔塔"III级潜艇开始退役，到2010年时约有4艘依然在役。1985至1992年期间，苏联又建造了4艘与"德尔塔"III级极为相似的667BDRM型"德尔塔"IV级潜艇。该型艇安装了消音瓦，采用了五叶螺旋桨，水下航行噪音更

▲ "海象"级潜艇
荷兰海军，巡逻/攻击型潜艇
2000年，由于艇上柴油机排气系统阀门存在故障，该级艇曾全部暂时封存。2007年，荷兰海军的4艘"海象"级潜艇进行了现代化改装，并配备了Mk48 mod7型鱼雷。

技术参数

艇员：49人	水面排水量：2490公吨（2450吨）
动力：单轴推进，柴油机，电动机	水下排水量：2800公吨（2775吨）
最大航速：水面13节，水下20节	尺度：艇长67.5米，
水面最大航程：18520千米	宽8.4米，吃水6.6米
（10000海里）/9节	服役时间：1990年
武备：4部533毫米口径鱼雷发射管	

技术参数

艇员：49人	水面排水量：2490公吨（2450吨）
动力：单轴推进，柴油机，电动机	水下排水量：2800公吨（2775吨）
最大航速：水面13节，水下20节	尺度：艇长67.5米，
水面最大航程：18520千米	宽8.4米，吃水6.6米
（10000海里）/9节	服役时间：1988年
武备：4部533毫米口径鱼雷发射管	

▲ "海狮"号潜艇
荷兰海军，"海象"级巡逻/攻击型潜艇
该级艇的艇壳设计参考了1972年的"旗鱼"级，但2000年升级了ESM电子支援和雷达系统，此外还安装了汤普森-辛特拉（Thompson Sintra）TSM 2272型Eledone Octopus声呐系统、GEC航电2026型拖曳阵列声呐系统、汤普森-辛特拉DUUX 58型被动测距/拦截声呐系统和DECCA 1229型水面搜索雷达系统。艇上的火控系统为HAS SEWACO VIII型自动数据处理系统和GTHW鱼叉导弹与鱼雷综合控制系统。

技术参数

动力：单轴推进，4台柴油机， 1台电动机	艇员：35人
最大航速：水面10节，水下22节	水面排水量：1122公吨（1105吨）
水面最大航程：4447千米 （2400海里）/8节	水下排水量：1249公吨（1234吨）
	尺度：艇长56米，宽6.2米，吃水5.5米
武备：8部533毫米口径鱼雷发射管	服役时间：1980年12月19日

▲ **"安加莫斯"（Angamos）号潜艇**
秘鲁海军，209级巡逻/攻击型潜艇

该级艇主要用于海岸防御而非远洋巡逻任务。艇上配备有CSU-83主被动声呐系统和DUUX2拦截声呐系统，同时装备了14枚A-184 SST型鱼雷。2008年，秘鲁海军的两艘209/1100型潜艇进行了现代化升级，"安加莫斯"号为209/1200型潜艇，原名"卡斯马"（Casma）号。

低。到20011年底之前，所有"德尔塔"IV级潜艇均隶属俄海军北方舰队。2011年12月29日，一艘同级艇曾在码头因发生事故而受损。

20世纪70年代末，苏联"红宝石"设计局开始设计941型"阿库拉"[①]弹道导弹核潜艇。该级艇可携带20枚远程潜射弹道导弹，每枚可配备10个分导式多弹头（MIRV），因此每艘潜艇可拥有200枚核弹头。与美国海军"俄亥俄"级弹道导弹核潜艇相比，后者配备的"三叉戟"导弹比苏联的RSM-52（SS-N-20"鲟鱼"）导弹更轻，因此潜艇本身也可以设计建造得更为紧凑。"台风"级潜艇也是人类历史上建造的排水量最大的潜艇，可以穿透3米厚的冰层，因而十分适合在北极海域作战。艇尾采用了全新设计的水平舵，安装位置位于螺旋桨后方，艇首的水平舵则可以收回艇体内。从整体上看，"台风"级潜艇内部由两个平行排列的耐压壳体和一个位于二者上方的较小的耐压壳体构成，

另外还有两个耐压壳体用于容纳鱼雷武器和操控设备。"台风"级潜艇最大潜深为400米，可连续潜航120天之久。

2005年9至12月，"台风"级潜艇"迪米特里·冬斯科伊"（Dmitriy Donskoy）号试射了新型SS-N-30"布拉瓦"（Bulava）固体燃料洲际弹道导弹，其射程超过8000公里（5000英里）。目前"台风"级潜艇共服役6艘，另有一艘虽已建成但未服役。目前其中3艘退役拆解，2艘封存，只有"迪米特里·冬斯科伊"号依然在役。

"奥斯卡"（Oscar）级巡航导弹核潜艇的水下排水量达18289公吨（18000吨），主要用于攻击美国海军航母战斗群。虽然外界批评该级艇下潜速度过慢、操控困难，但"奥斯卡"级潜艇水下航速高达30节，足以追击大型水面目标。"奥斯卡"II级潜艇比"奥斯卡"I级长10米，指挥塔围壳也更大，用7叶大侧斜螺旋桨取代了原有的4叶螺旋桨。"奥斯卡"II级潜

---

① 此处应为"台风"级。

艇可携带的反舰巡航导弹数量达苏联早期的"查理"级和"回声"II级潜艇的2倍，可从艇上指挥塔两侧呈40°角倾斜安装的两排共24部导弹发射筒内发射。1996年，

两艘"奥斯卡"I级潜艇报废拆解。到2011年底尚有5艘"奥斯卡"II级潜艇在役，其中3艘隶属俄海军北方舰队，2艘隶属太平洋舰队。

技术参数

动力：双轴推进，2台核反应堆，
　　　蒸汽涡轮机
最大航速：水面14节，水下24节
水面最大航程：无限
武备：16枚SS-N-8潜射弹
　　　道导弹，4部533毫米
　　　口径鱼雷发射管

艇员：130人
水面排水量：10791公吨（10550吨）
水下排水量：13463公吨（13250吨）
尺度：艇长160米，
　　　宽12米，吃水8.7米
服役时间：1976年12月30日

▲ **"德尔塔"III级潜艇**
苏联海军，弹道导弹核潜艇
　　"德尔塔"III级潜艇配备有Almaz-BDR作战指挥系统，可用于深海发射鱼雷。艇上还装备有Tobo-M-1/2惯性导航系统以及"黄蜂"（Bumblebee）水声导航系统。后者可利用水声浮标进行定位。

▲ **"维克托"III级潜艇**
苏联海军，核动力攻击型潜艇
　　"维克托"III级潜艇安装了2台OK-300型压水式核反应堆和2台蒸汽涡轮机，单轴推进。艇上还安装有2台柴电辅助推进系统。该级潜艇噪音水平较低，约与美国海军"洛杉矶"级核潜艇相当，其最大潜深为400米。

技术参数

动力：单轴推进，2台VM-4T核反
　　　应堆，蒸汽涡轮机
最大航速：水面24节，水下30节
水面最大航程：无限
武备：SS-N-15/16/21潜射反
　　　舰导弹，6部533毫米
　　　口径鱼雷发射管

艇员：100人
水面排水量：4775公吨（4700吨）
水下排水量：7305公吨（7190吨）
尺度：艇长104米，
　　　宽10米，吃水7米
服役时间：1972年

技术参数

动力：双轴推进，2台核反应堆，
　　　蒸汽涡轮机
最大航速：水面12节，水下25节
水面最大航程：无限
武备：20枚SS-N-20潜射弹道导弹，
　　　4部650毫米口径鱼雷发射管，
　　　2部533毫米鱼雷发射管。

艇员：175人
水面排水量：18797公吨（18500吨）
水下排水量：26925公吨（26500吨）
尺度：艇长171.5米，
　　　宽24.6米，吃水13米
服役时间：1981年12月12日

▲ **"台风"级潜艇**
苏联海军，弹道导弹核潜艇
　　该艇安装2台核反应堆、2台50000马力蒸汽涡轮机和4台3200千瓦涡轮发电机。艇上安装2部7叶定距螺旋桨，艇首艇尾各安装1台可伸缩式推进器，由750千瓦电机驱动。尽管"台风"级战略导弹核潜艇吨位巨大，但仍不失为苏联建造的噪音最低的潜艇之一。

上世纪70年代末，苏联"红宝石"设计局设计了一种新型柴电潜艇，这就是877型"比目鱼"（Paltus），北约称"基洛"（Kilo）级常规动力潜艇。首艇于1980年进入苏联海军服役，到1992年已建造完成23艘。该级潜艇已成功出口阿尔及利亚、中国、印度、伊朗、波兰、罗马尼亚和越南等国。"基洛"级的改进型是636型，可谓目前世界上最为安静的常规动力潜艇之一。636型改进型"基洛"级潜艇装备

▲ **"奥斯卡"I级潜艇**
苏联海军，巡航导弹核潜艇

与大多数苏联潜艇一样，"奥斯卡"级潜艇同样采用了双壳体结构——内部耐压壳体和外部流体力学艇壳，二者之间填充敷设有200毫米厚的橡胶衬垫以吸收艇内噪音。而两层艇壳之间3.5米的间隔也为潜艇本身提供了巨大的储备浮力，在遭受常规鱼雷攻击的时候，潜艇的可生存性很高。

技术参数	
动力：双轴推进，2台核反应堆，蒸汽涡轮机	艇员：130人
最大航速：水面22节，水下30节	水面排水量：11685公吨（11500吨）
武备：SS-N-15/16/19潜射反舰导弹，	水下排水量：13615公吨（13400吨）
4部650毫米口径鱼雷发射管，	水面最大航程：无限
4部533毫米鱼雷发射管。	尺度：艇长143米，
	宽18.2米，吃水9米
	服役时间：1980年4月

▲ **"基洛"级潜艇**
苏联海军，巡逻/攻击型潜艇

"基洛"级潜艇耐压壳体内部分为6个独立的水密舱室，储备浮力较大，因此潜艇在发生破损时，即便一个舱室进水或两个压水舱进水也能保证不沉，因而生存性能极佳。

技术参数	
动力：单轴推进，3台柴油机，3台电动机	艇员：45人
最大航速：水面15节，水下24节	水面排水量：2494公吨（2455吨）
水面最大航程：11112千米	水下排水量：3193公吨（3143吨）
（6000海里）/7节	尺度：艇长69米，
武备：6部533毫米口径鱼雷发射管	宽9米，吃水7米
	服役时间：1980年

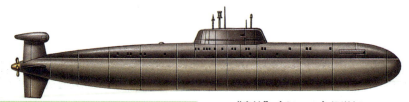

技术参数	
动力：单轴推进，1台核反应堆，1台蒸汽涡轮机	艇员：61人
最大航速：水面20节，水下32节	水面排水量：7112公吨（7000吨）
水面最大航程：无限	水下排水量：8230公吨（8100吨）
武备：SS-N-15/21潜射反舰导弹，4部650毫米鱼雷发射管，4部533毫米口径鱼雷发射管	尺度：艇长107米，
	宽12.5米，吃水8.8米
	服役时间：1987年

▲ **"塞拉"（Sierra）级潜艇**
苏联海军，核动力攻击型潜艇

该级艇内部分为6个独立的水密舱室，其中包括：鱼雷与蓄电池舱、艇员居住舱、军官室、指挥控制中心、综合计算机室和柴油机舱、反应堆室、主配电室、涡轮机舱、电动机舱、泵房与操控室。艇上还设计有供水下460米（1510英尺）深度使用的艇员逃生舱。

▲ "基洛"级潜艇

一艘"基洛"级潜艇正与印度海军水面舰艇集结。"基洛"级艇的水滴形艇体十分醒目。

了多用途作战与指挥系统，目前多数该级潜艇为现役或预备役状态。1997至2005年期间，中国海军再次订购了10艘"基洛"级潜艇，2009年阿尔及利亚也追加采购了2艘，越南海军也计划在2013年以前采购并交付完成一批"基洛"级潜艇。埃及和委内瑞拉也进口了该级潜艇。

在苏联，为了打造一型可以匹敌当时世界上任何对手的先进核动力攻击型潜艇，设计工作整整持续了10年之久，这就是分别于1984年9月和1987年服役的2艘945型（北约称"塞拉"I级）潜艇。其改进型945A型

技术参数

艇员：54人
动力：单轴推进，柴油机，电动机
最大航速：水面12节，水下20节
水面最大航程：13672千米
　　　　　　（7378海里）/ 9节
武备：4部551毫米口径鱼雷发射管

水面排水量：1473公吨（1450吨）
水下排水量：1753公吨（1725吨）
尺度：艇长67.6米，
　　　宽6.8米，吃水5.4米
服役时间：1983年

▲ "加勒纳"（Galerna）号潜艇
西班牙海军，"阿古斯塔"级巡逻/攻击型潜艇

"加勒纳"号艇的两艘姊妹艇——"特拉蒙塔纳"（Tramontana）号和"西北风"（Mistral）号于2011年3至6月期间参加了利比亚沿岸的"联合保护者行动"。"西北风"号近期在卡塔赫纳完成了升级改装，使其能一直服役至2020年。目前该级艇仅2艘在役。

（即"塞拉"II级）艇也于1992至1993年建造完成，而此时苏联已经解体。

"塞拉"级潜艇的艇体采用了昂贵的钛合金建造，潜艇作战潜深可达700米（2300英尺），最大下潜深度可达800米，而且可以不被磁探测设备发现。由于开始设计建造971型（"阿库拉"级）潜艇，原本预计继续建造"塞拉"级潜艇的计划也因此被取消。"塞拉"I级艇首艇"图拉"（Tula）号现已退役，其姊妹艇"海蟹"号与另两艘"塞拉"II级艇"下诺夫哥罗德"（Nizbniy Novgorod）号和"普斯科夫"（Pskov）号仍在俄海军中服役。

西班牙

在西班牙卡塔赫纳建造的4艘法国"阿戈斯塔"级潜艇于1983至1986年期间相继建造完成，这批潜艇也构成了迈向21世纪的西班牙海军潜艇部队的中坚。

海上自持力45天，作战潜深300米。声呐与电子设备包括：汤普森CSF DRUA 33型雷达系统、汤普森-辛特拉DSUV 22、DUUA 2D、DUU 1D、DUUX 2型声呐系统以及DSUV 62A拖曳阵列声呐系统。西班牙海军"阿戈斯塔"级潜艇也经历过现代化升级。2011年，"加勒纳"号艇配备了WECDIS NAV/C2S电子海图显示与信息系统，该系统可将导航传感器系统数据与ENC（电子海图）信息有效集成。

▲ **"南肯"（Näcken）级潜艇**
瑞典海军，巡逻/攻击型潜艇
该级艇装备了美国科尔摩根（Kollmorgen）潜望镜系统以及NEDPS潜艇综合作战指挥系统。艇上配备有613型被动式线导反舰鱼雷和可从400毫米（15.7英寸）口径鱼雷发射管发射的431型主被动反潜鱼雷。

技术参数

动力：单轴推进，柴油机，电动机	艇员：19人
最大航速：水面20节，水下25节	水面排水量：996公吨（980吨）
水面最大航程：3335公里	水下排水量：1168公吨（1150吨）
（1800海里）/10节	尺度：艇长44米
武备：6部533毫米鱼雷发射管，	宽5.7米，吃水5.5米
2部400毫米鱼雷发射管	服役时间：1980年4月25日

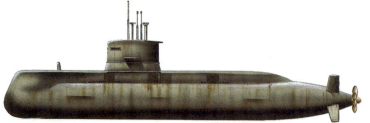

技术参数

动力：单轴推进，柴油机，电动机	艇员：28人
	水面排水量：1087公吨（1070吨）
最大航速：水面11节，水下20节	水下排水量：1161公吨（1143吨）
水面最大航程：不详	尺度：艇长48.5米，
武备：6部533毫米鱼雷发射管，	宽6.1米，吃水5.6米
3部400毫米鱼雷发射管	服役时间：1987年11月27日

▲ **"西约特兰"（Västergotland）级潜艇**
瑞典海军，巡逻/攻击型潜艇
这是一型高性能单壳体结构巡逻/攻击型潜艇。其艇首和艇尾由卡尔斯克鲁纳船厂建造，中段则由考库姆船厂建造完成。"西约特兰"级艇设计有X形尾舵，艇上安装有带有夜视功能的皮尔金顿（Pilkington）光学公司的搜索潜望镜系统。

瑞典

1972年，瑞典海军订购了3艘新型潜艇并在考库姆船厂投入建造，1980至1981年期间，这批名为A-14型（即"南肯"级）潜艇先后进入瑞典海军服役。"南肯"级潜艇设计紧凑，采用水滴形艇体和内部双层甲板，主要用于拦截进犯瑞典领海的敌舰艇。该级艇并不重视潜深指标，最大潜深仅150米（490英尺），但操控性极好。1987至1988年期间，"南肯"号潜艇加装了一个8米长的舱段，用于安装采用液氧燃料的斯特林（Stirling）V4闭合回路发动机。这种AIP系统可使潜艇的水下自持力提高到14天。上世纪90年代初，"南肯"级艇进行了现代化升级，但90年代末即先后退役。2001至2005年期间，只有"南肯"号艇根据租借协议转交给丹麦海军并更名为"克伦堡"（Kronborg）号，目前该艇封存在瑞典卡尔斯克鲁纳。

1987至1989年期间，4艘A-17型（即"西约特兰"级）潜艇相继服役。2003至2004年期间，同级艇后两艘接受了现代化改装，艇体加长了12米用于安装曾在"南肯"号上试验过的AIP系统。与此同时，该级艇也进行了武器系统与静音降噪方面的改进，因此衍生出"南曼兰"级艇。"南曼兰"级艇当时曾被认为是各国在役常规动力潜艇中性能最好且最安静的艇型。2008年，两艘"南曼兰"级艇在进行了针对热带海区作战环境的改装后售予新加坡海军，成为"射手"（Archer）级。目前，隶属瑞典海军的2艘"南曼兰"级艇仍然在役。

中国台湾

冷战期间，台湾海峡两岸局势一度紧张[①]。为了加强海岸防御力量，台湾当局从荷兰订购了2艘常规动力攻击型潜艇，并命名为"海龙"级。"海龙"级潜艇实际上就是荷兰"旗鱼"级潜艇的改进型，两艘潜艇分别于1987年10月和1988年4月入役。

由于受到来自中国大陆方面的巨大压力，荷兰政府被迫于1992年撤销了4艘后续潜艇出口台湾的计划，台湾当局壮大其潜艇作战力量的图谋因而落空。2008年，美国政府批准向台湾出售UGM-84"鱼叉"Block III型导弹用于装备2艘"海龙"级潜艇（该级艇本身即配备有AEG SUT两用主被动寻的

▲ "海龙"级潜艇
中国台湾海军，"旗鱼"级潜艇改进型

荷兰"旗鱼"级潜艇的水滴形艇体设计源于美国海军最后一型柴电潜艇——"常颌须鱼"级艇，而"海龙"级艇的主尺度与"旗鱼"级基本一致。艇上安装的3台柴油机推进功率为42000马力（3100千瓦），电动机功率为5100马力（3800千瓦），单轴推进。

技术参数

动力：单轴推进，3台柴油机，1台电动机	艇员：67人
最大航速：水面11节，水下20节	水面排水量：2414公吨（2376吨）
水面最大航程：19000公里（10241海里）/9节	水下排水量：2702公吨（2660吨）
	尺度：艇长66米，宽8.4米，吃水7.1米
武备：4部533毫米鱼雷发射管	服役时间：1987年

① 出于众所周知的原因，原文表述有误，此处和下文均已更正。

线导鱼雷）。2011年底还曾有报道说台湾当局未来计划自行建造常规潜艇。

美国

美国海军688型"洛杉矶"级是当今世界上服役数量最多的核动力攻击型潜艇，1976至1996年期间共有62艘在美国海军中服役。该型艇可执行反潜作战、情报搜集、特种部队投送、对陆攻击、布雷以及搜救任务。1982年起建造的后23艘潜艇（从"圣胡安"号起）为"洛杉矶"级改进型艇，主要升级了武器和电子系统，而且安静性更强。水平舵也从指挥塔围壳上移到了艇首，因而更适合执行冰下作战任务。

其他改进还包括推进系统和Navstar GPS导航系统的升级。"洛杉矶"级核潜艇几乎参加了20世纪末以来美国海军的所有全球作战行动。1991年"海湾战争"期间部署了9艘，其中2艘发射了"战斧"导弹；2003年3至4月期间的"伊拉克自由"行动期间部署了12艘，全部执行了"战斧"导弹发射任务。其他参与的美军行动还包括2009年美军突袭也门境内目标的行动以及2011年"利比亚战争"中的军

▲ "洛杉矶"号核动力攻击型潜艇

该型潜艇在"海湾战争"期间，主要承担美国海军航母战斗群前方海域的"目标指示与预警"使命。

事行动。目前"洛杉矶"级核潜艇仍有43艘在役。

美国海军"旧金山"（San Francisco）号核潜艇于1981年4月24日正式服役，1981至1986年期间驻珍珠港基地。1989

▲ "洛杉矶"号核潜艇

美国海军，核动力攻击型潜艇

该型艇艇体由两个独立的水密舱室构成，前部设计有艇员居住和武器与控制空间，主要的艇上机械设备和动力系统则位于后部舱段。GE公司S6G型核反应堆每30年才需补充一次燃料。该艇最大潜深为450米（1475英尺）。7艘"洛杉矶"级核潜艇设计有艇内干船坞供海豹特种部队队员出入。

技术参数

动力：单轴推进，1台S6G核反应堆，蒸汽涡轮机	艇员：133人
	水面排水量：6180公吨（6082吨）
最大航速：水面20节，水下32节	水下排水量：7038公吨（6927吨）
水面最大航程：无限	尺度：艇长110.3米，
武备："战斧"对舰巡航导弹、"鱼叉"反舰导弹，4部533毫米口径鱼雷发射管	宽10.1米，吃水9.9米
	服役时间：1976年11月13日

至1990年期间，"旧金山"号接受了现代化改装，2002年起部署在西太平洋地区，以关岛阿普拉港为基地。2005年1月8日，"旧金山"号核潜艇在水下61米深度以25节高速航行时，不慎撞上海底山脉，造成前主压载水舱破裂、声呐整流罩损坏。所幸的是内部艇壳并未破损，因此潜艇得以上浮并返回基地，后来根据一系列调查得知潜艇操纵程序上的失误是造成此次事故的主要原因。大修期间，"旧金山"号严重受损的艇首即将退役的"火奴鲁鲁"号（USS Honolulu）的艇首进行了更换，2009年重新入役，目前该艇驻扎在加州圣迭戈港，预计可以一直服役至2017年。

当今美国海军水下战略核威慑的中坚力量乃是"俄亥俄"级弹道导弹核潜艇，这也是美国海军历史上建造的吨位最大的潜艇，

1981至1997年期间共服役了18艘。

"俄亥俄"级战略核潜艇可携带24枚安装了分导式多弹头的"三叉戟"I C4型潜射弹道导弹。从第9艘"田纳西"（Tennesee）号起开始配备"三叉戟"II D5型导弹，同时先前各艇也进行导弹换装。随着1992年6月的《美苏第二阶段限制战略武器条约》的签署，4艘"俄亥俄"级战略核潜艇被改装成配备"战斧"导弹、可执行特种作战任务的巡航导弹核潜艇。2008年，改装工作全部结束。"俄亥俄"级核潜艇装备有先进而复杂的电子对抗设备，其中包括诺斯罗普·格鲁曼公司的AN/WLY-1水下自动鱼雷对抗系统。

到2011年11月为止，共有14艘"俄亥俄"级核潜艇在役，4艘巡航导弹型"俄亥俄"级艇同样在役。

▲ **"旧金山"号核潜艇**
美国海军，"旧金山"级核动力攻击型潜艇
到2011年，美国海军尚有42艘"旧金山"级核潜艇在役，主要部署在康涅狄格州的格罗顿、弗吉尼亚州的诺福克、夏威夷的珍珠港、加州的圣迭戈、关岛的阿普拉港以及华盛顿州的布雷默顿。"旧金山"级艇目前平均分配在美国海军大西洋舰队和太平洋舰队中。

技术参数

动力：单轴推进，1台S6G核反应堆，蒸汽涡轮机	艇员：133人
	水面排水量：6180公吨（6082吨）
最大航速：水面20节，水下32节	水下排水量：7038公吨（6927吨）
水面最大航程：无限	尺度：艇长110.3米，
武备："战斧"对陆巡航导弹、	宽10.1米，吃水9.9米
"鱼叉"反舰导弹，	服役时间：1981年4月24日
4部533毫米口径鱼雷发射管	

▲ **"俄亥俄"号潜艇**
美国海军，弹道导弹核潜艇
与其他战略核潜艇一样，"俄亥俄"级主要用于远洋战略巡逻，可连续潜航70天。该型艇安装有GE公司S8G型核反应堆和2台蒸汽涡轮机。推进功率60000马力（44740千瓦），单轴推进，大修周期为15年。

技术参数

动力：单轴推进，1台S8G核反应堆，2台蒸汽涡轮机	艇员：155人
	水面排水量：16360公吨（16764吨）
最大航速：水面24节，水下28节	水下排水量：19050公吨（18750吨）
水面最大航程：无限	尺度：艇长170.7米，
武备：24枚"三叉戟"	宽12.8米，吃水11米
C4型潜射弹道导弹，	服役时间：1981年11月11日
4部533毫米口径鱼雷发射管	

第五章

后冷战时代：
1990年至今

当前，
尽管美国和俄罗斯依然保持着强大的潜艇作战力量，
并且维持着海上巡逻和演习的力度。
但随着苏联的解体，
世界范围内的高强度对抗却有所降低。
与此同时，可携带远程导弹的核潜艇的数量也大为减少。从
潜艇的部署情况上来看，
人们关注的焦点转移到了一些热点地区和局部冲突问题上。
中国、法国、英国、俄罗斯和美国都在发展下一代核潜艇，
并且尤其注重新型核潜艇的反潜能力。
其他一些国家也在积极谋求加入世界核潜艇俱乐部。
值得一提的是，新的自主动力系统的技术进步有效提高了潜
艇的"隐身"水平，
这也提高了人们对未来非核潜艇潜
在作战能力上的兴趣和关注。

◀ "海狼"号（USS Seawolf）核潜艇

这是该艇在1997年试航时的一张照片。与"洛杉矶"级潜艇相比，
"海狼"级核潜艇不仅航行时更为安静，而且操控性能更好。但过
于昂贵的造价限制了该级艇的进一步开发和装备。

导言

随着冷战的落幕，全球海上问题的焦点已经从超级大国之间的对抗转移到了地区性冲突和不稳定因素上。其间，潜艇在联合行动和海岸线行动中的战术部署也逐渐成为焦点性问题。

在25节的航速下，一艘典型的核动力潜艇可以在24小时内覆盖1110公里（690英里）长的巡逻线，在7天内则可航行7773公里（4830英里）远。无论是多么开阔的海域，核潜艇在几天内即可抵达任何战区。而相比之下，像英国皇家海军"玛瑙"号（HMS Onyx）这样的柴电潜艇在1982年的马岛行动中，却花费了整整4周的时间才抵达作战海域。

从1990年苏联解体时起，世界政治舞台就成为了局部焦点问题和区域冲突当头的演武场。在各核大国以相对低调的方式保持着水下战略核潜艇随时存在的同时，美俄两国的战略核力量却有所削减。1989年，在役和在建的各国核潜艇总数超过了400艘。而到了2011年，3/4的核潜艇却已退

役或报废拆解。而剩余下来的大多数核潜艇（包括新建）为核动力攻击型潜艇或反潜型核潜艇，而且越来越多的体现出它们在情报搜集、特种行动以及向既定陆地静止目标发射巡航导弹的多用途能力。2005年"伊拉克战争"和2011年"利比亚战争"期间核动力潜艇的战术作用，仅仅是局限在为水面编队提供防御和支援的任务上。而从潜艇平台发起的针对陆地目标的导弹精确打击，加上在热点地区近岸海域可能执行的一些秘密任务，成为了21世纪初核潜艇仅能发挥的一点点功用。

2010年，美国海军拥有的在役核潜艇数量为71艘。其中18艘为携带战略导弹和巡航导弹的核潜艇，其余为核动力攻击型潜艇（自1994年以来，美国海军核动力攻

▲ "柯林斯"（Collins）级潜艇

澳大利亚海军"柯林斯"级潜艇共6艘，采用柴电动力推进，艇上配备鱼雷和"鱼叉"反舰导弹。其钝圆的艇首及指挥塔围壳水平舵是"柯林斯"级潜艇的主要识别特征。

德国潜艇的演进：从201级到206级							
艇型	服役时间	水面排水量（吨/公吨）	水下排水量（吨/公吨）	航速（节）	航程（公里/英里）	动力	武备
201级	1962至1964年	450/457	443/450	17.5	4800/2982	柴电	鱼雷/水雷
205级	1967至1970年	450/456	500/508	17	7800/4847	柴电	鱼雷/水雷
206级	1968至1975年		490/498	17	8300/5157	柴电	鱼雷/水雷

德国潜艇的演进：从209级到214级							
艇型	服役时间	水面排水量（吨/公吨）	水下排水量（吨/公吨）	航速（节）	航程（公里/英里）	动力	武备
209级	1971年至今	1427/1450	1781/1810	22.5	20000/12427	柴电	鱼雷/UGM-84导弹
212级	2002年至今	1663/1690	1801/1830	20	14800/9196	柴电+AIP	鱼雷/短程导弹
214级	2007年至今		1830/1860	20	19300/11992	柴电+AIP	鱼雷/UGM-84导弹

击型潜艇数量已削减了40%。由此带来的一个后果便是从2007年3月以来，美国海军潜艇官兵的平均出勤周期由6个月延长到了7个月）。与此同时，俄罗斯海军拥有13艘核动力攻击型潜艇和8艘巡航导弹核潜艇；英国则拥有8艘攻击型核潜艇和4艘战略导弹核潜艇；法国则拥有6艘核动力攻击型潜艇和4艘弹道导弹核潜艇；中国据信也拥有12艘核潜艇，其中多数为核动力攻击型潜艇。印度海军也将很快加入核潜艇俱乐部，阿根廷和巴西海军也同样怀揣着打造核潜艇力量的雄心。在非核动力潜艇方面，技术的进步也同样显著。就在刚刚过去的20年里，一些非核动力潜艇在几乎无懈可击的反潜体系面前体现出了令人不可思议的渗透能力。如在2007年底，一艘中国海军039型潜艇几乎是在美国海军"小鹰"（Kitty hawk）号核动力航母战斗群防御圈毫无察觉的情况下，突然上浮到了编队中心的海面上，令美军大吃一惊。

今天的各个大洋的海底地貌图的精确程度，已经可以和陆地地图媲美。各个公海航线和潜伏区域都早已被勘测、划定和利用。正是出于这一原因，潜艇的水下碰撞不可避免的发生了——2009年2月，法国海军"凯旋"（Le Triomphant）号潜艇与英国皇家海军"前卫"（Vanguard）号潜艇在大西洋中部海域发生了一起水下碰撞事故，所幸的是后来都得到了修复。此外，潜艇还可以剪断和破坏海底通信线缆，甚至可以在海底敷设路标用于引导己方舰艇通行，或者迷惑别国舰艇。

近年来，潜艇的建造速度有所放缓，这绝不仅仅是世界经济危机的影响所致。当今潜艇的攻击、探测与防御系统的研制成本都有了显著提升，目前一艘典型的常规潜艇的造价都达到了4亿美元左右，这也是当前各国潜艇买家愈发谨慎的原因之一。然而，未来战争依旧需要可靠性高、作战能力优越、性能突出的新型潜艇，法国的"鲉鱼"级潜艇能击败德国214级和俄罗斯"基洛"级潜艇赢得潜艇订单就是一例。即便是在美国，也提出了名为"技术屏障"（Technology Barrier，或称TB）的项目，该项目旨在降低攻击型潜艇的设计建造成本，同时还包括：对非中轴布局推进系统的研究、外部拖曳和发射武器系统（包括鱼雷）的研究、对现有球形声呐阵列系统的替代方案、替代或简化现有艇体设计的方案、新型机械与电子系统的研究以及提高潜艇自动化水平以减少艇员配备数量和工作负担的研究课题等。

当今各国潜艇：1990—2011

从半潜式雷击艇发展至今，潜艇已经走过了百年历程。

战时期的经历充分证明，无论是用于攻势作战还是和平威慑，潜艇往往都拥有比其他主力舰更强大的攻击力。潜艇的出现既是技术上的一大成就，也是世界各国武装力量角力的工具。

澳大利亚

出于对新型远洋潜艇的需求，澳大利亚皇家海军（RAN）于1987年6月向瑞典考库姆船厂订购了6艘柴电动力攻击型潜艇。建造工作一半在瑞典进行，另一半则由澳方阿德莱德船厂完成。1996至2003年期间，新型潜艇相继进入澳大利亚皇家海军服役，这就是"科林斯"级潜艇。该型潜艇在10节航速下航程可达18496公里（11500英里），海上自持力70天，十分适合执行远洋巡逻任务。

"科林斯"级潜艇装备有先进而复杂的声呐电子系统，其中包括ES-5600电子支援系统和2部"斯特根-亨肖"（Strachan & Henshaw）水下信号与诱饵系统（SSDE）。"科林斯"级潜艇还配备了泰勒斯水下系统公司"六头女妖"（Scylla）艇首主被动声呐阵列、艇侧被动声呐以及拦截与测距声呐阵列系统。

不过，由于技术问题不断，"科林斯"级潜艇的服役生涯并不顺利，澳大利亚海军的"科林斯"级艇最多只能保持2至3艘同时处于战备巡逻状态。"科林斯"级潜艇预计可服役至2025年，澳大利亚海军正计划在美国的协助下对其进行现代化升级。自2007年以来，澳大利亚计划自主建造吨位更大的潜艇作为"科林斯"级的补充，保证拥有一只12艘左右数量的潜艇部队，以维持澳大利海军较高的水下作战水平。

技术参数

动力：单轴推进，柴油机，电动机	艇员：42人
最大航速：水面10节，水下20节	水面排水量：3100公吨（3051吨）
水面最大航程：18496公里	水下排水量：3407公吨（3353吨）
（9982海里）/10节①	尺度：艇长77.8米，
武备："鱼叉"反舰导弹，	宽7.8米，吃水7米
6部533毫米鱼雷发射管	服役时间：1996年7月27日

▲ **"科林斯"级潜艇**
澳大利亚皇家海军，巡逻潜艇

该型潜艇采用单轴单桨推进，艇上安装3台黑德穆拉/花园岛（Hedemora/Garden island）V18B型四冲程柴油机（单台功率1475千瓦）、3台法国杰蒙特·施耐德（Jeumont Schneider）1400千瓦交流发电机、1台热蒙特·施耐德电机（7344马力）和1台麦克塔嘎特·斯科特公司DM 43006应急推进液压电机。

---

① 原文为1节，显然有误。

中国

中国向来重视柴电动力潜艇的发展。1999年6月，039型（北约称"宋"级）潜艇首艇正式服役。这种远洋攻击型潜艇拥有水滴形艇体，在先前各型常规潜艇的基础上进行了技术优化，同级艇仅首艇的指挥塔围壳后缘采用了阶梯状设计，后续各艇则名为039G型艇。艇上配备有比"明"级潜艇更为先进的多用途作战指挥系统，可有效集成潜艇控制与鱼雷/导弹武器火控数据。综合声呐系统包括艇首球形主被动中频声呐和被动低频声呐阵列。电子对抗系统包括921-A型雷达告警接收机和定向仪。艇上柴电推进系统由4台德国MTU 16V396SE型柴油机、4台交流发电机和1台电动机组成，单轴单桨推进。

目前，中国海军共有13艘"宋"级潜艇在役，这也构成了中国海军现代化常规潜艇力量的核心。此外039A型（或称"元"级）潜艇也正在建造服役中。这些常规潜艇的主要战术使命既包括在南海地区部分岛礁附近海域维护中国主权，也包括有效监视和驱逐在中国领海附近执行侦察任务的美国间谍船只。

中国海军的下一代攻击型核潜艇是093型（北约称"商"级），主要用于替代"汉"级核潜艇。目前该型艇至少有2艘已下水，首艇在经过为期4年的海试后，于2006年进入中国海军服役，第2艘也已服役。"商"级核潜艇由一台压水式核反应堆推进，艇上安装有新型艇首声呐系统和3部艇侧声呐阵列（H/SQG-207），可携

▲ **039型"宋"级潜艇**
中国海军，039型多用途潜艇

039型潜艇由一台大型7叶大侧斜螺旋桨推进，主机采用了减震浮筏装置以吸收机械震动达到减小水下航行噪音的目的。通过铺设与俄制"基洛"级潜艇类似的艇体消音瓦，该型潜艇的静音水平也有很大提升。

技术参数

艇员：60人	水面排水量：1700公吨（1673吨）
动力：单轴推进，柴油机，电动机	水下排水量：2250公吨（2215吨）
最大航速：水面15节，水下22节	尺度：艇长74.9米，
水面最大航程：不详	宽8.4米，吃水5.3米
武备：6部533毫米鱼雷发射管，	服役时间：1999年6月
18枚鱼雷/导弹，或36枚水雷	

技术参数

动力：单轴推进，1台气冷核反应堆	艇员：100人
	水面排水量：约6090公吨（6000吨）
最大航速：水下35节	水下排水量：约7110公吨（7000吨）
水面最大航程：无限	尺度：艇长110米，
武备：6部533毫米鱼雷发射管，	宽11米，吃水10米
鹰击-82反舰导弹	服役时间：2006年

▲ **"商"级潜艇**
中国海军，093型核动力攻击型潜艇

关于该型潜艇的细节，外界知之甚少。其艇体采用双壳体结构，配备有6部鱼雷发射管，可发射反舰/反潜鱼雷和反舰导弹。093型核潜艇还配备有对陆攻击巡航导弹，通过闭环火控系统可在2分钟之内发射完所有的导弹。

带发射鹰击-82反舰导弹。后续的093型"商"级潜艇（约6至8艘）与前两艘相比，据信在很多方面有较大改进。

法国

1997年，作为法国海军新一代战略导弹核潜艇首艇的"凯旋"号正式服役，

▲ **"凯旋"号核潜艇**
法国海军，战略导弹核潜艇
在该级潜艇的设计建造过程中，按计划由法国的承包商为潜艇提供主要电子系统设备。其中传感器与数据处理系统包括：泰勒斯DMUX 80艇首/艇侧声呐系统、DUUX-5低频被动声呐、DSUV 61B VLF拖曳声呐、雷卡-德卡（Racal Decca）导航雷达以及泰勒斯DR3000U电子支援系统等。

▲ **"鲉鱼"级潜艇**
法国-西班牙，CM-2000型巡逻潜艇
"鲉鱼"级潜艇可携带18枚重型鱼雷/导弹或30枚水雷，可发射最新型的线导鱼雷，具备有效的反舰、反潜和多任务作战能力。

▲ **"梭子鱼"级潜艇**
法国海军，新一代核动力攻击型潜艇
该型潜艇配备有高度自动化的综合作战指挥系统，艇员仅需60人（"红宝石"级需78人），且作战成本在"红宝石"级潜艇的基础上有效降低了30%。

2000至2010年期间又陆续服役了3艘。从那时起法国海军至少保持1艘携带了16枚M45战略导弹的"凯旋"级核潜艇随时处于战备巡逻值班状态。该级艇最后1艘"可畏"（Le Terrible）号于2010年配备了M51改进型导弹，该型导弹安装有12枚分导式多弹头，射程可达8000公里（5000英里）。法国海军计划在2015年以前为所有"凯旋"级潜艇换装这种导弹。目前，法国海军弹道导弹潜艇均驻扎在布雷斯特海军基地。

作为非核动力潜艇的主要海外市场出口承包商，位于瑟堡的法国DCNS公司与西班牙纳梵蒂亚（Navantia）公司联合设计开发了"鲉鱼"级（CM-2000型）新型柴电潜艇；采用法国MESMA的AIP系统改进型则为AM-2000型，是一种吨位稍小的近岸型潜艇；出口巴西海军的为排水量较大的S-BR型，但未配备AIP系统。

法国海军并未采购"鲉鱼"级潜艇，到是西班牙海军于2003年订购了4艘。由于西班牙纳梵蒂亚公司与美国洛克希德-马丁公司合作开发的S-80型潜艇进展顺利，西班牙取消了后续"鲉鱼"级潜艇的订购计划。S-80型潜艇同样安装了AIP推进系统，但设计上与"鲉鱼"级有所不同。目前看来"鲉鱼"级潜艇的联合项目未来还存在极大的不确定性。DCNS公司已经开发了法国国产的"马林鱼"（Marlin）级潜艇项目，出口方面，为智利海军建造的2艘"鲉鱼"级潜艇于2005年和2006年相继服役；马来西亚海军订购的2艘则于2009年服役；为印度建造的3艘"鲉鱼"级潜艇目前尚未完工；巴西方面则又追加了4艘的订单。

在法国，"梭子鱼"级艇项目从1998年开始就已展开，计划到2017年时完成新型核动力攻击性潜艇舰队的建设。该级艇计划建造6艘，水面排水量为4100公吨（4035吨），与"紫水晶"级核潜艇相比增加了70%。

"梭子鱼"级潜艇首艇命名为"索芬"（Suffren）号，该型艇在水下航行性

当今各国常规潜艇（Ⅰ）							
艇型	服役时间	水面排水量（吨/公吨）	水下排水量（吨/公吨）	航速（节）	航程（公里/英里）	动力	武备
"基洛"级（俄罗斯）	1981年	2300/2350	3000/3048	25	12070/7500	柴电	鱼雷/导弹
"海龙"级（中国台湾）	1986年	1663/1690	2618/2660	20	20000/12427	柴电	鱼雷
"射手"级（新加坡）	1987/2011年	1070/1050	1130/1150	20		柴电+AIP	鱼雷/水雷

当今各国常规潜艇（Ⅱ）							
艇型	服役时间	水面排水量（吨/公吨）	水下排水量（吨/公吨）	航速（节）	航程（公里/英里）	动力	武备
"科林斯"级（澳大利亚）	1996年	3003/3051	3300/3353	25	12070/7500	柴电	鱼雷/UGM-84"鱼叉"导弹；水雷
"维多利亚"级（加拿大）	1990年	2220/2255	2455/2494	20	20000/12427	柴电	鱼雷
"海豚"级（以色列）	1997年至今	1640/1666	1900/1930	20		柴电	鱼雷/导弹（核弹头）

能和损管控制技术方面十分突出，艇上配备有先进的综合平台管理系统（IPMS），同时还采用了DCN公司在"鲉鱼"级、"凯旋"级和"阿戈斯塔"级潜艇上运用的先进技术。通过一系列隐身措施，潜艇的降噪效果十分明显，水声、磁性、雷达以及目视特征都较低，十分适合执行反潜作战任务。DCN和泰勒斯公司还为"梭子鱼"级潜艇专门开发了一套作战系统，该系统可将艇上主被动声呐传感器、光电传感器、数据与信号处理以及外部战术数据、火控系统以及通信与导航系统有效集成。

德国

德国霍瓦特·德意志船厂（HDW）设计建造的214级潜艇在国际潜艇市场上无疑是一支强有力的竞争力量。该级艇采用柴电推进系统，艇上安装低噪音7叶大侧斜螺旋桨，同时辅以西门子公司采用聚合物电解质膜（PEM）氢燃料电池技术的AIP系统。艇上武备包括8部533毫米口径鱼雷发射管，可发射24枚重型鱼雷和"鱼叉"潜射反舰导弹。柴油发电机安装在减震浮阀上以减小机械振动和噪音。

目前已装备或确认购买214级潜艇的国际客户包括：韩国（"孙元一"II型），其中3艘在韩国国内的现代造船厂建造，2009年韩国又追加订购了9艘；土耳其也于2009年订购了6艘214级潜艇（214TN型），同样在土耳其国内建造并在一定程

技术参数

动力：单轴推进，柴油机，
　　　电动机，电池/AIP
最大航速：水面12节，水下20节
水面最大航程：19300公里
　　　　　　　（10420英里）
武备：8部533毫米鱼雷发射管，
　　　鱼雷/反舰导弹

艇员：27人
水面排水量：1690公吨（1663.3吨）
水下排水量：1860公吨（1830.6吨）
尺度：艇长65米，
　　　宽6.3米，吃水6米
服役时间：2010年11月4日

▲ "帕帕尼科里斯"号潜艇
德国设计的214级多用途潜艇

214级潜艇性能十分出色，作战潜深达400米，海上自持力达84天。作为一型出口型潜艇，该艇的设计细节可以根据不同卖家的需求作出调整，但艇体统一采用HY-80/HY-100高强度钢建造，艇体外观也十分符合流体力学和隐身设计的要求。

当今各国常规潜艇（III）

艇型	服役时间	水面排水量（吨/公吨）	水下排水量（吨/公吨）	航速（节）	航程（公里/英里）	动力	武备
"亲潮"级（日本）	1996年	2706/2750	3937/4000	20		柴电	鱼雷/UGM-84"鱼叉"导弹
"宋"级（中国）	1999年		2214/2250	22		柴电+AIP	鱼雷/鱼-4型导弹①，水雷
"鲉鱼"级（法国）	2005年至今	1540/1565	1673/1700	20	12000/7546	柴电+AIP	鱼雷/SM-39"飞鱼"导弹，水雷

① 此处应为"鱼雷"。

度上应用自主技术；葡萄牙海军订购的2艘214级潜艇于2010至2011年之间交付；希腊海军订购了4艘，首艇"帕帕尼科里斯"（Papanikolis）号于2008年就已完成海试，但由于对该艇性能和技术缺陷等问题十分不满意，导致该艇直到2010年5月才被希腊海军方面接收。

后续艇计划在希腊国内的造船厂建造，但由于希腊爆发经济危机而被取消（后被德国方面收回，现已交付阿联酋方面）。按计划，第2艘艇应于2012年4月交付希腊海军，最后两艘艇也应在2013年交付。不过，据报道希腊方面有意转售"帕帕尼科里斯"号。此外，巴基斯坦也曾于2008年与德国方面商谈引进214级潜艇的事

宜，但后来该笔常规潜艇的采购订单交给了中国方面。

英国

1986至1999年期间，英国皇家海军相继建造服役了4艘新型战略导弹核潜艇，这就是"前卫"（Vanguard）级。"前卫"级潜艇是英国历史上建造的吨位最大的潜艇，艇上可携带发射"三叉戟"D5潜射弹道导弹。该艇配备有CK51型搜索潜望镜和CH91攻击型潜望镜，同时设计有电视摄像和热成像功能。泰勒斯水下系统公司为该级艇提供了2054型综合声呐系统，该系统为多模式多频率系统，可有效集成2046、2043和2082型等不同声呐系统。2043型声

技术参数

动力：单轴推进，1台核反应堆，2台蒸汽涡轮机

最大航速：水下29节以上
水面最大航程：无限
武器：6部533毫米鱼雷发射管，"矛鱼"鱼雷/"战斧"Block IV巡航导弹，38枚水雷

艇员：135人
水面排水量：7000公吨（6889吨）
水下排水量：7400公吨（7283吨）
尺度：艇长97米，宽11.3米，吃水10米
服役时间：2010年8月27日

▲ **"机敏"号（HMS Astute）潜艇**
英国皇家海军，新一代核动力攻击型潜艇
"机敏"级潜艇配备有6部533毫米口径鱼雷发射管，可发射"矛鱼"（Spearfish）重型鱼雷和水雷，艇上共可携带38枚鱼雷和导弹。BAE系统公司研制的"矛鱼"鱼雷是一种主被动寻的线导鱼雷，60节航速下射程可达65公里（40英里），可配备定向能弹头。

技术参数

动力：单轴推进，1台核反应堆，2台蒸汽涡轮机，喷射泵推进器

最大航速：水下25节
水面最大航程：无限
武器：16枚"三叉戟"D5潜射弹道导弹，4部533毫米鱼雷发射管

艇员：135人
水面排水量：15900吨
水下排水量：15649吨
尺度：艇长149.9米，宽12.8米，吃水12米
服役时间：1993年8月14日

▲ **"前卫"号潜艇**
英国皇家海军，弹道导弹核潜艇
该级艇安装了PWR2型新型压水式核反应堆驱动，2台GEC蒸汽涡轮机，使用周期可达25年，此外还备有1台喷射泵推进器，水下最大航速为25节。辅助动力系统由2台6MW蒸汽涡轮发电机和2台帕克斯曼MW柴油机交流发电机组成。

当今各国常规潜艇（Ⅳ）							
艇型	服役时间	水面排水量（吨/公吨）	水下排水量（吨/公吨）	航速（节）	航程（公里/英里）	动力	武备
214级（德国）	2007年	1663/1690	1830/1860	20		柴电+AIP	鱼雷UGM-84"鱼叉"导弹
"苍龙"级（日本）	2009年	2854/2900	4134/4200	20		柴电+AIP	鱼雷UGM-84"鱼叉"导弹
"拉达"/"圣彼得堡"级（俄罗斯）	2010年	1737/1765	2657/2700	21	12000/7546	柴电+AIP	鱼雷/RPK-6导弹

呐系统是一种艇壳主被动搜索声呐，2082型为被动拦截和测距声呐，2046型则为低频被动搜索拖曳阵列声呐。后来对上述声呐系统的改进包括采用开放式架构数据处理器和加装1007型I波段导航雷达系统以提高导航搜索能力等。

英国"前卫"级潜艇主要驻扎在苏格兰克莱德湾的法斯兰港基地。服役较早的两艘潜艇已经接受了现代化改造，即"前卫"号（2002至2004年期间）和"胜利"（Victorious）号（2004至2006年期间），"警惕"号（HMS Vigilant）当前也在进行升级。从2017年起，英国皇家海军的"前卫"级潜艇将全部退出现役，目前下一代弹道导弹核潜艇的设计工作正在进行中。

英国皇家海军新一代核动力攻击型潜艇是"机敏"级。该级艇计划建造7艘，建造工作将一直持续到2020年。"机敏"级潜艇安装有与"前卫"级核潜艇相同的PWR2型压水式核反应堆，艇上电子支援和对抗系统主要包括泰勒斯UAP（4）型电子对抗系统，该系统的两套多功能天线阵列可安装在两部麦塔格特·斯科特（McTaggart Scott）公司研制的CM010非穿透艇壳式综合光电桅杆上，桅杆上还集成了热成像系统、微光电视成像系统以及彩色CCD电视传感器等。艇上配备有艾德斯通（Eddystone）通信波段电子支援措施系统（CESM）以提供先进的通信信号截获、识别、定位以及监视性能。

"机敏"级核潜艇还配备有I波段导航雷达系统。声呐系统包括泰勒斯水下系统公司的2076型艇首/艇侧综合主被动搜索与攻击雷达与拖曳阵列系统，此外还包括最新型的S2076型综合声呐系统、可在水下10000米深度范围内工作的阿特拉斯公司DESO25型高精度回声探测系统以及雷声系统公司的IFF海上敌我识别系统等。

印度

"歼敌者"（Arihant）号是印度第一艘自主建造的核潜艇，印度军方寄希望于2012年底或2013年初将其投入海军服役。该艇于2009年7月26日下水，后续艇计划建造4艘。在俄罗斯的技术援助下，印度海军从"阿库拉"I型潜艇的基础上进行了"歼敌者"号的研制。该艇由1台80MW压水式核反应堆推进，可携带各类鱼雷、反舰导弹和巡航导弹，甚至具备携带12枚K-15型潜射弹道导弹的能力，可在冰下活动。2008年，印度军方对K-15导弹展开过试验，未来将被射程达3500公里的K-X型导弹取代。

以色列

以色列的800型（或称"海豚"级）潜艇是在德国209级潜艇的基础上研制的，但大量采用了以色列本国技术，几乎可以算得上是一款以色列国产潜艇。6艘同级艇中的首艇已于1999年服役，到2000年又相继服役3艘。从2012年起，以色列计划将另3艘安装了AIP系统的"海豚"级艇投入海军服役。后续的升级计划中还包括类似214级潜艇上的自动化作战指挥系统，使该型潜艇具备全面的巡逻、监视、拦截、攻击、特种作战以及布雷能力。通过艇上设计的专用舱室，还可供蛙人出入作战。

根据美国海军的情报，一艘以色列潜艇曾在印度洋海域发射过一枚射程达1500公里（930英里）的巡航导弹。尽管这一消息并未得到确认，但未来以色列潜艇装备潜射导弹这类战术核武器并非不可能。

"海豚"级潜艇装备有STN阿特拉斯公司研制的ISUS 90-1 TCS型武器控制系统，该系统可有效集成自动化传感器管理、火控系统、导航与任务管理系统。艇上还配备有先进的雷达预警和主动海面搜索雷达系统。声呐系统包括阿特拉斯公司CSU-90型艇壳主被动搜索与攻击声呐系统。

"海豚"级潜艇目前部署在地中海的海法基地，但根据该地区安全形势的需要也可从埃拉特港出发在红海一带海域活动。

▲ **"歼敌者"号潜艇**
印度海军，弹道导弹核潜艇

"歼敌者"号潜艇安装有两套声呐系统——"曙光"（Ushus）和"五感"（Panchendriya）声呐系统。"曙光"是"基洛"级潜艇采用的先进综合声呐系统，"五感"则是一种独特的潜艇声呐和战术控制系统，可集成艇上多种（包括被动、监视、测距、拦截和主动）声呐系统。"歼敌者"号还配备有先进的水下通信系统。

技术参数	
艇员：96人	水面排水量：5800至7700公吨
动力：单轴推进，1台核反应堆	（5708至7578吨）
最大航速：水面15节，水下24节	水下排水量：8200至13000公吨
水面最大航程：无限	（8070至12795吨）
武器：6部533毫米鱼雷发射管，	尺度：艇长110米，
12枚K-15导弹	宽11米，吃水9米
	服役时间：2012年

技术参数	
动力：单轴推进，3台柴油机、	艇员：35人
电动机	水面排水量：1666.3公吨（1640吨）
最大航速：水下20节	水下排水量：1930.5公吨（1900吨）
水面最大航程：不详	尺度：艇长57米，
武器：4部650毫米鱼雷发射管，	宽6.8米，吃水6.2米
6部533毫米鱼雷发射管	服役时间：1999年

▲ **"海豚"级潜艇**
以色列海军，德国209级巡逻潜艇改进型

"海豚"级潜艇安装有10部艇首鱼雷发射管，其中6部为533毫米口径，可发射DM2A3线导鱼雷。另4部为650毫米鱼雷发射管，可发射以色列自产的配备核弹头的"喷气突眼"（Popeye Turbo）巡航导弹，该型导弹也是"防区外突眼"（Popeye Standoff）导弹的改进型。

日本

日本"亲潮"（Oyashio）级潜艇可以看做是"春潮"级的放大版，因此可以安装艇侧声呐阵列系统，适合执行反潜和反舰任务。1994年1月，11艘"亲潮"级艇首艇在吴海军码头川崎船厂开工建造，1998年3月16日正式服役。目前所有"亲潮"级潜艇均在川崎和三菱船厂建造，艇上安装2台川崎12V25S型柴油机，2台川崎交流发电机和2台东芝主电机，总推进功率7700马力（5742千瓦）。从20世纪70年代末开始，日本海上自卫队舰艇就开始大量采用日本自主研制的系统，"亲潮"级同样如此。

该级艇的声呐系统基于美国的设计，但也进行了适合日本海上自卫队的改进。艇上6部HU-605型533毫米口径鱼雷发射管可用于发射艇上20枚89式线导主被动寻的鱼雷或UGM-84D"鱼叉"反舰导弹。

"亲潮"级潜艇并未安装AIP系统，但从"苍龙"（Soryu）级潜艇则开始配备。"苍龙"级是日本自二战结束以来建造的吨位最大的潜艇，其性能指标和作战用途与"亲潮"级极为相似，主要用于巡逻和拦截，但更适合在近海海床区域执行长时间潜航任务，因此作战潜力极大。由于配备了AIP系统和现代化的传感器系统，"苍

▲ "亲潮"级潜艇

日本海上自卫队，巡逻潜艇

与先前的艇型一样，"亲潮"级潜艇同样采用双壳体结构，艇体表面铺设有消音瓦。但外部艇体采用了叶卷形（或称抹香鲸形）而非水滴形外观，指挥塔围壳设计也有较大不同，因而整体轮廓较为特别。

技术参数

艇员：69人	水面排水量：2743公吨（2700吨）
动力：单轴推进，柴油机、电动机	水下排水量：3048公吨（3000吨）
最大航速：水面13节，水下20节	尺度：艇长81.7米，
水面最大航程：不详	宽8.9米，吃水7.4米
武备：6部533毫米鱼雷发射管，	服役时间：1998年3月16日
"鱼叉"潜射反舰导弹	

技术参数

动力：2台川崎12V柴油机，	艇员：65人
4台川崎-考库姆V4-275R	水面排水量：2900公吨（2854吨）
斯特林AIP发动机	水下排水量：4200公吨（4134吨）
水面最大航程：11297公里	最大航速：水面13节，水下20节
（6100英里）/6.5节	尺度：艇长84米，
武备：6部533毫米鱼雷发射管，	宽9.1米，吃水8.5米
"鱼叉"潜射反舰导弹，水雷	服役时间：2009年

▲ "苍龙"级潜艇

日本海上自卫队，远洋巡逻潜艇

"苍龙"级潜艇安装有2台川崎12/V 25/25SB型柴油机、4台川崎-考库姆V4-275R型斯特林AIP发动机以及锂离子蓄电池组。与瑞典潜艇一样，"苍龙"级潜艇还设计有X形尾舵。到2011年底为止，日本海上自卫队已服役了3艘"苍龙"级艇，另有2艘目前正在建造①。

① 实际上"苍龙"级潜艇目前已有10艘服役。

龙"级潜艇也得以进入当今世界最先进的常规潜艇行列。一些军事观察家认为"苍龙"级潜艇尚未配备日本最为先进的武器和电子系统，因此在20年的服役生涯中，"苍龙"级的战斗力还有很大提升空间。

俄罗斯

1985至1996年期间，苏联设计建造了949A型（北约称"奥斯卡"II级）巡航导弹核潜艇。"奥斯卡"II级潜艇较"奥斯卡"I级吨位更大、航行噪音更小。

"奥斯卡"II级采用了苏俄潜艇标准的双壳体结构，安装2台核反应堆，双轴双桨推进。指挥塔围壳较长，采用了开放式舰桥，内部安装有可收放式多任务桅杆，并且整体进行了加固设计以适应冰下航行环境。

导弹发射筒位于艇体内部耐压壳体与外部艇体之间，呈两列各12部，以40°倾角安装，指挥塔围壳两侧各设6部发射筒舱盖。

作为一型核动力攻击型潜艇，"奥斯卡"II级潜艇的吨位绝无仅有（只有"台风"级和"俄亥俄"级排水量更大），其建造工作主要在苏联解体后进行。该级潜艇既可执行攻击航母战斗群的任务，也适合攻击近海甚至内陆目标。部分"奥斯卡"II级潜艇目前仍在俄海军北方舰队和太平洋舰队服役，其中3艘正在大修，至少有3艘在役。

1994年12月30日服役的K-141"库尔斯克"（Kursk）号潜艇隶属北方舰队。2000年10月12日，该艇在巴伦支海沉没，所有118名艇员丧生。2001年10月，"库尔斯克"号在两家荷兰公司——曼莫特

▲ "奥斯卡"II级"库尔斯克"号潜艇
俄罗斯海军，"奥斯卡"II级巡航导弹核潜艇，巴伦支海，2000年
"奥斯卡"II级潜艇装备有24枚射程550公里（342英里）的SS-N-19"花岗岩"（Granit）巡航导弹。导弹弹重6.8吨，战斗部重100公斤（2205磅），飞行时速达1.5马赫。根据美俄削减战略武器条约，导弹全部拆除了核弹头并换装了高爆炸药弹头。

技术参数

动力：双轴推进，2台OK-650b型核反应堆，蒸汽涡轮机	艇员：112人
最大航速：水面16节，水下32节	水面排水量：13615至14935公吨（13400至14700吨）
水面最大航程：无限	水下排水量：16663至24835公吨（16400至24000吨）
武备：24枚SS-N-19"花岗岩"导弹，2部650毫米鱼雷发射管，4部533毫米鱼雷发射管	尺度：艇长154米，宽18.2米，吃水9米
	服役时间：1994年12月

技术参数

动力：1台OK-650b型核反应堆，蒸汽涡轮机，喷射泵	艇员：107人
最大航速：水面15节，水下29节	水面排水量：14720公吨（14488吨）
武备：16枚RSM-56"布拉瓦"潜射弹道导弹，RPK-2反潜巡航导弹6部533毫米鱼雷发射管	水下排水量：24000公吨（23621吨）
	水面最大航程：无限
	尺度：艇长170米，宽13.5米，吃水10米
	服役时间：2012年

▲ "北风之神"（Borei）级潜艇
俄罗斯海军，新一代战略导弹核潜艇
该艇安装一台OK-650B型核反应堆（其他艇型也有采用），也是首艘采用喷射泵推进技术的俄罗斯潜艇。"北风之神"级潜艇的艇体改善了流体力学设计，整体较之前的苏俄战略核潜艇更紧凑。该级艇最大潜深可达450米。

技术参数

动力：单轴推进，1台KPM型核反应堆
最大航速：水面20节，水下35节
水面最大航程：无限
武备：8部垂直导弹发射筒，
　　　P-800反舰导弹或RK-55
　　　巡航导弹，8部650毫米鱼
　　　雷发射管，2部533毫米
　　　鱼雷发射管

艇员：95人
水面排水量：5800至7700公吨
　　　　　　（5708至7578吨）
水下排水量：8200至13000公吨
　　　　　　（8070至12795吨）
尺度：艇长120米，
　　　宽15米，吃水8.4米
服役时间：未服役②

▲ **"格兰尼"号①**
俄罗斯海军，新一代"亚森"
（Yasen）级巡航导弹核潜艇

"亚森"级核潜艇的作战潜深可达600米，水下最高航速超过35节。该艇也是第一艘安装了艇首球形声呐系统（Irytysh- Amfora）的俄罗斯潜艇，为了容纳这种体积较大的声呐系统，艇首的鱼雷发射管呈一定倾角布置安装。

（Mammoet Worldwide）和斯密特（Smit International）的技术支援下被重新打捞出水，并被拖往摩尔曼斯克海军码头。2002年5月，艇首的武器舱被切开后进行了细致调查，遗留在海底的部分残骸被打捞拆解，艇上的核反应堆和巡航导弹都进行了有效处置。调查显示，事故原因是艇上的65型高浓度过氧化氢（HTP）鱼雷爆炸引起的武器舱进水，进而导致潜艇沉没。而爆炸的原因，相信是极易燃的鱼雷推进燃料泄漏后与艇内油料、金属屑等成分混合

引起的。而"库尔斯克"号虽与其他"奥斯卡"II级潜艇一样配备了艇员紧急逃生舱，但遗憾的是在危机发生的真正时刻并没能正确激活并发挥作用。

俄罗斯955型"北风之神"（Borei）级弹道导弹核潜艇主要用于替代"德尔塔"IV级和"台风"级战略核潜艇。作为苏俄第四代核潜艇，"北风之神"级潜艇采用了一系列全新的设计，计划建造8艘，首艇已于2007年下水，但服役时间却一再推迟③。第2艘艇已建成，第3和第4艘则正在

美俄第四代核动力潜艇

艇型	服役时间	水面排水量（吨/公吨）	水下排水量（吨/公吨）	航速（节）	试验潜深（米/英尺）	动力	武备
"北风之神"级（SSBN）	2010年	14488/14720	23621/24000	29	450/1476	1台OK-650B核反应堆	16RSM-56"布拉瓦"导弹
"亚森"级（SSGN）	2011年	8600/8738	13800/14021	35+	600/1968	1台KPM核反应堆	24枚"花岗岩"潜射巡航导弹
"海狼"级（SSGN）	2005年	8600/8738	9138/9284	35+	610/2000	1台S6W核反应堆	50枚"战斧"巡航导弹
"弗吉尼亚"级（SSGN）	2004年	7800/7925		32	240/787	1台SNG核反应堆	12枚"战斧"巡航导弹

① 应为"北德文斯克"号。
② 应为2013年12月。
③ 实际上"北风之神"级首艇已于2013年1月服役，隶属俄北方舰队。

建造过程中。后续各艇预计将采用改进设计，因此可被看作是"北风之神"A级。所有8艘潜艇均计划在2020年以前服役。

"北风之神"级战略核潜艇配备了新型RSM-56"布拉瓦"（SS-NX-30）潜射弹道导弹，这种采用三级推进火箭发动机的导弹可兼用固体和液体燃料，是苏俄战略导弹系列中最先进和最精密的型号。"布拉瓦"导弹可携带10枚超音速分导式多弹头，可携带100至150kT当量的热核战斗部，其高机动性、中段抗干扰和抗电磁脉冲能力使得导弹突防能力极强，射程更是达到了9000公里（5592英里）。前三艘"北风之神"级艇将配备16枚"布拉瓦"导弹，而后续各艇每艘将可携带20枚。布拉瓦"导弹于2011年6月

在首艘"北风之神"级潜艇"尤里·多尔戈鲁基"（Yuri Dorgorkiy）号上试射成功，而俄海军寄希望于"北风之神"级战略核潜艇能在2050年之前有力地承担起俄罗斯海基战略核打击力量的使命。

苏俄第四代核动力攻击型潜艇是885型"格兰尼"（Granei）级（或称"亚森"级）潜艇。"亚森"级潜艇的主要技术较前一型潜艇有了很大跨越，艇上安装的新型KPM型压水式核反应堆驱动单轴单桨推进（是否配备喷射泵推进系统尚不详）。首艇"北德文斯克"（Severdvinsk）号于2010年6月15日下水，计划于2012年年底服役。第2艘艇已于2009年7月24日开工建造，目前尚未完工。[1]另4艘后续艇的订购合同已于2011年11

▲ **"海狼"号（USS Seawolf）潜艇**
美国海军，巡航导弹核潜艇
"海狼"级潜艇的艇体采用HY-100高强度钢建造，作战潜深可达610米，水下最高航速超过35节，而且适合在北极冰盖下活动。艇首水平舵可收放，艇体全部涂覆消音材料涂层，水下静音航速可达20节，因此极难被反潜系统探测到。

技术参数

动力：单轴推进， 1台S6W型核反应堆， 1台辅助电机	艇员：140人 水面排水量：8738公吨（8600吨） 水下排水量：9285公吨（9138吨）
最大航速：水面18节，水下35节	水面最大航程：无限
武器：8部660毫米鱼雷发射管， 共50枚Mk48鱼雷、"战斧" 巡航导弹或"鱼叉"反舰导弹	尺度：艇长107米， 宽12米，吃水10.9米 服役时间：1997年

技术参数

动力：单轴推进，1台S9G型 核反应堆，喷射泵推进系统	艇员：135人 水面排水量：
最大航程：水下25节	水下排水量：7900公吨 （7800吨）
水面最大航程：无限	尺度：艇长115米，宽10米
武器：12枚垂直发射BGM-109 "战斧"巡航导弹，4部533毫米 鱼雷发射管，并38枚鱼雷和导弹武器	服役时间：2004年10月23日

▲ **"弗吉尼亚"号潜艇**
美国海军，新一代巡航导弹核潜艇
该型潜艇用一对安装在耐压壳体外部的综合光电桅杆取代了传统的潜望镜式桅杆，每个光电桅杆上都安装有包括高分辨率摄像机、红外传感器、红外激光测距仪以及综合电子支援系统（ESM）在内的先进光电设备。

---

① "北德文斯克"号的服役推迟至2013年；二号艇已开始海试，预计2020年服役。

月9日签署，计划于2016年交付。"亚森"级潜艇还可携带巡航导弹，但具体型号不明。

美国

"海狼"级核潜艇是"洛杉矶"级潜艇的后续艇型，是一款吸收了近30年美国潜艇技术的全新型核动力攻击型潜艇。然而随着美国海军新战略需求的演进和"弗吉尼亚"（Virginia）级潜艇的出现，"海狼"级潜艇只建造了3艘。尽管如此，美国海军"海狼"级潜艇仍不失为一型技术先进、火力强大的水下作战平台，该艇安装1台GE公司的S6W型压水式核反应堆和2台蒸汽涡轮机，同时配备有喷射泵推进系统和辅助推进系统。

艇上8部660毫米（26英寸）鱼雷发射管可发射MK48-5（ADCAP）重型鱼雷，也可发射多种导弹武器。艇上配备有先进的作战指挥与数据系统、火控系统、声呐电子系统和电子对抗系统，在1997年"海狼"号服役后又进行了较大幅度的升级。同级艇第3艘"吉米·卡特"号（USS Jimmy Carter）上设计有一个30米长的多任务平台舱段，可供投放和回收遥控任务载具（ROV）以执行海底"海豹"部队特种作战任务和两栖行动。到2012年时，3艘"海狼"级潜艇依然在役，主要部署在华盛顿班戈港基地。

与造价昂贵的"海狼"级艇相比，"弗吉尼亚"级不仅吨位稍小，设计建造成本也更低。在后冷战时代，"弗吉尼亚"级潜艇主要用于执行水下攻击而非深海大洋对抗任务，该级艇还适合执行近海作战和热点地区快速反应行动。艇上配备的光电桅杆上的各类传感器可连接控制中心的各信号处理器，并通过光纤数据链路收发数据。而桅杆上采集的视频信号可以在指挥室内的大型LCD屏上集中显示出来。

"弗吉尼亚"级还首次在艇内设计了"海豹"突击队专用投送舱，可容纳9名队员出入。通过艇体表面涂覆的新消音涂层和新型推进系统，其抗噪音水平并不亚于"海狼"级。美国海军计划建造服役30艘"弗吉尼亚"级潜艇。到2012年初时，已有8艘入役，另有6艘在建，计划于2013至2020年期间陆续服役。

▲ "康涅狄格"号（USS Connecticut）潜艇

3艘"海狼"级中的第2艘"康涅狄格"号于1998年12月11日正式服役，驻扎在华盛顿布雷默顿，隶属第5潜艇中队。